新编电气与电子信息类本科规划教材·电子电气基础课程

电子工艺训练教程
（第2版）

李敬伟　段维莲　主编
曹志道　主审

電子工業出版社
Publishing House of Electronics Industry
北京·BEIJING

内 容 简 介

本书是哈尔滨工业大学工程训练中心的教师和工程技术人员经过多年的教学实践，为“电子工艺训练”教学而编写的。本书是在第1版的基础上，增加了新的内容，更注重学生动手能力的训练。全书共7章，分别为：安全用电知识、电路焊接工艺、电子元器件、印制电路板的设计与制作、实习电子产品、电子产品的调试与检修、Protel DXP 2004 SP2电路设计软件的使用。

本书可作为工科院校电工电子工程训练的教材，也可作为相关工程技术人员和无线电爱好者的参考书。

图书在版编目(CIP)数据

电子工艺训练教程/李敬伟，段维莲主编. —2版. —北京：电子工业出版社，2008.6
新编电气与电子信息类本科规划教材·电子电气基础课程
ISBN 978-7-121-06685-6

I. 电… Ⅱ. ①李…②段… Ⅲ. ①电子技术—高等学校—教材②电子器件—高等学校—教材 Ⅳ. TN01

中国版本图书馆CIP数据核字(2008)第068802号

策划编辑：凌　毅
责任编辑：凌　毅
印　　刷：北京虎彩文化传播有限公司
装　　订：北京虎彩文化传播有限公司
出版发行：电子工业出版社
　　　　　北京市海淀区万寿路173信箱　邮编：100036
开　　本：787×1092　1/16　印张：14.25　字数：365千字
版　　次：2005年3月第1版
　　　　　2008年6月第2版
印　　次：2021年1月第15次印刷
定　　价：29.00元

凡所购买电子工业出版社图书有缺损问题，请向购买书店调换。若书店售缺，请与本社发行部联系，联系及邮购电话：(010)88254888，88258888。

质量投诉请发邮件至 zlts@phei.com.cn，盗版侵权举报请发邮件至 dbqq@phei.com.cn。

本书咨询联系方式：(010)88254528，lingyi@phei.com.cn。

再版前言

电子工艺训练是工程训练的一部分，同时也是本科生在校期间非常重要的实践环节，在实习中学生可在电子焊接的技能、电子元器件的测试与识别、印制电路板的设计方法与技巧、电子测试仪器的使用、电子产品的调试与维修等方面得到训练。这些技能的掌握不但会给学生的毕业设计提供帮助，而且也可以通过实际操作，锻炼学生的动手能力，从中激发学生的创新意识。

《电子工艺训练教程》出版3年多来，得到了国内多所高等院校师生的大力支持，并提出了很多宝贵意见，我们在第1版的基础上，对部分章节进行了修改，根据工程训练的需要，将计算机辅助设计PCB电路单列成章。全书分7章，分别为：安全用电知识、电路焊接工艺、电子元器件、印制电路板的设计与制作、实习电子产品、电子产品的调试与检修、Protel DXP 2004 SP2电路设计软件的使用。

本书第1章由王松龙编写，第2章由段维莲编写，3.1～3.4节由白玉仁编写，3.5节由王承生编写，第4章由麻志滨编写，第5、6、7章由李敬伟编写。本书由李敬伟、段维莲担任主编，李敬伟负责全书的统稿工作。全书由曹志道教授主审。

为配合本教材的教学工作，由李敬伟、陈瑞萍设计制作了**声音动画同步播放的多媒体课件**，有需要的读者可与作者联系(E-mall:jwei_li@126.com)。

在本书编写过程中，得到了邢忠文教授的大力支持与帮助，并为本书的出版做了大量的协调工作，在此表示感谢。

由于编写人员的水平有限，加之时间仓促，不妥之处在所难免，敬请广大读者批评指正。

编者

2008年6月

目　　录

第1章　安全用电知识 …… 1

1.1　安全常识 …… 1

1.1.1　安全电压 …… 1

1.1.2　保护接地与保护接零 …… 5

1.2　安全防护 …… 6

1.2.1　焊接生产线上的安全防护 …… 6

1.2.2　调试生产线上的安全防护 …… 7

1.2.3　家用电器的安全防护 …… 7

1.2.4　常见不安全因素 …… 8

1.2.5　电气设备使用安全 …… 9

第2章　电路焊接工艺 …… 10

2.1　焊接的基本知识 …… 10

2.1.1　焊接的分类 …… 10

2.1.2　焊接的方法 …… 10

2.2　焊装工具 …… 11

2.2.1　电烙铁 …… 11

2.2.2　其他的装配工具 …… 14

2.3　焊接材料与焊接机理 …… 14

2.3.1　焊料 …… 15

2.3.2　焊剂 …… 17

2.3.3　阻焊剂 …… 18

2.3.4　锡焊机理 …… 19

2.3.5　锡焊的条件及特点 …… 20

2.4　手工焊接技术 …… 21

2.4.1　焊接操作的手法与步骤 …… 21

2.4.2　焊接温度与加热时间 …… 24

2.4.3　合格焊点及质量检查 …… 25

2.4.4　拆焊 …… 29

2.4.5　焊后清理 …… 31

2.5　实用焊接技艺 …… 31

2.5.1　焊前的准备 …… 32

2.5.2　元器件的安装与焊接 …… 33

2.5.3　集成电路的焊接 …… 35

2.5.4　几种易损元件的焊接 …… 35

2.6 电子工业生产中的焊接简介…………………………………………………………… 36
2.6.1 浸焊 ………………………………………………………………………………… 37
2.6.2 波峰焊 ……………………………………………………………………………… 37
2.6.3 再流焊 ……………………………………………………………………………… 38
2.6.4 无锡焊接 …………………………………………………………………………… 38
2.6.5 电子焊接技术的发展 ……………………………………………………………… 39
第3章 电子元器件 ……………………………………………………………………… 41
3.1 电阻器、电容器、电感器型号命名与标注…………………………………………… 41
3.1.1 常用元件的型号命名方法 ………………………………………………………… 41
3.1.2 元器件的标注 ……………………………………………………………………… 43
3.2 常用电子元器件简介………………………………………………………………… 45
3.2.1 电阻器 ……………………………………………………………………………… 46
3.2.2 电位器 ……………………………………………………………………………… 51
3.2.3 电容器 ……………………………………………………………………………… 54
3.2.4 电感器 ……………………………………………………………………………… 59
3.2.5 变压器 ……………………………………………………………………………… 61
3.2.6 小型单相电源变压器的设计与制作工艺 ………………………………………… 62
3.3 半导体分立器件……………………………………………………………………… 67
3.3.1 命名与分类 ………………………………………………………………………… 67
3.3.2 常用半导体器件…………………………………………………………………… 71
3.4 集成电路……………………………………………………………………………… 74
3.4.1 集成电路的分类…………………………………………………………………… 74
3.4.2 集成电路的命名…………………………………………………………………… 75
3.5 表面安装元器件……………………………………………………………………… 75
3.5.1 表面安装元器件的分类 …………………………………………………………… 76
3.5.2 表面安装元件 ……………………………………………………………………… 76
3.5.3 表面安装器件 ……………………………………………………………………… 80
第4章 印制电路板的设计与制作 ……………………………………………………… 82
4.1 印制电路板基础知识………………………………………………………………… 82
4.1.1 印制电路板的材料及分类 ………………………………………………………… 82
4.1.2 印制电路板设计前的准备 ………………………………………………………… 84
4.2 印制电路板的排版设计……………………………………………………………… 86
4.2.1 印制电路板的设计原则 …………………………………………………………… 87
4.2.2 印制电路板干扰的产生及抑制 …………………………………………………… 88
4.2.3 元器件排列方式…………………………………………………………………… 90
4.2.4 焊盘及孔的设计…………………………………………………………………… 92
4.2.5 印制导线设计 ……………………………………………………………………… 94
4.2.6 草图设计 …………………………………………………………………………… 95
4.3 印制电路板制造工艺………………………………………………………………… 99
4.3.1 印制电路板制造过程的基本环节………………………………………………… 99

4.3.2 印制板加工技术要求 …… 100
4.3.3 印制板的生产流程 …… 100
4.3.4 手工自制印制板 …… 101
第5章 实习电子产品 …… 103
5.1 晶体管超外差收音机 …… 103
5.1.1 谐振回路基础 …… 103
5.1.2 电台广播信号的发射 …… 107
5.1.3 中波收音机原理 …… 108
5.1.4 输入调谐电路 …… 110
5.1.5 变频级 …… 111
5.1.6 中频放大级 …… 113
5.1.7 检波级及自动增益控制(AGC)电路 …… 116
5.1.8 低频放大级 …… 118
5.1.9 功率放大级 …… 120
5.2 调频电路收音机 …… 122
5.2.1 调频收音机的原理框图及波形 …… 123
5.2.2 调频头电路 …… 123
5.2.3 中频放大器及限幅器 …… 125
5.2.4 鉴频器及自动频率控制 …… 126
5.2.5 集成电路收音机 …… 128
5.2.6 电子产品焊装 …… 130
第6章 电子产品的调试与检修 …… 134
6.1 产品调试 …… 134
6.1.1 各级电路工作点的测试调整 …… 134
6.1.2 工作频率的调整 …… 137
6.1.3 指标测试 …… 141
6.1.4 集成电路收音机的调试 …… 143
6.2 电子产品检修 …… 147
6.2.1 电子产品故障的分类 …… 147
6.2.2 检修前的准备 …… 148
6.2.3 检修原则 …… 149
6.2.4 常用检修方法 …… 150
6.3 收音机的检修 …… 157
6.3.1 完全无声的故障 …… 157
6.3.2 有“沙沙”噪声无电台信号的故障 …… 159
6.3.3 声音小、灵敏度低的故障 …… 159
6.3.4 啸叫声的故障 …… 160
6.3.5 声音失真的故障 …… 162
第7章 Protel DXP 2004 SP2 电路设计软件的使用 …… 163
7.1 Protel DXP 2004 SP2 简介 …… 163

7.1.1 系统菜单 …… 163
7.1.2 工作区面板 …… 167
7.1.3 工具栏与状态栏 …… 167
7.1.4 设计 PCB 电路的一般步骤 …… 168
7.2 原理图设计准备 …… 168
7.2.1 在项目中新建原理图文档 …… 168
7.2.2 设置图纸与环境参数 …… 169
7.2.3 加载元器件库 …… 172
7.3 原理图设计 …… 175
7.3.1 放置电路元素 …… 176
7.3.2 电路元素调整 …… 180
7.4 制作原理图元器件 …… 183
7.4.1 启动元器件库编辑器及命名元器件 …… 183
7.4.2 绘制原理图元件 …… 185
7.4.3 新建元器件属性设置及追加封装 …… 186
7.4.4 放置新建元器件 …… 190
7.5 创建 PCB 元器件 …… 191
7.5.1 启动元器件封装库编辑器及参数设置 …… 192
7.5.2 PCB 元器件创建 …… 193
7.6 创建网络表 …… 198
7.6.1 追加原理图元器件封装 …… 198
7.6.2 电气检查 …… 199
7.6.3 生成网络表 …… 201
7.7 PCB 电路设计 …… 202
7.7.1 PCB 电路设计准备 …… 203
7.7.2 规划电路板 …… 205
7.7.3 元器件布局 …… 206
7.7.4 设置 PCB 布线规则 …… 209
7.7.5 自动布线 …… 212
附录 常用基本参数 …… 214
附录 A 一般铅锡焊料 …… 214
附录 B 几种常用低温焊锡 …… 214
附录 C 国产晶体管收音机的基本参数 …… 214
附录 E 部分铜漆包线规格及安全载流量 …… 216
参考文献 …… 218

第1章　安全用电知识

电是现代社会不可缺少的动力来源，工业生产和文明生活都离不开电，电对人类的进步和发展起着非常重要的作用。电的使用有其两面性，使用得当，能给我们带来很大的益处；若使用不当，则会造成很大的危害。因此，掌握安全用电的基本知识非常重要。安全用电技术是研究如何预防用电事故及保障人身、设备安全的一门技术。在工业生产中，要使用各种工具、电器、仪器等设备，同时还接触危险的高压电，如果不掌握必要的安全用电知识，操作中缺乏足够的警惕，就可能发生人身、设备事故。

1.1　安全常识

安全用电包括人身安全和设备安全。为了防止触电事故的发生，必须十分重视安全用电。当发生用电事故时，不仅会损坏设备，还可能引起人身伤亡、火灾或爆炸等严重事故。因此，注意安全用电是非常必要的。

电气设备使用之前，首先要清楚电器的额定电压与供电电压是否相符。额定电压通常在电器的显要位置标明。低压电器一般为220V及110V，高压电器都在380V以上。如果将额定电压为110V的电器接到220V的电源上，就会使电器因实际电压过高而烧坏，而且还会带来触电的危险。反过来，如果将额定电压为220V的电器接到110V的电源上，虽然不会毁坏电器，但电器就不能发挥正常的效能。假若发现额定电压与电源电压不符，可以选择一个匹配的变压器，通过变压器将电源电压转换成与电器相适应的电压。

1.1.1　安全电压

安全电压的定义为防止触电事故而采用特定电源供电的电压系列，特定电源供电是指由专用的安全电压的电流装置供电。安全电压定值的等级分为42V，36V，24V，12V和6V，而直流电压不超过120V。通过人体的电流越大，对人体的影响也越大。通过人体电流的大小，主要取决于加在人体上的电压及人体的电阻。人体电阻一般为100kΩ，皮肤潮湿时可降到1kΩ以下。因此，接触的电压越高，对人体的损伤也就越大。一般将36V以下的电压作为安全电压，但在潮湿的环境中，因人体电阻的降低，即便接触36V的电压也会有生命危险，所以要用12V安全电压。

1. 电伤与电击

触电泛指人体触及带电体。触电时电流会对人体造成各种不同程度的伤害。触电事故分为两类：一类叫电击；另一类叫电伤。

（1）电击

所谓电击，是指电流通过人体时所造成的内部伤害，它会破坏人的心脏、呼吸系统及神经系统的正常工作，甚至会危及生命。低压系统通电电流不大且时间不长的情况下，电流会引起人的心室颤动，但通电电流时间较长时，会造成人窒息而死亡，这是电击致死的主要原因。绝大部分触电死亡事故都是由电击造成的。日常所说的触电事故，基本上多指电击。

电击可分为直接电击与间接电击两种。直接电击是指人体直接触及正常运行的带电体所发生的电击；间接电击则是指电气设备发生故障后，人体触及该意外带电部分所发生的电击。直接电击多数发生在误触相线、刀闸或其他设备的带电部分；间接电击一般发生在设备绝缘损坏，相线触及设备外壳，电器短路，保护接零及保护接地损坏等情况。违反操作规程也是造成触电的最大隐患。

(2) 电伤

电伤是指电流的热效应、化学效应或机械效应对人体造成的伤害。电伤又分为：电弧烧伤、电烙印、皮肤金属化 3 种。

① 电弧烧伤，也叫电灼伤。它是最常见也是最严重的一种电伤，多由电流的热效应引起，具体症状是皮肤发红、起泡，甚至皮肉组织被破坏或烧焦。

② 电烙印。当载流导体较长时间接触人体时，因电流的化学效应和机械效应作用，接触部分的皮肤会变硬并形成圆形或椭圆形的肿块痕迹，如同烙印一般。

③ 皮肤金属化。由于电流或电弧作用(熔化或蒸发)产生的金属微粒渗入人体皮肤表层而引起，使皮肤变得粗糙坚硬并呈青黑色或褐色。

2. 触电的 3 种形式

人体本身就是一个导体，任何一部分触及带电体，电流就会从人体通过，构成回路引起触电。因此，如果缺乏安全用电常识或者对安全用电不重视，就可能发生触电事故。

触电是指当人体接触到电源，电流就由接触点进入人体，然后由另一点(接触到地面、墙壁或零线)而形成回路，造成深部肌肉、神经、血管等组织破坏。若电流经过心脏会造成严重的心律不齐，甚至心跳暂停而造成死亡。同时两个接触点因电流的流过而产生热能并对肌肤造成损伤。触电的形式可分为单相触电、两相触电、跨步触电 3 种形式。

(1) 单相触电

单相触电是指人体在地面上或其他接地体上，人体的某一部分触及一相带电体的触电事故。单相触电时，加在人体的电压为电源电压的相电压。设备漏电造成的事故属于单相触电。绝大多数的触电事故都属于这种形式，如图 1-1 所示。

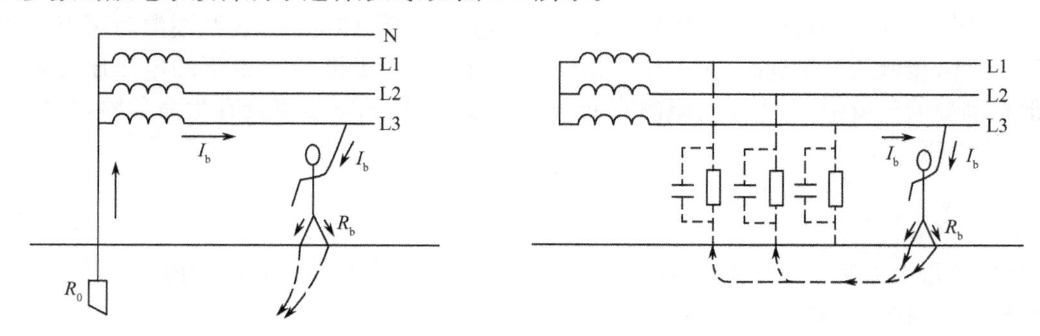

图 1-1　单相触电

(2) 两相触电

两相触电是指人体两处同时触及两相带电体而发生的触电事故。这种形式的触电，加在人体的电压是电源的线电压，电流将从一相经人体流入另一相导线。因此，两相触电的危险性比单相触电大，如图 1-2 所示。

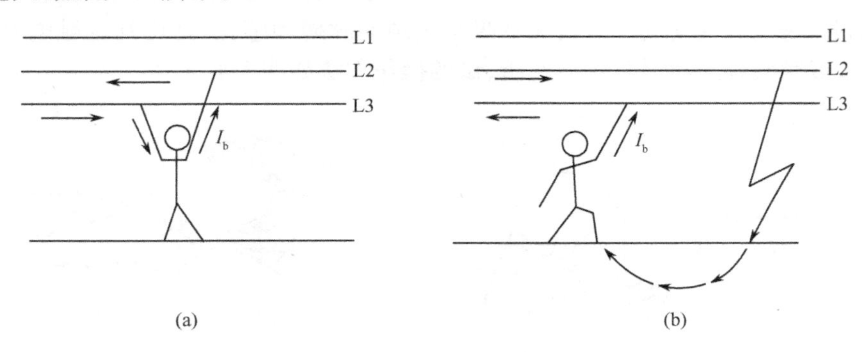

图 1-2　两相触电

(3) 跨步触电

当带电体碰地有电流流入大地，或雷击电流经设备接地体入地时，在该接地体附近的大地表面具有不同数值的电位；人体进入上述范围，两脚之间形成跨步电压而引起的触电事故叫跨步触电，如图 1-3 所示。

3. *触电的救护*

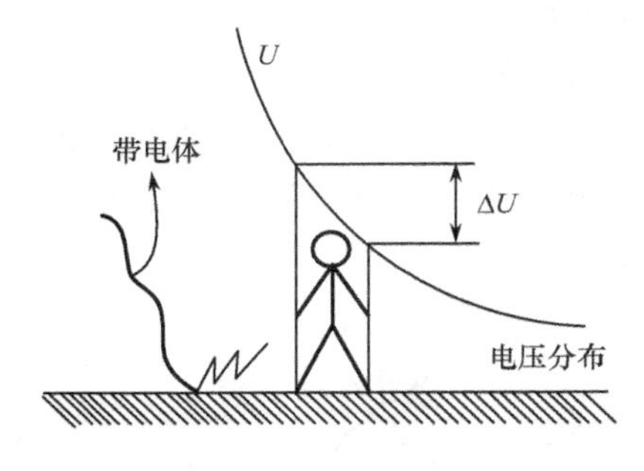

图 1-3　跨步触电

触电对人体的伤害程度与通过人体的电流大小、通电时间、电流途径及电流性质有关。发生触电事故时，千万不要惊慌失措，必须用最快的速度使触电者脱离电源。触电时间越长，对人体损害越严重，一两秒钟的迟缓都可能造成不可挽救的后果。触电者未脱离电源前本身就是带电体，同样会使抢救者触电。在移动触电者离开电源时，要保护自己不要受第二次电击伤害。首先要关闭电源，或用干燥的木棒、竹竿、橡胶圈等拨开电线，或者用衣服套住触电者的某个部位，将其从电源处移开。无论用什么办法，应立即切断触电者身体与电源的接触。脱离电源后应进行脊椎固定，若触电者无呼吸、无脉搏，在送往医院途中要积极进行心肺复苏。根据触电者受伤害的轻重程度，现场救护有以下几种措施。

(1) 触电者未失去知觉的救护措施

如果触电者所受的伤害不太严重，神志尚清醒，只是心悸、出冷汗、恶心、呕吐、四肢发麻、全身无力，甚至一度昏迷但未失去知觉，则可先让触电者在通风暖和安静的地方仰卧休息，并派人严密观察，同时请医生前来或送往医院救治。

(2) 触电者已失去知觉的抢救措施

如果触电者已失去知觉，但呼吸和心跳尚正常，则应使其舒适地平仰着，解开衣服以利于呼吸，四周不要围人，保持空气流通，冷天应注意保暖，同时立即请医生前来或送往医院救治。若发现触电者呼吸困难或失常，应立即施行人工呼吸或胸外心脏挤压。

(3) 对“假死”者的急救措施

如果触电者呈现“假死”现象，则可能有 3 种临床症状：一是心跳停止，但尚能呼吸；二是呼吸停止，但心跳尚存(脉搏很弱)；三是呼吸和心跳均已停止。“假死”症状的判定方法是“看”、“听”、“试”。“看”是观察触电者的胸部、腹部有无起伏动作；“听”是用耳贴近触电者口鼻处，听有无呼气声音;“试”是用手或小纸条测试口鼻有无呼吸的气流,再用两手指轻压一侧喉结旁凹陷处的颈动脉,感觉有无搏动。若既无呼吸又无颈动脉搏动感觉,则可判定触电者呼吸停止,或心跳停止,或呼吸、心跳均停止。看、听、试的操作方法如图 1-4 所示。

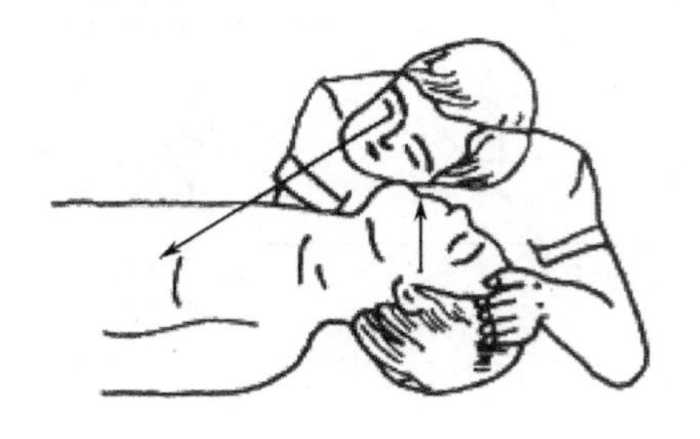

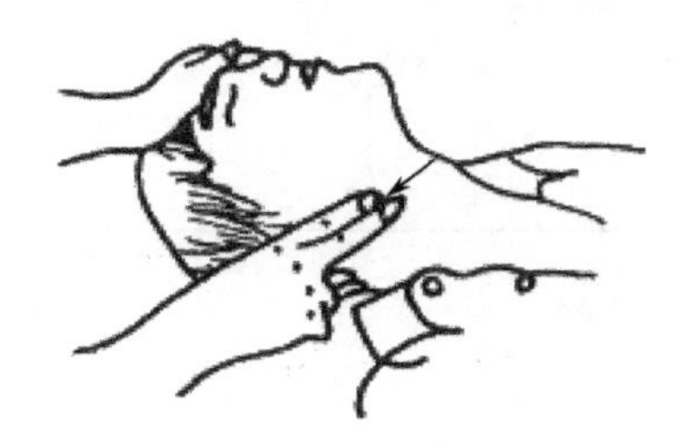

图 1-4　判定“假死”的看、听、试

4. 抢救触电者生命的心肺复苏法

当判定触电者呼吸和心脏停止时,应立即按心肺复苏法就地抢救。所谓心肺复苏法,是支持生命的 3 项基本措施。

(1) 通畅气道

若触电者呼吸停止,要紧的是始终确保气道通畅,其操作要领是:一只手放在触电者前额,另一只手的手指将其颚骨向上抬起,气道即可通畅,如图 1-5 所示。气道是否通畅如图 1-6 所示。

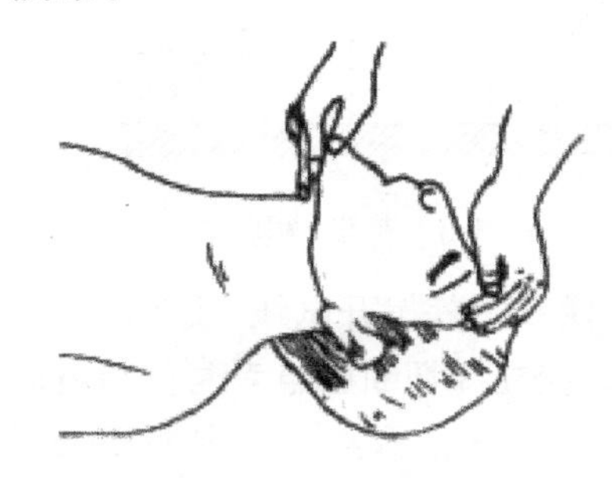

图 1-5　仰头抬颚法

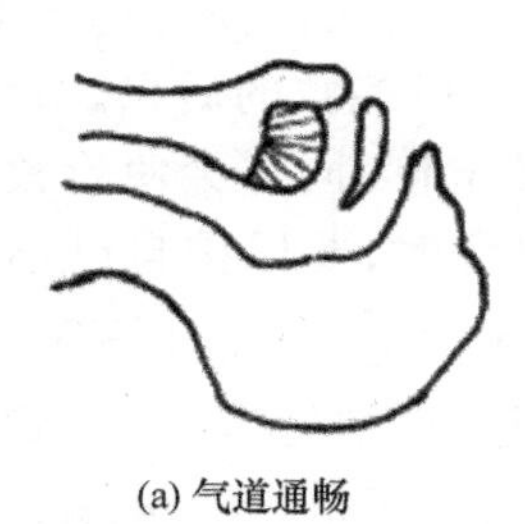

(a) 气道通畅

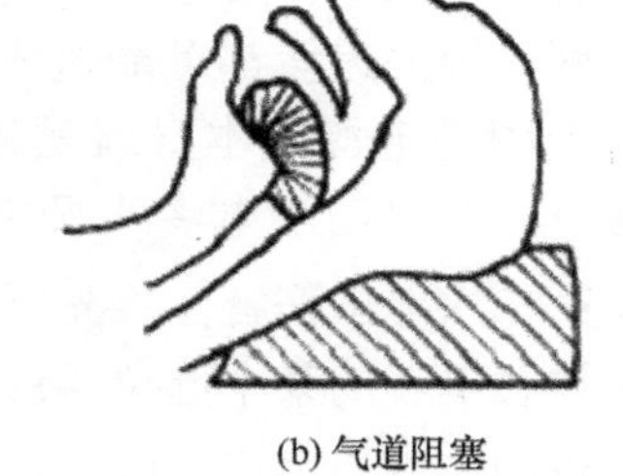

(b) 气道阻塞

图 1-6　气道状况

(2) 口对口(鼻)人工呼吸

救护人在完成气道通畅的操作后,应立即对触电者施行口对口或口对鼻人工呼吸,如图 1-7所示。先大口吹气刺激起搏,然后用手指测试其颈动脉是否有搏动,若仍无搏动,可判

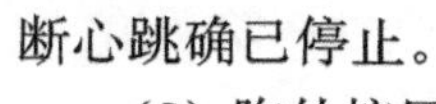

断心跳确已停止。

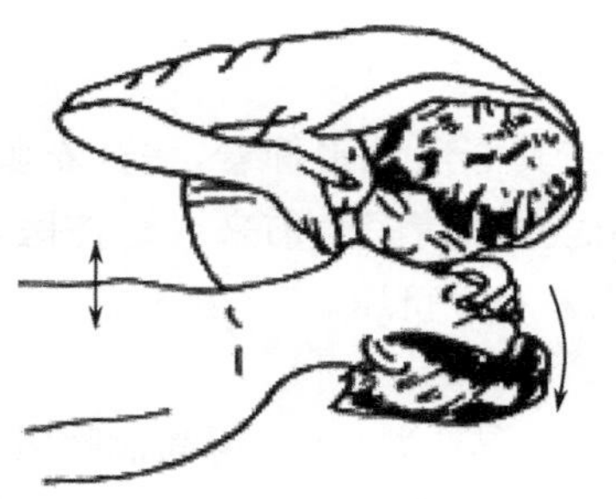

图 1-7　口对口人工呼吸

(3) 胸外按压

胸外按压是借助人力使触电者恢复心脏跳动的急救方法。操作要领是:触电者仰面躺在平硬的地方并解开其衣服,仰卧姿势与口对口人工呼吸法相同。右手的食指和中指沿触电者的右侧肋弓下缘向上,找到肋骨和胸骨接合处的中点。另一只手的掌根紧挨食指上缘,置于胸骨上,掌根处即为正确按压位置,如图 1-8 所示。

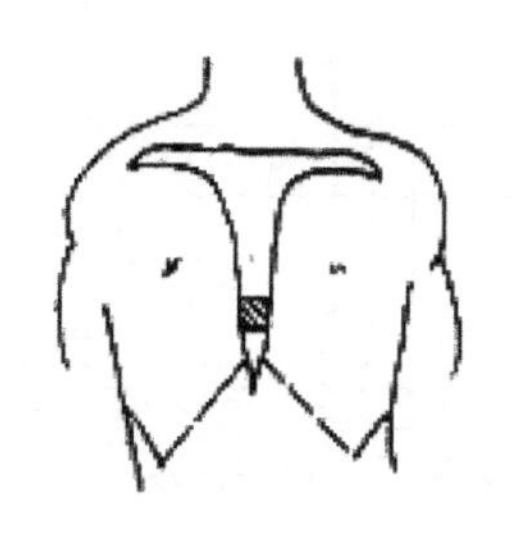
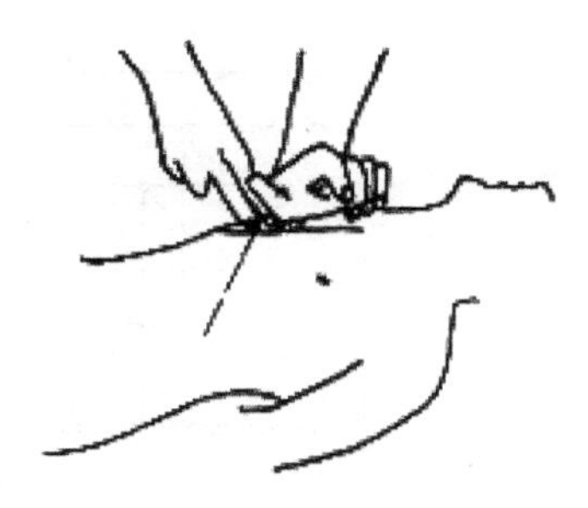

图 1-8 正确的按压位置与用力方法

1.1.2 保护接地与保护接零

保护接地与保护接零是防止电气设备意外带电造成触电事故的基本技术措施，应用十分广泛。保护接地装置与保护接零装置可靠而良好的运行，对保障人身安全有十分重要的意义。保护接地与保护接零有 3 处不同。

其一，保护原理不同。低压系统保护接地的基本原理是限制漏电设备对地电压，使其不超过某一安全范围；高压系统的保护接地，除限制对地电压外，在某些情况下，还有促成系统中保护装置动作的作用。保护接零的主要作用是通过设备外壳与电网零线形成单相短路，促使线路上保护装置迅速动作，切断电源，从而消除机壳带电的危险。

其二，适用范围不同。保护接地适用于一般的低压不接地电网及采取其他安全措施的低压接地电网；保护接地也能用于高压不接地电网。不接地电网不必采用保护接零。

其三，线路结构不同。保护接地系统除相线外，只有保护地线。保护接零系统除相线外，必须有零线；必要时，保护零线要与工作零线分开；其重要的装置也应有地线。

1. 三相电路的保护接零

保护接零是指把电器的金属外壳接到供电线路系统中的专用接零地线上，而不必专门自行埋设接地体。当某种原因造成电器的金属外壳带电时，通过供电线路的火线（某相导线）-金属外壳专门接地线，构成一个单相电源短路的回路，供电线路的保险丝在通过很大的电流时熔断，从而消除了触电的危险。如图 1-9 所示，三相用电保护接零原理图可用四孔插头座来实现。应用保护接零的注意事项是：零线不准接保险丝，要有足够的机械强度。

2. 三相电路的保护接地

保护接地是把故障情况下可能呈现危险的带电体同大地紧密地连接起来，只要适当控制保护接地电阻的大小，即可限制漏电设备对地电压在安全范围之内。凡由于绝缘破坏或其他原因可能呈现危险电压的金属部分，均应可靠接地。

如图 1-10 所示，电动机外壳装有保护接地时，由于人体电阻远比接地装置的电阻大，所以在电动机发生一相碰壳时（俗称搭铁），工作人员即使接触带电的外壳，也没有多大危险。因为电流主要由接地装置分担了，几乎没有电流流过人体，从而保证了人身安全。在有保护接地的系统中，接地装置要可靠，接地电阻 $R_d \leqslant 4 \sim 10\Omega$。

保护接地是为了防止绝缘损坏造成设备带电危及人身安全而设置的保护装置，它有接地与接零两种方式。按照电力方面的规定，凡采用三相四线供电的系统，由于中性线接地，所以

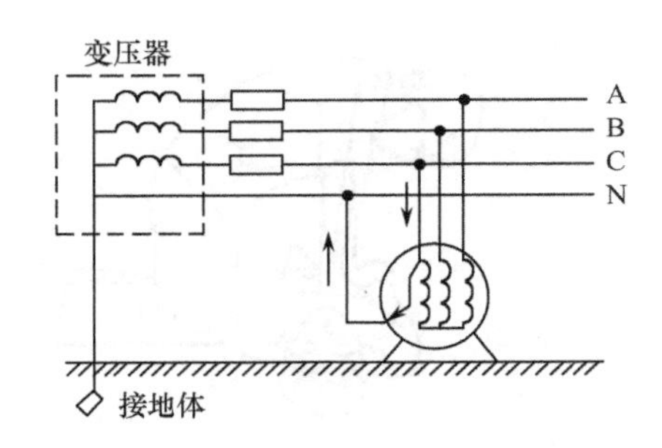

图 1-9　三相用电保护接零

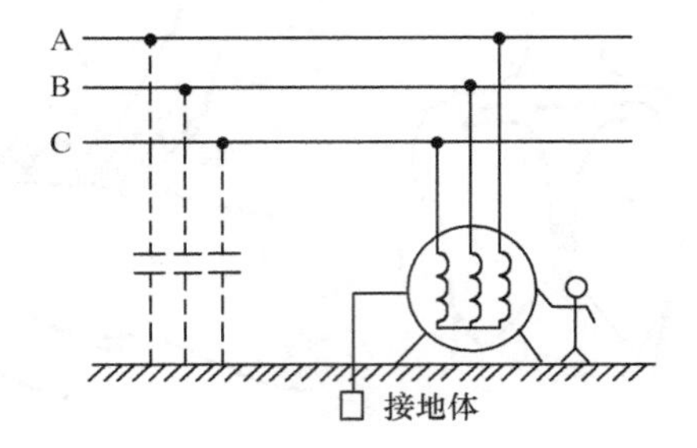

图 1-10　三相用电保护接地

应采用接零方式，把设备的金属外壳通过导体接至零线上，而不允许将设备外壳直接接地。接地线应接在设备的接地专用端子上，另一端最好使用焊接。

3. 家用电器的保护接地

家用电器一般采用单相电源供电，其 3 根线是相线、零线（中性线）和地线，相线和零线之间的电压是 220V，它的插头和插座不是三相插头和插座（而是单相三孔插座）。多了一根地线，为的是保障安全（在中性点不接地系统中，可采用保护接地；而在中性点接地系统中，则必须采用保护接零）。使用家用电器时，应有完整可靠的电源线插头。对金属外壳的家用电器都要采用接地保护。

家用电器电源连接时必须注意，最好采用带开关的插座，禁止将电源线直接插入插座孔内。凡要求有保护接地或保护接零的，都应采用三脚插头和三孔插座，并且接地、接零插脚与插孔都应与相线插脚与插孔有严格区别，禁止用对称双脚插头和双孔插座代替三脚插头和三孔插座，以防接插错误，从而造成家用电器金属外壳带电，引起触电事故。接地线、接零线正常时虽然不带电，为了安全起见，其导线规格要求不低于相线，而且地线、零线上不得装开关或保险丝，也禁止随意将接地线、接零线接到自来水、暖气、煤气或其他管道上。

1.2　安全防护

1.2.1　焊接生产线上的安全防护

电烙铁是电子焊接的必备工具，使用时应用两相三孔插座，并将电烙铁接零保护端子可靠接入保护零线。各种电子电气操作，如电器维修、电子实验、电子产品研制、电子工艺实习及各种电子制作等，都应严格遵守安全制度和操作规程。

① 不要惊吓正在操作的人员，不要在车间内打闹。

② 烙铁头在没有确信脱离电源时，不能用手摸。

③ 烙铁头上多余的焊锡不要乱甩，特别是往身后甩危险更大。

④ 焊接过程中暂不使用电烙铁时，应将其置于专用支架上，避免烫坏导线或其他物件。电烙铁的放置地点应远离易燃品。

⑤ 拆焊有弹性的元器件时，不要离焊点太近，并使可能弹出焊锡的方向向外。

⑥ 插拔电烙铁等电器的电源插头时，要手拿插头，不要抓电源线。

⑦ 用螺丝刀拧紧螺钉时，手不可触及螺丝刀的金属部分。

⑧ 用剪线钳剪断短小导线（如印制板元件焊好后，去掉过长的引线）时，要让线头飞出方

向朝着工作台或空地，不可朝向人或设备。

⑨ 电路中发热电子元器件，如变压器、功率器件、电阻、散热片等，特别是电路发生故障时，有些发热件可达几百摄氏度高温，如果在通电状态下触及这些元器件，不仅可能造成烫伤，还可能有触电危险。

⑩ 工作场所要讲究文明生产、文明工作，各种工具、设备摆放合理、整齐，不要乱摆、乱放，以免发生事故。

1.2.2　调试生产线上的安全防护

调试与检测过程中，要接触各种电路和仪器设备，特别是各种电源及高压电路、高压大容量电容器等。为了保护检测人员的安全，防止测试设备和检测线路的损坏，除严格遵守一般安全规程外，还必须注意调试和检测工作中制定的安全措施。在使用这些仪器时，要看懂该测试仪器的使用说明书，并注意以下几点。

① 测试仪器要定期检查，仪器外壳及可接触部分不应带电。凡金属外壳仪器，必须使用三孔插座，并保证外壳良好接地。电源线一般不超过 2m，并具有双重绝缘。

② 测试仪器通电前，应检查测试仪器工作电压与市交流电压是否相符。检查仪器面板各开关、旋钮、插孔等是否移动或滑位。遇到开关、旋钮转动困难时，不可用力扳转，以免造成损坏。

③ 测试仪器通电时，应注意观察仪器的工作情况，检查有无不正常现象，如果发现仪器保险丝烧断，应换同规格熔丝管后再通电，若第二次再烧断则必须停机检查，不得更换大容量保险丝。

④ 带有风扇的仪器如通电后风扇不转或有故障，应停机检查。

⑤ 功耗较大的仪器（>500W）断电后，应冷却一段时间再通电（一般 3～10min，功耗越大时间越长），避免烧断保险丝或仪器零件。

⑥ 测试仪器使用完毕，应先切断测试仪器的电源开关，然后拔掉电源线。应禁止只拔掉电源线而不切断测试仪器开关的简单做法。

1.2.3　家用电器的安全防护

为了确保家用电器及日常照明的使用安全，可设置用电设备的分线漏电保护器。漏电保护器有电压型和电流型两种，其工作原理基本相同，可把它看做一种具有检测电功能的灵敏继电器，当检测到漏电情况后，控制开关动作切断电源。

典型的电流型漏电保护开关工作原理如图 1-11 所示。当电器正常工作时，检测线圈内流进与流出的电流大小相等，方向相反，检测输出为零，线圈不感应信号，开关闭合，电路正常工作。当电器发生漏电时，漏电流不通过零线，线圈内检测到的电流之和不为零，当检测到不平衡电流达到一定数值时，通过放大器输出信号将开关切断。漏电保护器的主要作用是防止人身触电，在某些条件下，也能起到防

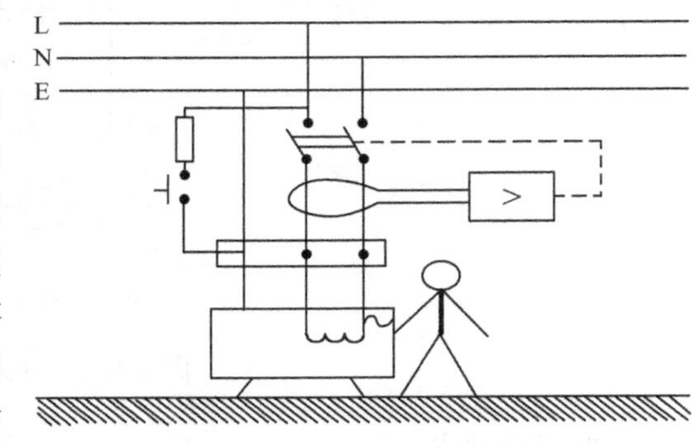

图 1-11　电流型漏电保护器

止电气火灾的作用。

1.2.4 常见不安全因素

电击的危害是由于人体同电源接触，或者是在高压电场中通过人体放电。后者在一般电子设备中是较少遇到的。触电事故的发生还具有很大的偶然性和突发性，令人猝不及防。常发生的电击是在 220V 交流电源上。其中有设备本身的不安全因素，也有操作人员的错误操作及缺乏安全用电知识等因素。

1. 直接触及电源

没有人糊涂到用手去摸 220V 的电源插座或裸露电线的地步。但实际上，由于存在各种不为人所注意的途径，还是有人触到了电源而产生电击。下面的几个例子就是在不引人注意的地方隐藏着危险。

① 电源线破损。经常使用的电器，如电烙铁、台灯等的塑料电源线，因无意中割破或烙铁烫伤塑料绝缘层而裸露金属导线，手碰该处就会引起触电。

② 拆装螺口灯头，手指触及灯泡螺纹引起触电。

③ 调整仪器时，电源开关断开，但未拔下插头，开关部分接触点带电。

2. 金属外壳带电

电气设备的金属外壳如果带电，操作者很容易触电，这种情况在电击事故中占很大比例。使金属外壳带电有种种原因，常发生的情况有以下几种。

① 电源线虚焊，造成在运输、使用过程中开焊脱落，搭接在金属件上而同外壳连通。

② 工艺不良，产品本身带隐患。例如，用金属压片固定电源线，压片有尖棱或毛刺，容易在压紧或振动时损坏导线绝缘层。

③ 接线螺钉松动，造成电源线脱落。

④ 设备长期使用不检修，导线绝缘老化开裂，碰到外壳尖角处形成通路。

⑤ 错误接线。有人在更换外壳接保护零线设备的插头、插座时，错误连接，如图 1-12 所示，结果造成外壳直接接到电源火线上(注意:此时设备运行是正常的，不容易引起人们的注意)。

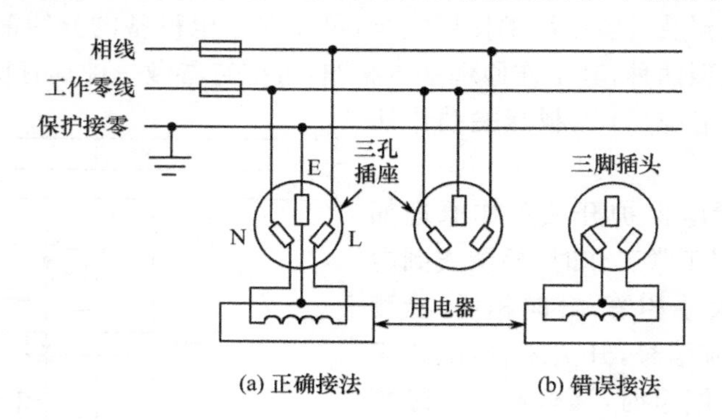

图 1-12　三孔插头座的接法

3. 电容器放电

电容器能够存储电能。一个充了电的电容器，具有同充电电源相同的电压，所储电能同电容器容量有关。断开电源后，电能可以存储相当长的时间，有人往往认为断开电源的电器设备是不会带电的。其实电容器同样可以产生电击，尤其是高电压、大容量的电容器，可以造成严重的，甚至致命的电击。一般电压超过千伏或者电压虽低但容量大于千微法以上的电容器，测试前一定要先放电。对高频设备中的电容器也应注意放电。

1.2.5 电气设备使用安全

电气设备（包括家用电器、工业电气设备、仪器仪表等）所使用的交流电源有三相380V和单相220V，电气设备都有可能存在因绝缘损坏而漏电的问题。为了确保人身安全和电气设备不损坏，使用前应对电器进行检查，发现异常情况并及时处理。

1. 电气设备接电前的“三查”

① 查设备铭牌：按国家标准，设备都应在醒目处有该设备要求的电源电压、频率、电源容量的铭牌或标志。小型设备的说明也可能在说明书中。

② 查环境电源：电压、容量是否与设备吻合。

③ 查设备本身：电源线是否完好，外壳是否带电。一般用万用表进行简单检测。

2. 用电设备常见的异常情况

① 设备外壳或手持部位有麻电感觉。

② 开机或使用中熔断丝烧断。

③ 出现异常声音，如噪声加大、有内部放电声、电机转动声音异常等。

④ 异味，最常见为塑料味、绝缘漆挥发出的气味，甚至烧焦的气味。

⑤ 机内打火，出现烟雾。

⑥ 仪表指示范围突变，超出正常范围。

3. 设备使用异常的处理

① 凡遇上述异常情况之一，应尽快断开电源，拔下电源插头，对设备进行检修。

② 对烧断熔断器的情况，绝不允许换上大容量熔断器继续工作，一定要查清原因，再换上同型号熔断器。

③ 及时记录异常现象及部位，避免检修时再通电。

④ 对有麻电感觉但未造成触电的现象不可忽视。这种情况往往是绝缘层受损但未完全损坏，相当于电路中串联一个大电阻，暂时未造成严重后果，但随着时间的推移，绝缘层逐渐完全破坏，电阻急剧减小，危险增大，因此必须及时检修。

第2章　电路焊接工艺

在电子产品的装配过程中，焊接是一种主要的连接方法，是一项重要的基础工艺技术，也是一项基本的操作技能。任何一个设计精良的电子装置，没有相应的工艺保证是难以达到质量要求的。本章主要介绍焊接的基本知识及铅锡焊接的方法、操作步骤，手工焊接技巧与要求等。

2.1　焊接的基本知识

焊接是使金属连接的一种方法。它利用加热手段，在两种金属的接触面，通过焊接材料的原子或分子的相互扩散作用，使两种金属间形成一种永久的牢固结合。利用焊接的方法进行连接而形成的接点叫焊点。

2.1.1　焊接的分类

焊接通常分为熔焊、接触焊和钎焊3大类。

1. 熔焊

它是一种利用加热被焊件，使其熔化产生合金而焊接在一起的焊接技术，如气焊、电弧焊、超声波焊等。

2. 接触焊

它是一种不用焊料与焊剂就可获得可靠连接的焊接技术，如点焊、碰焊等。

3. 钎焊

用加热熔化成液态的金属把固体金属连接在一起的方法称为钎焊。在钎焊中，起连接作用的金属材料称为焊料。焊料的熔点必须低于被焊接金属的熔点。钎焊按焊料熔点的不同，分为硬钎焊和软钎焊。焊料的熔点高于450℃的称为硬钎焊，焊料的熔点低于450℃的称为软钎焊。电子元器件的焊接称为锡焊，锡焊属于软钎焊，它的焊料是铅锡合金，熔点比较低，如共晶焊锡的熔点为183℃，所以在电子元器件的焊接工艺中得到广泛应用。

2.1.2　焊接的方法

随着焊接技术的不断发展，焊接方法也在手工焊接的基础上出现了自动焊接技术，即机器焊接，同时无锡焊接也开始在电子产品装配中采用。

1. 手工焊接

手工焊接是采用手工操作的传统焊接方法，根据焊接前接点的连接方式不同，手工焊接的方法分为绕焊、钩焊、搭焊、插焊等不同方式。

(1) 绕焊

将被焊接元器件的引线或导线缠绕在接点上进行焊接。其优点是焊接强度最高,此方法应用很广泛。高可靠整机产品的接点通常采用这种方法。

(2) 钩焊

将被焊接元器件的引线或导线钩接在被连接件的孔中进行焊接。它适用于不便缠绕但又要求有一定机械强度和便于拆焊的接点上。

(3) 搭焊

将被焊接元器件的引线或导线搭在接点上进行焊接。它适用于易调整或改焊的临时焊点。

(4) 插焊

将被焊接元器件的引线或导线插入洞形或孔形接点中进行焊接。例如,有些插接件的焊接需将导线插入接线柱的洞孔中,也属于插焊的一种。它适用于元器件带有引线、插针或插孔及印制板的常规焊接。

2. 机器焊接

机器焊接根据工艺方法的不同,可分为浸焊、波峰焊和再流焊。

(1) 浸焊

将装好元器件的印制板在熔化的锡锅内浸锡,一次完成印制板上全部焊接点的焊接。主要用于小型印制板电路的焊接。

(2) 波峰焊

采用波峰焊机一次完成印制板上全部焊接点的焊接。此方法已成为印制板焊接的主要方法。

(3) 再流焊

利用焊膏将元器件粘在印制板上,加热印制板后使焊膏中的焊料熔化,一次完成全部焊接点的焊接。目前主要应用于表面安装的片状元器件焊接。

2.2 焊装工具

"工欲善其事,必先利其器。"要将形形色色的电子元器件焊装成符合设计要求的电子产品,必须熟悉并且正确使用焊装工具,这样才能提高效率,保证质量。

2.2.1 电烙铁

电烙铁是手工施焊的主要工具。选择合适的烙铁,并合理地使用它,是保证焊接质量的基础。由于用途、结构的不同,有各式各样的烙铁。按加热方式分为直热式、感应式、气体燃烧式等。按烙铁的功率分有20W,30W,…,300W等。按功能分有单用式、两用式、调温式等。

常用的电烙铁一般为直热式。直热式又分为外热式、内热式、恒温式3大类。加热体也称烙铁芯,是由镍铬电阻丝绕制而成的。加热体位于烙铁头外面的称为外热式,位于烙铁头内部的称为内热式,恒温式电烙铁则通过内部的温度传感器及开关进行温度控制,实现恒温焊接。它们的工作原理相似,在接通电源后,加热体升温,烙铁头受热温度升高,达到工作温度后,就可熔化焊锡进行焊接。内热式电烙铁比外热式热得快,从开始加热到达到焊接温度一般只需

3min左右，热效率高，可达85%～95%或以上，而且具有体积小、重量轻、耗电量少、使用方便、灵巧等优点，适用于小型电子元器件和印制板的手工焊接。电子产品的手工焊接多采用内热式电烙铁。直热式电烙铁结构组成如图2-1所示。

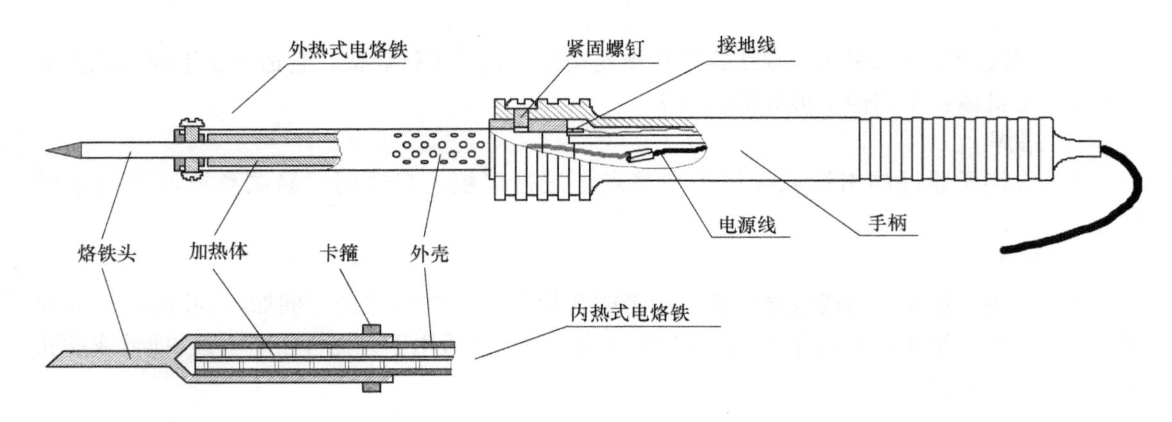

图2-1　直热式电烙铁结构图

1. 烙铁头的选择与修整

(1) 烙铁头的选择

为了保证可靠方便地焊接，必须合理选用烙铁头的形状与尺寸，图2-2所示为几种常用烙铁头的外形。其中，圆斜面式是市售烙铁头的一般形式，适用于在单面板上焊接不太密集的焊点；凿式和半凿式多用于电器维修工作；尖锥式和圆锥式烙铁头适用于焊接高密度的焊点和小而怕热的元器件。当焊接对象变化大时，可选用适合于大多数情况的斜面复合式烙铁头。

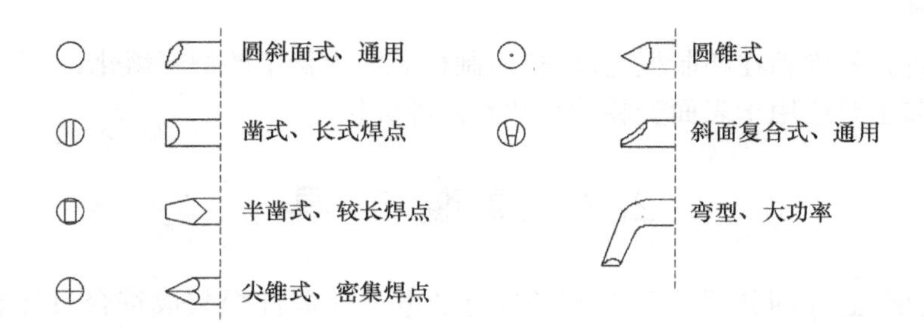

图2-2　各种常用烙铁头形状

选择烙铁头的依据是：应使它尖端的接触面积小于焊接处(焊盘)的面积。烙铁头接触面过大，会使过量的热量传导给焊接部位，损坏元器件及印制板。一般说来，烙铁头越长、越尖，温度越低，需要焊接的时间越长；反之，烙铁头越短、越粗，则温度越高，焊接的时间越短。

每个操作者可根据习惯选用烙铁头。有经验的电子装配工人手中都备有几个不同形状的烙铁头，以便根据焊接对象的变化和工作需要随机选用。

(2) 烙铁头的修整

烙铁头一般用紫铜制成，表面有镀层，如果不是特殊需要，一般不需要修锉打磨。因为镀层的作用就是保护烙铁头不被氧化生锈。但目前市售的烙铁头大多只是在紫铜表面镀一层锌合金。镀锌层虽然有一定的保护作用，但经过一段时间的使用以后，由于高温和助焊剂的作用，烙铁头被氧化，使表面凹凸不平，这时就需要修整。

修整的方法一般是将烙铁头拿下来，根据焊接对象的形状及焊点的密度，确定烙铁头的形状和粗细。夹到台钳上用粗锉刀修整，然后用细锉刀修平，最后用细砂纸打磨光。修整过的烙铁头要马上镀锡，方法是将烙铁头装好后，在松香水中浸一下，然后接通电源，待烙铁热后，在木板上放些松香及一些焊锡，用烙铁头沾上锡，在松香中来回摩擦，直到整个烙铁头的修整面均匀地镀上一层焊锡为止。也可以在烙铁头沾上锡后，在湿布上反复摩擦。

注意：新烙铁或经过修整烙铁头后的电烙铁通电前，一定要先浸松香水，否则烙铁头表面会生成难以镀锡的氧化层。

2. 电烙铁的选用

在进行科研、生产、仪器维修时，可根据不同的施焊对象选择不同的电烙铁。主要从烙铁的种类、功率及烙铁头的形状 3 个方面考虑，在有特殊要求时，选择具有特殊功能的电烙铁。

(1) 电烙铁种类的选择

电烙铁的种类繁多，应根据实际情况灵活选用。一般的焊接应首选内热式电烙铁。对于大型元器件及直径较粗的导线应考虑选用功率较大的外热式电烙铁。对要求工作时间长，被焊元器件又少，则应考虑选用长寿命型的恒温电烙铁，如焊表面封装的元器件。

表 2-1 为选择电烙铁的依据，仅供参考。

表 2-1　选择电烙铁的依据

焊接对象及工作性质	烙铁头温度(℃)(室温、220V 电压)	选用烙铁
一般印制电路板、安装导线	300～400	20W 内热式、30W 外热式、恒温式
集成电路	350～400	20W 内热式、恒温式
焊片、电位器、2～8W 电阻、大电解电容、大功率管	350～450	35～50W 内热式、恒温式，50～75W 外热式
8W 以上大电阻、ϕ2mm 以上导线	400～550	100W 内热式、150～200W 外热式
汇流排、金属板等	500～630	300W 外热式
维修、调试一般电子产品		20W 内热式、恒温式、感应式、储能式、两用式

(2) 电烙铁功率的选择

晶体管收音机、收录机等采用小型元器件的普通印制电路板和 IC 电路板的焊接应选用 20～25W 内热式电烙铁或 30W 外热式电烙铁，这是因为小功率的电烙铁具有体积小、重量轻、发热快、便于操作、耗电省等优点。

对一些采用较大元器件的电路如电子管收音机、扩音器及机壳底板的焊接则应选用功率大一些的电烙铁，如 50W 以上的内热式电烙铁或 75W 以上的外热式电烙铁。

电烙铁的功率选择一定要合适，过大易烫坏晶体管或其他元件，过小则易出现假焊或虚焊，直接影响焊接质量。

3. 电烙铁的正确使用

使用电烙铁前首先要核对电源电压是否与电烙铁的额定电压相符，注意用电安全，避免发生触电事故。电烙铁无论第一次使用还是重新修整后再使用，使用前均需进行“上锡”处理。上锡后如果出现烙铁头挂锡太多而影响焊接质量，此时千万不能为了去除多余焊锡而甩电烙铁或敲击电烙铁，因为这样可能将高温焊锡甩入周围人的眼中或身体上造成伤害，也可能在甩或敲击电烙铁时使烙铁芯的瓷管破裂、电阻丝断损或连接杆变形发生移位，使电烙铁外壳带电造成触电伤害。去除多余焊锡或清除烙铁头上的残渣的正确方法是在湿布或湿海绵上擦拭。

电烙铁在使用中还应注意经常检查手柄上紧固螺钉及烙铁头的锁紧螺钉是否松动，若出现松动，易使电源线扭动、破损引起烙铁芯引线相碰，造成短路。电烙铁使用一段时间后，还应将烙铁头取出，清除氧化层，以避免发生日久烙铁头取不出的现象。

焊接操作时，电烙铁一般放在方便操作的右方烙铁架中，与焊接有关的工具应整齐有序地摆放在工作台上，养成文明生产的良好习惯。

2.2.2 其他的装配工具

1. 尖嘴钳

尖嘴钳头部较细，适用于夹持小型金属零件或弯曲元器件引线，以及电子装配时其他钳子较难涉及的部位。不宜过力夹持物体。

2. 平嘴钳

平嘴钳钳口平直，可用于夹弯元器件管脚与导线。因为钳口无纹路，所以对导线拉直、整形比尖嘴钳适用。但因钳口较薄，不易夹持螺母或需施力较大的部位。

3. 斜嘴钳

用于剪掉焊后的线头或元器件的管脚，也可与平嘴钳配合剥导线的绝缘皮。

4. 平头钳(克丝钳)

其头部较宽平，适用于螺母、紧固件的装配操作，但不能代替锤子敲打零件。

5. 剥线钳

其专门用于剥去有绝缘包皮的导线。使用时应注意将需剥皮的导线放入合适的槽口，剥皮时不能剪断导线。剪口的槽并拢后应为圆形。

6. 镊子

有尖嘴镊子和圆嘴镊子两种。尖嘴镊子用于夹持细小的导线，以便于装配焊接。圆嘴镊子用于弯曲元器件引线和夹持元器件焊接等，用镊子夹持元器件焊接时还能起到散热的作用。元器件拆焊也需要镊子。

7. 螺丝刀

又称起子或改锥。有“一”字式和“十”字式两种，专用于拧螺钉。根据螺钉大小可选用不同规格的螺丝刀。

2.3 焊接材料与焊接机理

焊接材料包括焊料和焊剂。掌握焊料和焊剂的性质、作用原理及选用知识，对提高焊接技术很有帮助。

2.3.1 焊料

焊料是易熔金属，熔点应低于被焊金属。焊料熔化时，在被焊金属表面形成合金而与被焊金属连接到一起。焊料按成分可分为锡铅焊料、铜焊料、银焊料等。在一般电子产品装配中，主要使用锡铅焊料，俗称焊锡。

1. 锡铅合金与锡铅合金状态图

锡(Sn)是一种质软低熔点的金属，熔点为232℃。金属锡在高于13.2℃时呈银白色，低于13.2℃时呈灰色，低于－40℃时变成粉末。常温下锡的抗氧化性强，并且容易同多数金属形成化合物。纯锡质脆，机械性能差。

铅(Pb)是一种浅青白色的软金属，熔点为327℃，塑性好，有较高的抗氧化性和抗腐蚀性。铅属于对人体有害的重金属，在人体中积蓄能引起铅中毒。纯铅的机械性能也很差。

(1) 铅锡合金

锡与铅以不同比例熔合成合金后，具有一系列锡与铅不具备的优点。

① 熔点低：各种不同成分的铅锡合金熔点均低于锡和铅各自的熔点(见图2-3)。

② 机械强度高：合金的各种机械强度均优于纯锡和纯铅。

③ 表面张力小，黏度下降，增大了液态流动性，有利于焊接时形成可靠接头。

④ 抗氧化性好，铅具有的抗氧化性优点在合金中继续保持，使焊料在熔化时减少氧化量。

(2) 铅锡合金状态图

图2-3表示了不同成分的铅和锡的合金状态。不同比例的铅和锡组成的合金熔点与凝固点各不相同。除纯铅、纯锡和共晶合金是在单一温度下熔化外，其他合金都是在一个区域内熔化。

图中CTD线叫液相线，温度高于此线时合金为液相；CETFD线叫固相线，温度低于此线时合金为固相；在两线之间的两个三角形区域内，合金是半熔半凝固状态；AB线叫最佳焊接温度线，它高于液相线约50℃。

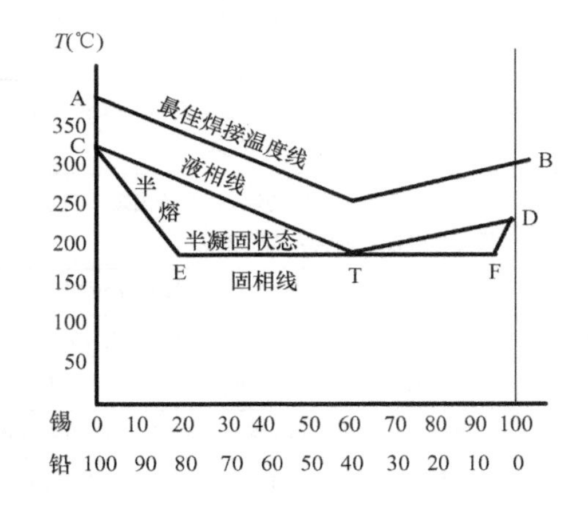

图2-3 铅锡合金状态图

(3) 共晶焊锡

图中的T点叫共晶点，对应的合金成分是铅38.1%、锡61.9%，此合金称为共晶合金，也叫共晶焊锡。它的熔点与凝固点都是183℃，是铅锡焊料中性能最好的一种。它具有以下优点：

① 熔点低，使焊接时加热温度降低，可防止元器件损坏。

② 熔点与凝固点温度相同，可使焊点快速凝固，不会因半熔状态时间间隔长而造成焊点结晶疏松，强度降低。这一点对自动焊接具有重要意义，因为自动焊接传输中不可避免地存在振动。

③ 流动性好，表面张力小，有利于提高焊点质量。

④ 机械强度高，导电性好。

2. 焊锡物理性能及杂质影响

表 2-2 给出了不同成分铅锡焊料的物理性能。由表中可以看出，含 Sn 60%的焊料，其抗张强度和剪切强度都较优，而 Pb 量过高或过低性能都不理想。

表 2-2 焊料物理性能及机械性能

锡(Sn)	铅(Pb)	导电性(铜 100%)	抗张力(MPa)	折断力(MPa)
100	0	13.6	1.49	2.0
95	5	13.6	3.15	3.1
60	40	11.6	5.36	3.5
50	50	10.7	4.73	3.1
42	58	10.2	4.41	3.1
35	65	9.7	4.57	3.6
30	70	9.3	4.73	3.5
0	100	7.9	1.42	1.4

各种铅锡焊料中不可避免地会含有微量金属。这些微量金属作为杂质，超过一定限度量就会对焊锡的性能产生很大影响。表 2-3 列举了各种杂质对焊锡性能的影响。

表 2-3 杂质对焊锡的性能影响

杂质	对焊料的影响
铜	会使焊料的熔点变高，流动性变差，焊印制板组件易产生桥接和拉尖缺陷，一般焊锡中铜的允许含量为 0.3%～0.5%
锌	焊料中融入 0.001%的锌就会对焊接质量产生影响，融入 0.005%时会使焊点表面失去光泽，焊料的润湿性变差，焊印制板易产生桥接和拉尖
铝	焊料中融入 0.001%的铝，就开始出现不良影响，融入 0.005%时，就可使焊接能力变差，焊料流动性变差，并产生氧化和腐蚀，使焊点出现麻点
镉	使焊料熔点下降，流动性变差，焊料晶粒变大且失去光泽
铁	使焊料熔点升高，难于熔接。焊料中有 1%的铁，焊料就焊不上，并且会使焊料带有磁性
铋	使焊料熔点降低，机械性能变脆，冷却时产生龟裂
砷	可使焊料流动性增强，使表面变黑，硬度和脆性增加
磷	含少量磷可增加焊料的流动性，但对铜有腐蚀作用
金	金熔解到焊料里，会使焊料表面失去光泽，焊点呈白色，机械强度降低，质变脆
银	在焊料中提高银的百分比率，可改善焊料的性质。在共晶焊锡中，增加 3%的银，就可使熔点降为 177℃，且焊料的焊接性能、扩展焊接强度都有不同程度的提高
锑	加入少量锑(5%)会使焊锡的机械强度增强，光泽变好，但润滑性变差

不同标准的焊锡规定了杂质的含量标准。不合格的焊锡可能是成分不准确，也可能是杂质含量超标。在生产中大量使用的焊锡应该经过质量认证。

为了使焊锡获得某种性能，也可掺入某些金属。如掺入 0.5 %～2 %的银，可使焊锡熔点低，强度高。掺入镉，可使焊锡变为高温焊锡。

手工焊接常用的焊锡丝，是将焊锡制成管状，内部充加助焊剂。助焊剂一般是优质松香添加一定的活化剂。焊锡丝直径有0.5,0.8,0.9,1.0,1.2,1.5,2.0,2.5,3.0,4.0,5.0mm。一般铅锡焊料及几种常用低温焊锡见附录A与附录B。

2.3.2 焊剂

焊剂又称为助焊剂,一般是由活化剂、树脂、扩散剂、溶剂4部分组成。主要用于清除焊件表面的氧化膜、保证焊锡浸润的一种化学剂。

1. 焊剂的作用

① 除去氧化膜。其实质是助焊剂中的氯化物、酸类同氧化物发生还原反应,从而除去氧化膜。反应后的生成物变成悬浮的渣,漂浮在焊料表面。

② 防止氧化。液态的焊锡及加热的焊件金属都容易与空气中的氧接触而氧化。助焊剂熔化后,漂浮在焊料表面,形成隔离层,因而防止了焊接面的氧化。

③ 减小表面张力,增加焊锡的流动性,有助于焊锡浸润。

④ 使焊点美观。合适的焊剂能够整理焊点形状,保持焊点表面的光泽。

2. 对焊剂的要求

① 熔点应低于焊料,只有这样才能发挥助焊剂的作用。

② 表面张力、黏度、比重应小于焊料。

③ 残渣应容易清除。焊剂都带有酸性,会腐蚀金属,而且残渣影响美观。

④ 不能腐蚀母材。焊剂酸性太强,在除去氧化膜的同时,也会腐蚀金属,从而造成危害。

⑤ 不产生有害气体和臭味。

3. 助焊剂的分类与选用

助焊剂大致可分为有机焊剂、无机焊剂和树脂焊剂3大类。其中以松香为主要成分的树脂焊剂在电子产品生产中占有重要地位,成为专用型的助焊剂。

(1) 无机焊剂

无机焊剂的活性最强,常温下就能除去金属表面的氧化膜。但这种强腐蚀作用很容易损伤金属及焊点,电子焊接中是不用的。

(2) 有机焊剂

有机焊剂具有较好的助焊作用,但也有一定的腐蚀性,残渣不易清除,且挥发物污染空气,一般不单独使用,而是作为活化剂与松香一起使用。

(3) 树脂焊剂

这种焊剂的主要成分是松香。松香的主要成分是松香酸和松香酯酸酐,在常温下几乎没有任何化学活力,呈中性,当加热到熔化时,呈弱酸性。可与金属氧化膜发生还原反应,生成的化合物悬浮在液态焊锡表面,也起到焊锡表面不被氧化的作用。焊接完毕恢复常温后,松香又变成固体,无腐蚀,无污染,绝缘性能好。

为提高其活性,常将松香溶于酒精中再加入一定的活化剂。但在手工焊接中并非必要,只是在浸焊或波峰焊的情况下才使用。表2-4为几种国产助焊剂的配比及性能。

松香反复加热后会被碳化(发黑)而失效,发黑的松香不起助焊作用。现在普遍使用氢化松香,它从松脂中提炼而成,是专为锡焊生产的一种高活性松香,常温下性能比普通松香稳定,助焊作用也更强。

助焊剂的选用应优先考虑被焊金属的焊接性能及氧化、污染等情况。铂、金、银、铜、锡等金属的焊接性能较强，为减少助焊剂对金属的腐蚀，多采用松香作为助焊剂。焊接时，尤其是手工焊接时多采用松香焊锡丝。铅、黄铜、青铜、铍青铜及带有镍层金属材料的焊接性能较差，焊接时，应选用有机助焊剂。焊接时能减小焊料表面张力，促进氧化物的还原作用，它的焊接能力比一般焊锡丝要好，但要注意焊后的清洗问题。

2.3.3 阻焊剂

焊接中，特别是在浸焊及波峰焊中，为提高焊接质量，需要耐高温的阻焊涂料，使焊料只在需要的焊点上进行焊接，而把不需要焊接的部分保护起来，起到一种阻焊作用，这种阻焊材料叫做阻焊剂。

表 2-4 几种国产助焊剂的配比及性能

<table>
<tr><th>焊剂品种</th><th>配方（重量百分比）</th><th>可焊性</th><th>活性</th><th>适用范围</th></tr>
<tr><td>松香酒精</td><td>松香 23%
无水乙醇 67%</td><td>中</td><td>中性</td><td>印制板、导线焊接</td></tr>
<tr><td>盐酸二乙胺</td><td>盐酸二乙胺 4%
三乙醇胺 6%
松香 20%
正丁醇 10%
无水乙醇 60%</td><td rowspan="5">好</td><td rowspan="5">有轻度腐蚀性（余渣）</td><td>手工烙铁焊接电子元器件、零部件</td></tr>
<tr><td>盐酸苯胺</td><td>盐酸苯胺 4.5%
三乙醇胺 2.5%
松香 23%
无水乙醇 60%
溴化水杨酸 10%</td><td>同上；可用于搪锡</td></tr>
<tr><td>201 焊剂</td><td>溴化水杨酸 10%
树脂 20%
松香 20%
无水乙醇 50%</td><td>元器件搪锡、浸焊、波峰焊</td></tr>
<tr><td>201－1 焊剂</td><td>溴化水杨酸 7.9%
丙烯酸树脂 3.5%
松香 20.5%
无水乙醇 48.1%</td><td>印制板涂覆</td></tr>
<tr><td>SD 焊剂</td><td>SD 6.9%
溴化水杨酸 3.4%
松香 12.7%
无水乙醇 77%</td><td>浸焊、波峰焊</td></tr>
<tr><td>氯化锌</td><td>$ZnCl_2$饱和水溶液</td><td rowspan="2">很好</td><td rowspan="2">腐蚀性强</td><td>各种金属制品、钣金件</td></tr>
<tr><td>氯化铵</td><td>乙醇 70%
甘油 30%
NH_4Cl 饱和</td><td>锡焊各种黄铜零件</td></tr>
</table>

1. 阻焊剂的优点

① 防止桥接、短路及虚焊等情况的发生，减少印制板的返修率，提高焊点的质量。

② 因印制板板面部分被阻焊剂覆盖，焊接时受到的热冲击小，降低了印制板的温度，使板面不易起泡、分层，同时也起到保护元器件和集成电路的作用。

③ 除了焊盘外，其他部位均不上锡，这样可以节约大量的焊料。

④ 使用带有色彩的阻焊剂，可使印制板的板面显得整洁美观。

2. 阻焊剂的分类

阻焊剂按成膜方法，分为热固性和光固性两大类，即所用的成膜材料是加热固化还是光照固化。目前热固化阻焊剂被逐步淘汰，光固化阻焊剂被大量采用。

热固化阻焊剂具有价格便宜、黏接强度高的优点，但也具有加热温度高，时间长，印制板容易变形，能源消耗大，不能实现连续化生产等缺点。

光固化阻焊剂在高压汞灯下照射 2～3min 即可固化，因而可节约大量能源，提高生产效率，便于自动化生产。

2.3.4 锡焊机理

锡焊是电子行业中应用最普遍的焊接技术。锡焊的机理就是将焊料、焊件同时加热到最佳焊接温度，然后不同金属表面相互浸润、扩散，最后形成多组织的结合层。

1. 焊料对焊件的浸润

熔融焊料在金属表面形成均匀、平滑、连续并附着牢固的焊料层叫浸润，也叫润湿。浸润程度主要取决于焊件表面的清洁程度及焊料表面张力。在焊料的表面张力小，焊件表面无油污，并涂有助焊剂的条件下，焊料的浸润性能较好。浸润性能的好坏一般用润湿角表示，润湿角即指焊料外缘在焊件表面交界点处的切线与焊件面的夹角。润湿角大于 90°时，焊料不润湿焊件；润湿角等于 90°时，浸润性能不良；润湿角小于 90°时，焊料润湿焊件。润湿角越小，浸润性能越好。浸润作用同毛细作用紧密相连，光洁的金属表面放大后有许多微小的凹凸间隙，熔化成液态的焊料借助于毛细引力沿着间隙向焊件表面扩散，形成对焊件的浸润。

2. 扩散

浸润是熔融焊料在被焊物体上的扩散，这种扩散并不限于表面，伴随着这种扩散，同时还发生液态和固态金属之间的相互扩散。如同水洒在海绵上而不是洒在玻璃板上一样。

粗略地理解，可以认为扩散是原子间的引力作用，而实际上两种金属之间的相互扩散是一个复杂的物理—化学过程。例如，用铅锡焊料焊接铜件，焊接过程中有表面扩散，也有晶界扩散和晶内扩散。Pb-Sn 焊料中，Pb 原子只参与表面扩散，不向内部扩散；而 Cu，Sn 原子相互扩散，这是不同金属性质决定的选择扩散。正是由于这种扩散作用，形成了焊料和焊件之间的牢固结合。

3. 结合层

由于焊料和焊件金属彼此扩散，所以两者交接面形成多种组织的结合层。结合层中既有晶内扩散形成的共晶合金，又有两种金属生成的金属间的化合物。

形成结合层是锡焊的关键，如果没有形成结合层，仅仅是焊料堆积在母材上，这称为虚焊。结合层的厚度因焊接温度、时间不同而异，一般为 3～10μm。

2.3.5 锡焊的条件及特点

任何种类的焊接都有严格的工艺要求，不但要了解焊接材料及施焊对象的性质，还要了解施焊温度、施焊时间及施焊环境的不同对焊接所造成的影响。印制电路板的焊接也是如此，这些工艺要求是很好地完成焊接的前提。

1. 锡焊的条件

（1）必须具有充分的可焊性

金属表面被熔融焊料浸湿的特性叫可焊性，是指被焊金属材料与焊锡在适当的温度及助焊剂的作用下，形成结合良好合金的能力。只有能被焊锡浸湿的金属才具有可焊性。并非所有的金属都具有良好的可焊性，有些金属如铝、不锈钢、铸铁等可焊性就很差。而铜及其合金、金、银、铁、锌、镍等都具有良好的可焊性。即使是可焊性好的金属，因为表面容易产生氧化膜，为了提高其可焊性，一般采用表面镀锡、镀银等。铜是导电性能良好和易于焊接的金属材料，所以应用得最为广泛。常用的元器件引线、导线及焊盘等，大多采用铜材制成。

衡量材料的可焊性有专门制定的测试标准和测试仪器。实际上，根据锡焊的机理很容易比较材料的可焊性。一般共晶焊锡与表面干净的铜的浸湿角约为 20°。

（2）焊件表面必须保持清洁

为了使熔融焊锡能良好地润湿固体金属表面，并使焊锡和焊件达到原子间相互作用的距离，要求被焊金属表面一定要清洁，从而使焊锡与被焊金属表面原子间的距离最小，彼此间充分吸引扩散，形成合金层。即使是可焊性好的焊件，由于长期存储和污染等原因，焊件的表面可能产生有害的氧化膜、油污等。所以，在实施焊接前也必须清洁表面，否则难以保证质量。

（3）使用合适的助焊剂

助焊剂的作用是清除焊件表面氧化膜并减小焊料熔化后的表面张力，以利于浸润。助焊剂的性能一定要适合于被焊金属材料的焊接性能。不同的焊件，不同的焊接工艺，应选择不同的助焊剂。如镍镉合金、不锈钢、铝等材料，需使用专用的特殊助焊剂；在电子产品的线路板焊接中，通常采用松香助焊剂。

（4）加热到适当的温度

焊接时，将焊料和被焊金属加热到焊接温度，使熔化的焊料在被焊金属表面浸润扩散并形成金属化合物。因此，要保证焊点牢固，一定要有适当的焊接温度。

加热过程中不但要将焊锡加热熔化，而且要将焊件加热到熔化焊锡的温度。只有在足够高的温度下，焊料才能充分浸润，并充分扩散形成合金层。但过高的温度是有害的，这在后面章节将专门叙述。

（5）焊料要适应焊接要求

焊料的成分和性能应与被焊金属材料的可焊性、焊接温度、焊接时间、焊点的机械强度相适应，以达到易焊和牢固的目的。此外，还要注意焊料中的杂质对焊接的不良影响。

（6）要有适当的焊接时间

焊接时间是指在焊接过程中，进行物理和化学变化所需要的时间。它包括被焊金属材料达到焊接温度的时间，焊锡熔化的时间，助焊剂发生作用并生成金属化合物的时间等。焊接时间的长短应适当，时间过长会损坏元器件并使焊点的外观变差，时间过短焊料不能充分润湿被焊金属，从而达不到焊接要求。

2. 锡焊的特点

锡焊在手工焊接、波峰焊、浸焊、再流焊等有着广泛的应用，其特点如下：

① 焊料的熔点低于焊件的熔点；

② 焊接时将焊件与焊料加热到最佳焊接温度，焊料熔化而焊件不熔化；

③ 焊接的完成依靠熔化状态的焊料浸润焊接面，由毛细作用使焊料进入间隙，形成一个结合层，从而实现焊件的结合。

2.4 手工焊接技术

手工焊接是焊接技术的基础，也是电子产品装配中的一项基本操作技能。手工焊接适用于小批量生产的小型化产品、一般结构的电子整机产品、具有特殊要求的高可靠产品、某些不便于机器焊接的场合及调试和维修中修复焊点和更换元器件等。

2.4.1 焊接操作的手法与步骤

由于焊剂加热挥发出的气体对人体是有害的，在焊接时应保持烙铁距口鼻的距离不少于20cm，通常以30cm为宜。

1. 电烙铁的使用方法

使用电烙铁的目的是为了加热被焊件而进行焊接，不能烫伤、损坏导线和元器件，为此必须正确掌握手持电烙铁的方法。

手工焊接时，电烙铁要拿稳对准，可根据电烙铁的大小和被焊件的要求不同，决定手持电烙铁的手法，通常有3种手持方法，如图2-4所示。

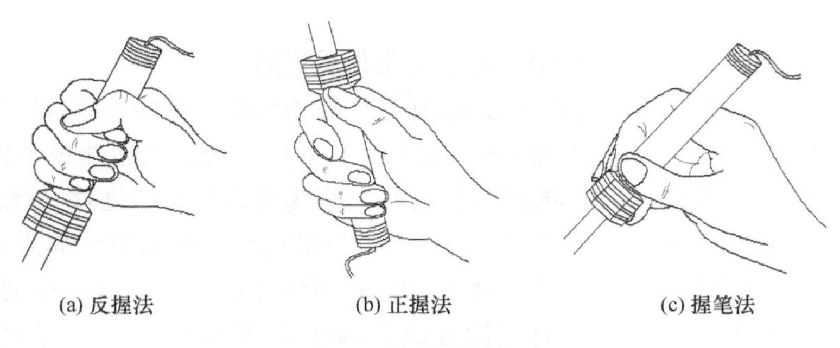

(a) 反握法　　(b) 正握法　　(c) 握笔法

图2-4　电烙铁的握法

(1) 反握法

见图2-4(a)。这种方法焊接时动作稳定，长时间操作不易疲劳，适于大功率烙铁的操作和热容量大的被焊件。

(2) 正握法

见图2-4(b)。它适于中等功率烙铁或带弯头烙铁的操作。一般在操作台上焊印制板等焊件时，多采用正握法。

(3) 握笔法

见图 2-4(c)。这种握法类似于写字时手拿笔的姿势，易于掌握，但长时间操作易疲劳，烙铁头会出现抖动现象，适于小功率的电烙铁和热容量小的被焊件。

2. 焊锡丝的拿法

手工焊接中一手握电烙铁，另一手拿焊锡丝，帮助电烙铁吸取焊料。拿焊锡丝的方法一般有两种拿法，如图 2-5 所示。

(1) 连续锡丝拿法

即用拇指和四指握住焊锡丝，其余三手指配合拇指和食指把焊锡丝连续向前送进，如图 2-5(a)所示。它适于成卷焊锡丝的手工焊接。

(2) 断续锡丝拿法

即用拇指、食指和中指夹住焊锡丝。这种拿法，焊锡丝不能连续向前送进，适用于小段焊锡丝的手工焊接，如图 2-5(b)所示。

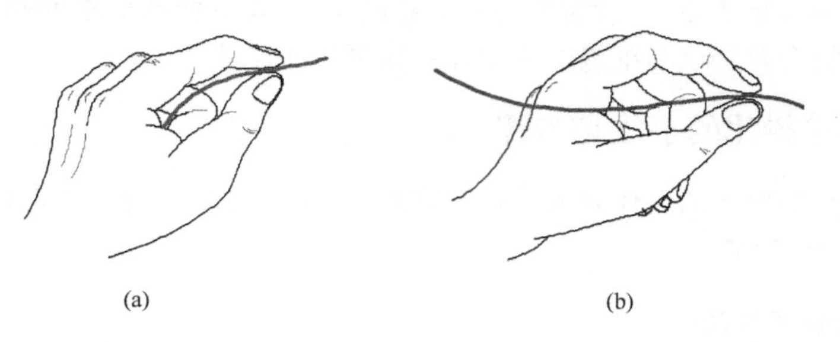

图 2-5　锡丝的拿法

由于焊锡丝成分中铅占有一定的比例，因此，操作时应戴手套或操作后洗手，以避免食入铅。电烙铁使用后一定要放在烙铁架上，并注意烙铁线等不要碰烙铁。

3. 焊接操作的基本步骤

为了保证焊接的质量，掌握正确的操作步骤是很重要的。

经常看到有些人采用这样一种操作方法，即先用烙铁头沾上一些焊锡，然后将烙铁放到焊点上停留，等待焊件加热后被焊锡润湿，这不是正确的操作方法。它虽然也可以将焊件连接，但却不能保证质量。由焊接机理不难理解这一点，当焊锡在烙铁上熔化时，焊锡丝中的焊剂附着在焊料的表面，由于烙铁头的温度在 250℃～350℃或以上，当烙铁放到焊点上之前，松香焊剂将不断挥发，很可能会挥发大半或完全挥发，因而，润湿过程中由于缺少焊剂而造成润湿不良。而当烙铁放到焊点上时，由于焊件还没有加热，结合层不容易形成，很容易虚焊。正确的操作步骤应该是 5 步，如图 2-6 所示为焊接五步法示意图。

① 准备施焊：左手拿焊丝，右手握烙铁，随时处于焊接状态。要求烙铁头保持干净，表面镀有一层焊锡，如图 2-6(a)所示。

② 加热焊件：应注意加热整个焊件全体，使焊件均匀受热。烙铁头放在两个焊件的连接处，时间为 1～2s，如图 2-6(b)所示。对于在印制板上焊接元器件，要注意使烙铁头同时接触焊盘和元器件的引线。

③ 送入焊丝：焊件加热到一定温度后，焊丝从烙铁对面接触焊件，如图 2-6(c)所示。注意不要把焊丝送到烙铁头上。

④ 移开焊丝：当焊丝熔化一定量后，立即将焊丝向左上 45°方向移开，如图 2-6(d)所示。

⑤ 移开烙铁：焊锡浸润焊盘或焊件的施焊部位后，向右上 45°方向移开烙铁，完成焊接，如图 2-6(e)所示。

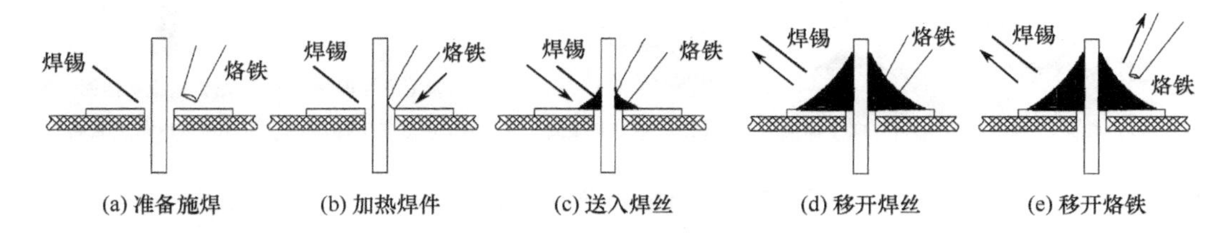

图 2-6　正确的操作手法

对于热容量小的焊件，如印制板与较细导线的连接，可简化为三步操作。即准备施焊、加热与送丝、去丝移烙铁。烙铁头放在焊件上后即放入焊丝。焊锡在焊接面上扩散达到预期范围后，立即拿开焊丝并移开烙铁，注意去丝时不得滞后于移开烙铁的时间。上述整个过程只有 2～4s，各步时间的控制、时序的准确掌握、动作的熟练协调，都要通过大量的训练和用心体会。有人总结出了五步骤操作法，用数数的方法控制时间，即烙铁接触焊点后数一、二(约 2s)，送入焊丝后数三、四即移开烙铁。焊丝熔化量靠观察决定。但由于烙铁功率、焊点热容量的差别等因素，实际操作中掌握焊接火候，绝无定章可循，必须具体条件具体对待。

4. 焊接操作手法

具体操作手法在达到优质焊点的目标下可因人而异，但长期的实践经验总结如下，可供初学者参考。

(1) 保持烙铁头清洁

焊接时烙铁头长期处于高温状态，又接触焊剂、焊料等，烙铁头的表面很容易氧化并粘上一层黑色的杂质，这些杂质容易形成隔热层，使烙铁头失去加热作用。因此，要随时将烙铁头上的杂质除去，使其随时保持洁净状态。

(2) 加热要靠焊锡桥

所谓焊锡桥，就是靠烙铁上保持少量的焊锡作为加热时烙铁头与焊件之间传热的桥梁。在手工焊接中，焊件大小、形状是多种多样的，需要使用不同功率的电烙铁及不同形状的烙铁头。而在焊接时不可能经常更换烙铁头，为增加传热面积需要形成热量传递的焊锡桥，因为液态金属的导热率要远远地高于空气。

(3) 采用正确的加热方法

不要用烙铁头对焊件施压。在焊接时，对焊件施压并不能加快传热，却加速了烙铁头的损耗，更严重的是，对元器件造成不易察觉的隐患。

(4) 在焊锡凝固前保持焊件为静止状态

用镊子夹住焊件施焊时，一定要等焊锡凝固后再移去镊子。因为焊锡凝固的过程就是结晶的过程，在结晶期间受到外力(焊件移动或抖动)会改变结晶条件，形成大粒结晶，造成所谓的“冷焊”，使焊点内部结构疏松，造成焊点强度降低，导电性能差。因此，在焊锡凝固前，一定要保持焊件为静止状态。

（5）采用正确的方法撤离烙铁

焊点形成后烙铁要及时向后 45°方向撤离。烙铁撤离时轻轻旋转一下，可使焊点保持适当的焊料，这是实际操作中总结出的经验。图 2-7 所示为不同撤离方向对焊料的影响。

图 2-7　烙铁撤离方向与焊料的关系

（6）焊锡量要合适

过量的焊锡不但造成了浪费，而且增加了焊接时间，降低了工作速度，还容易在高密度的印制板线路中造成不易察觉的短路。

焊锡过少不能牢固地结合，降低了焊点的强度。特别是在印制板上焊导线时，焊锡不足容易造成导线脱落。

（7）不要使用过量的助焊剂

适量的助焊剂会提高焊点的质量。如过量使用松香助焊剂后，当加热时间不足时，又容易形成“夹渣”的缺陷。焊接开关、接插件时，过量的助焊剂容易流到触点处，会造成接触不良。适量的助焊剂，应该是仅能浸润将要形成的焊点，不会透过印制板流到元件面或插孔里。对使用松香芯焊丝的焊接来说，正常焊接时基本上不需要再使用助焊剂，而且印制板在出厂前大多都进行过松香浸润处理。

（8）不要使用烙铁头作为运载焊料的工具

有人习惯用烙铁头沾上焊锡去焊接，这样容易造成焊料氧化，助焊剂挥发。因为烙铁头温度一般在 300℃左右，焊锡丝中的焊剂在高温下很容易分解失效。

2.4.2　焊接温度与加热时间

从锡焊机理和锡焊条件中可知，适当的温度对形成良好的焊点是必不可少的。这个温度究竟如何掌握，图 2-8 所示的曲线可供参考。

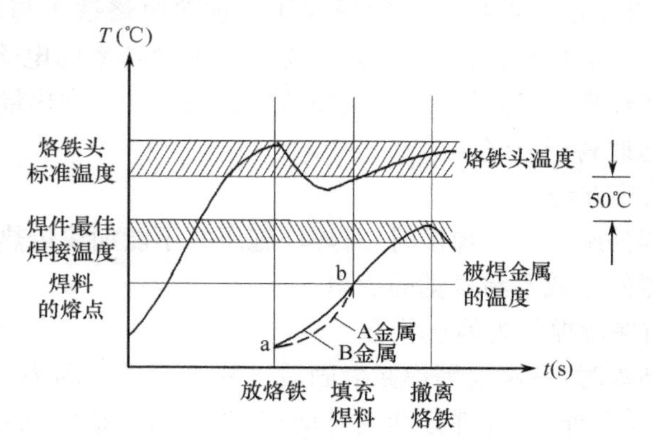

图 2-8　焊接的温度曲线

1. 关于焊接的 3 个重要温度

图 2-8 中两条水平阴影区及一条水平线代表焊接的 3 个重要温度，由上而下第一条水平阴影区代表烙铁头的标准温度；第二条水平阴影区表示为了焊料充分浸润生成合金，焊件应达到的最佳焊接温度；第三条水平线是焊丝熔化温度，也就是焊件达到此温度时应送入焊丝。

两条曲线分别代表烙铁头和焊件温度变化过程，金属 A 和 B 表示焊件两个部分（如铜箔与导线、焊片与导线等）。3 条竖线实际表示的就是前面讲述的五步操作法的时序关系。准确、熟练地将以上几条曲线关系应用到实际中，这是掌握焊接技术的关键。

2. 焊接温度与加热时间

由焊接温度曲线可看出，烙铁头在焊件上的停留时间与焊件温度的升高成正比，即曲线 ab 段反映焊接温度与加热时间的关系。同样的烙铁，加热不同热容量的焊件时，要想达到同样的焊接温度，显然可以用控制加热时间来实现。其他因素的变化同理可推断。但在实际工作中，因为存在烙铁供热容量和焊件、烙铁在空气中散热等问题，所以又不能仅仅依此关系决定加热时间。例如，用一个小功率烙铁加热较大焊件时，无论停留多长时间，焊件温度也上不去。此外，有些元器件也不允许长期加热。

3. 加热时间对焊件和焊点的影响

加热时间对焊锡、对焊件的浸润性、结合层的影响，我们已有所了解，现在进一步了解加热时间对整个焊接过程的影响及其外部特征。

加热时间不足，造成焊料不能充分浸润焊件，形成夹渣（松香）、虚焊。过量的加热，除可能造成元器件损坏外，还有如下危害和外部特征。

① 焊点外观变差。如果焊锡已浸润焊件后还继续加热，造成熔态焊锡过热，烙铁撤离时容易造成拉尖，同时焊点表面出现粗糙颗粒、失去光泽，焊点发白。

② 助焊剂失效。焊接时所加松香焊剂在温度较高时容易分解碳化（一般松香 210℃开始分解），失去助焊剂作用，而且夹到焊点中造成焊接缺陷。如果发现松香变黑，那是因为长时间或反复加热所致。

③ 印制板上的铜箔剥落。铜箔是采用黏合剂固定在绝缘基板上的。过多的受热会破坏黏合层，导致印制板上的铜箔剥落。因此，准确掌握焊接时间是优质焊接的关键。

2.4.3 合格焊点及质量检查

焊点的质量直接关系着产品的稳定性与可靠性等电气性能。一台电子产品，其焊点数量可能大大超过元器件数量本身，焊点有问题，检查起来十分困难。所以必须明确对合格焊点的要求，认真分析影响焊点质量的各种因素，以减少出现不合格焊点的机会，尽可能在焊接过程中提高焊点的质量。

1. 对焊点的要求

（1）可靠的电气连接

电子产品工作的可靠性与电子元器件的焊接紧密相连。一个焊点要能稳定、可靠地通过一定的电流，没有足够的连接面积是不行的。如果焊锡仅仅是将焊料堆在焊件的表面或只有少部分形成合金层，那么在最初的测试和工作中也许不能发现焊点出现问题，但随着时间的推移和条件的改变，接触层被氧化，脱焊现象出现了，电路会产生时通时断或者干脆不工作。而这时观察焊点的外表，依然连接如初，这是电子仪器检修中最头痛的问题，也是产品制造中要十分注意的问题。

（2）足够的机械强度

焊接不仅起电气连接的作用，同时也是固定元器件、保证机械连接的手段，因而就有机械强度的问题。作为铅锡焊料的铅锡合金本身，强度是比较低的。常用的铅锡焊料抗拉强度只有普通钢材的1/10，要想增加强度，就要有足够的连接面积。如果是虚焊点，焊料仅仅堆在焊盘上，自然就谈不上强度了。另外，焊接时焊锡未流满焊盘，或焊锡量过少，也降低了焊点的强度。还有，焊接时焊料尚未凝固就使焊件震动、抖动而引起焊点结晶粗大，或有裂纹，都会影响焊点的机械强度。

（3）光洁整齐的外观

良好的焊点要求焊料用量恰到好处，外表有金属光泽，没有桥接、拉尖等现象，导线焊接时不伤及绝缘皮。良好的外表是焊接高质量的反映。表面有金属光泽，是焊接温度合适、生成合金层的标志，而不仅仅是外表美观的要求。

2. 典型焊点的外观要求

图2-9所示为两种典型焊点的外观，其共同要求是：

① 形状为近似圆锥而表面微凹呈慢坡状（以焊接导线为中心，对称成裙装拉开），虚焊点表面往往成凸形，可以鉴别出来；

② 焊料的连接面呈半弓形凹面，焊料与焊件交界处平滑，接触角尽可能小；

③ 焊点表面有光泽且平滑；

④ 无裂纹、针孔、夹渣。

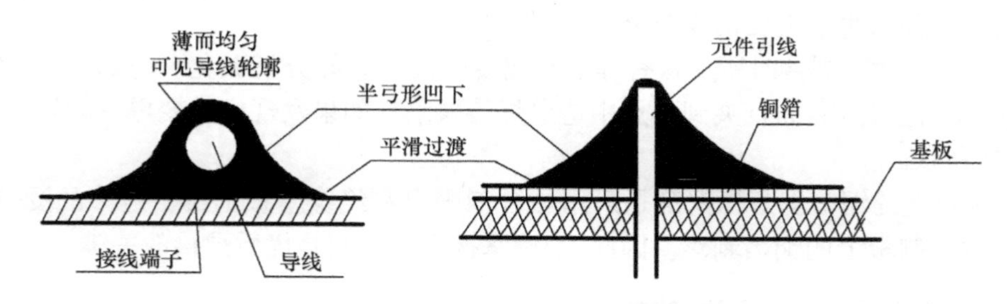

图2-9 焊点的外观特征

3. 焊点的质量检查

在焊接结束后，为保证产品质量，要对焊点进行检查。由于焊接检查与其他生产工序不同，没有一种机械化、自动化的检查测量方法，因此主要通过目视检查、手触检查和通电检查来发现问题。

① 目视检查是从外观上检查焊接质量是否合格，也就是从外观上评价焊点有什么缺陷。

② 手触检查主要是指手触摸、摇动元器件时，焊点有无松动、不牢、脱落的现象。或用镊子夹住元器件引线轻轻拉动时，有无松动现象。

③ 通电检查必须是在外观及连线检查无误后才可进行的工作，也是检验电路性能的关键

步骤。通电检查可以发现许多微小的缺陷，如用目测观察不到的电路桥接、虚焊等。表 2-5所示为通电检查时可能出现的故障与焊接缺陷的关系。

表 2-5　通电检查结果及原因分析

通电检查结果		原 因 分 析
元器件损坏	失效	过热损坏、烙铁漏电
	性能降低	烙铁漏电
导通不良	短路	桥接、焊料飞溅
	断路	焊锡开裂、松香夹渣、虚焊、插座接触不良
	时通时断	导线断丝、焊盘剥落等

4. 常见焊点的缺陷与分析

造成焊接缺陷的原因有很多，但主要可从四要素中去寻找。在材料与工具一定的情况下，采用什么方式及操作者是否有责任心，就是决定性的因素了。元器件的焊接与导线的焊接常见缺陷如图 2-10 和表 2-6 所示。

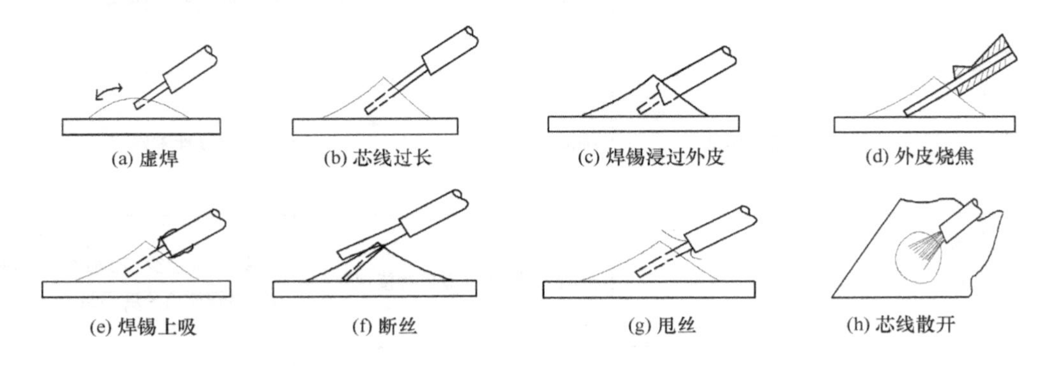

(a) 虚焊　(b) 芯线过长　(c) 焊锡浸过外皮　(d) 外皮烧焦
(e) 焊锡上吸　(f) 断丝　(g) 甩丝　(h) 芯线散开

图 2-10　接线端子的缺陷

表 2-6　常见焊点缺陷与分析

焊 点 缺 陷	外 观 特 征	危　　害	原 因 分 析
焊料过多	焊料面呈凸形	浪费焊料，且可能包藏缺陷	焊丝撤离过迟
焊料过少	焊料未形成平滑面	机械强度不足	焊丝撤离过早或焊料流动性差而焊接时间又短
过热	焊点发白，无金属光泽，表面粗糙	焊盘容易剥落，强度降低	烙铁功率过大，加热时间过长

(续表)

焊点缺陷	外观特征	危害	原因分析
冷焊	表面呈豆腐渣状颗粒，有时可能有裂纹	强度低，导电性不好	焊料未凝固前焊件抖动或烙铁功率不够
浸润不良	焊料与焊件交界面接触角过大，不平滑	强度低，不通或时通时断	焊件清理不干净，助焊剂不足或质量差，焊件未充分加热
虚焊	焊件与元器件引线或与铜箔之间有明显黑色界限，焊锡向界限凹陷	电气连接不可靠	元器件引线未清洁好，有氧化层或油污、灰尘；印制板未清洁好，喷涂的助焊剂质量不好
铜箔剥离	铜箔从印制板上剥离	印制板被损坏	焊接时间长，温度高
不对称	焊锡未流满焊盘	强度不足	焊料流动性不好
拉尖	出现尖端	外观不佳，容易造成桥接现象	助焊剂过少，而加热时间过长，烙铁撤离角度不当
桥接	相邻导线连接	电气短路	焊锡过多，烙铁撤离方向不当
松动	导线或元器件引线可移动	导通不良或不导通	焊锡未凝固前引线移动造成空隙，引线未处理好（浸润差或不浸润）
针孔	目测或低倍放大镜可见有孔	强度不足，焊点容易腐蚀	焊盘孔与引线间隙太大
气泡	引线根部有喷火式焊料隆起，内部藏有空洞	暂时导通，但长时间容易引起导通不良	引线与焊盘孔间隙过大或引线浸润性不良
剥离	焊点剥落（不是铜箔剥落）	断路	焊盘上金属镀层不良

2.4.4 拆焊

将已焊焊点拆除的过程称为拆焊。调试和维修中常需要更换一些元器件，在实际操作中，拆焊比焊接难度高，如果拆焊不得法，就会损坏元器件及印制板。拆焊也是焊接工艺中一个重要的工艺手段。

1. 拆焊的基本原则

拆焊前一定要弄清楚原焊接点的特点，不要轻易动手，其基本原则为：

① 不损坏待拆除的元器件、导线及周围的元器件；

② 拆焊时不可损坏印制板上的焊盘与印制导线；

③ 对已判定为损坏元器件，可先将其引线剪断再拆除，这样可以减少其他损伤；

④ 在拆焊过程中，应尽量避免拆动其他元器件或变动其他元器件的位置，如确实需要应做好复原工作。

2. 拆焊工具

常用的拆焊工具除以上介绍的焊接工具外还有以下几种。

(1) 吸锡电烙铁

用于吸去熔化的焊锡，使焊盘与元器件或导线分离，达到解除焊接的目的。

(2) 吸锡绳

用于吸取焊接点上的焊锡，使用时将焊锡熔化使之吸附在吸锡绳上。专用的价格昂贵，可用网状屏蔽线代替，效果也很好。

(3) 吸锡器

用于吸取熔化的焊锡，要与电烙铁配合使用。先使用电烙铁将焊点熔化，再用吸锡器吸除熔化的焊锡。

3. 拆焊的操作要点

(1) 严格控制加热的温度和时间

因拆焊的加热时间较长，所以要严格控制温度和加热时间，以免将元器件烫坏或使焊盘翘起、断裂。宜采用间隔加热法来进行拆焊。

(2) 拆焊时不要用力过猛

在高温状态下，元器件封装的强度会下降，尤其是塑封器件，过力的拉、摇、扭都会损坏元器件和焊盘。

(3) 吸去拆焊点上的焊料

拆焊前，用吸锡工具吸去焊料，有时可以直接将元器件拔下。即使还有少量锡连接，也可以减少拆焊的时间，减少元器件和印制板损坏的可能性。在没有吸锡工具的情况下，则可以将印制电路板或能移动的部件倒过来，用电烙铁加热拆焊点，利用重力原理，让焊锡自动流向电烙铁，也能达到部分去锡的目的。

4. 拆焊方法

（1）分点拆焊法

对卧式安装的阻容元器件，两个焊接点距离较远，可采用电烙铁分点加热，逐点拔出。如果引线是弯折的，用烙铁头撬直后再行拆除。

拆焊时，将印制板竖起，一边用烙铁加热待拆元件的焊点，一边用镊子或尖嘴钳夹住元器件引线轻轻拉出。

（2）集中拆焊法

晶体管及立式安装的阻容元器件之间焊接点距离较近，可用烙铁头同时快速交替加热几个焊接点，待焊锡熔化后一次拔出。对多接点的元器件，如开关、插头座、集成电路等，可用专用烙铁头同时对准各个焊接点，一次加热取下。

（3）保留拆焊法

对需要保留元器件引线和导线端头的拆焊，要求比较严格，也比较麻烦。可用吸锡工具先吸去被拆焊接点外面的焊锡。一般情况下，用吸锡器吸去焊锡后能够摘下元器件。

如果遇到多脚插焊件，虽然用吸锡器清除过焊料，但仍不能顺利摘除，这时候细心观察一下，其中哪些脚没有脱焊。找到后，用清洁而未带焊料的烙铁对引线脚进行熔焊，并对引线脚轻轻施力，向没有焊锡的方向推开，使引线脚与焊盘分离，多脚插焊件即可取下。

如果是搭焊的元器件或引线，只要在焊点上沾上助焊剂，用烙铁熔开焊点，元器件的引线或导线即可拆下。如遇到元器件的引线或导线的接头处有绝缘套管，要先退出套管，再进行熔焊。

如果是钩焊的元器件或导线，拆焊时先用烙铁清除焊点的焊锡，再用烙铁加热将钩下的残余焊锡熔开，同时须在钩线方向用铲刀撬起引线，移开烙铁并用平口镊子或钳子矫正。再一次熔焊取下所拆焊件。注意：撬线时不可用力过猛，要注意安全，防止将已熔化的焊锡弹入眼内或衣服上。

如果是绕焊的元器件或引线，则用烙铁熔化焊点，清除焊锡，弄清楚原来的绕向，在烙铁头的加热下，用镊子夹住线头逆绕退出，再调直待用。

（4）剪断拆焊法

被拆焊点上的元器件引线及导线如留有余量，或确定元器件已损坏，可先将元器件或导线剪下，再将焊盘上的线头拆下。

5. 拆焊后重新焊接时应注意的问题

拆焊后一般都要重新焊上元器件或导线，操作时应注意以下几个问题。

① 重新焊接的元器件引线和导线的剪截长度、离底板或印制板的高度、弯折形状和方向，都应尽量保持与原来的一致，使电路的分布参数不致发生大的变化，以免使电路的性能受到影响，特别对于高频电子产品更要重视这一点。

② 印制电路板拆焊后，如果焊盘孔被堵塞，应先用锥子或镊子尖端在加热下，从铜箔面将孔穿通，再插进元器件引线或导线进行重焊。特别是单面板，不能用元器件引线从印制板面捅穿孔，这样很容易使焊盘铜箔与基板分离，甚至使铜箔断裂。

③ 拆焊点重新焊好元器件或导线后，应将因拆焊需要而弯折、移动过的元器件恢复原状。一个熟练的维修人员拆焊过的维修点一般是不容易看出来的。

2.4.5 焊后清理

铅锡焊接法在焊接过程中都要使用助焊剂，焊剂在焊接后一般并未充分挥发，反应后的残留物对被焊件会产生腐蚀作用，影响电气性能。因此，焊接后一般要对焊点进行清洗。

清洗方法一般分为液相法和气相法两大类。无论用何种方法清洗，都要求所用清洗剂对焊点无腐蚀作用，而对助焊剂残留物则具有较强的溶解能力和去污能力。常用的液相清洗剂有工业纯酒精、60# 和 120# 航空汽油；气相的有氟利昂等。

1. 液相清洗法

采用液体清洗剂溶解、中和或稀释残留的焊剂和污物从而达到清洗目的的方法称为液相清洗法。其操作方法和注意事项如下。

(1) 操作方法

小批量生产中常采用手工液相清洗法，它具有方法简单、清洗效果好的特点。具体操作方法是：用镊子夹住蘸有清洗液的小块泡沫塑料或棉纱对焊点周围进行擦洗。如果是印制线路板，可用油画笔蘸清洗液进行刷洗。

更完善的液相清洗法还有滚刷清洗法和宽波溢流清洗法，它们适合大量生产印制电路板的清洗。

(2) 注意事项

① 常用清洁剂如无水酒精、汽油等都是易燃物品，使用时严禁操作者吸烟，以防火患。

② 不论采用何种清洗方法，都不能损坏焊点，不能移动电路板上的元器件及连接导线，如为清洗方便需要移动时，清洗后应及时复原。

③ 不要过量使用清洗液，以防清洗液进入非密封元器件或线路板元器件侧，否则将使清洗液携带污物进入元器件内部，从而造成接触不良或弄脏印制电路板。

④ 要经常分析和更换清洗液，以保证清洗质量。使用过的清洗液经沉淀过滤后可重复使用。

2. 气相清洗法

气相清洗法是采用低沸点溶剂，使其受热挥发形成蒸气，将焊点及其周围助焊剂残留物和污物一同带走达到清洗目的的方法。常用的清洗剂氟利昂为无色、无毒、不燃、不爆的有机溶剂，其沸点为 47.6℃，凝固点是－35℃，酸碱度为中性，化学性质稳定，绝缘性能良好，它不能溶解油漆。但对以松香为主的常用助焊剂及其残留物、污物有良好的清洗作用。氟利昂对大气层有严重的破坏作用，所以已被国家禁止使用。

气相清洗的特点是清洗效果好，过程很干净，清洗剂不会对非密封元器件内部及电路板元器件侧造成损害，是较液相清洗法更先进的方法。常用于大批量印制电路板的清洗。

采用气相清洗法应注意氟利昂散失，造成大气污染。近年来，国内外研制的中性助焊剂可使清洗工艺简化，甚至不用清洗。

2.5 实用焊接技艺

掌握原则和要领对正确操作是必要的，但仅仅依照这些原则和要领并不能解决实际操作中的各种问题。具体工艺步骤和实际经验是不可缺少的。借鉴他人的经验，遵循成熟的工艺是初学者的必由之路。

2.5.1 焊前的准备

为了提高焊接的质量和速度，在产品焊接前准备工作应提前就绪。熟悉装配图及原理图，检查印制电路板。除此之外，还要对待焊的电子元器件进行整形、镀锡处理。

1. 镀锡

为了提高焊接的质量和速度，避免虚焊等缺陷，应在装配前对焊接表面进行可焊性处理——镀锡，这是焊接之前一道十分重要的工序。特别是对一些可焊性差的元器件，镀锡是可靠连接的保证。

镀锡同样要满足锡焊的条件及工艺要求，才能形成结合层，将焊锡与待焊金属这两种性能、成分都不相同的材料牢固连接起来。

（1）元器件镀锡

在小批量的生产中，可以使用锡锅来镀锡。注意保持锡的合适温度，锡的温度可根据液态焊锡的流动性来大致判断。温度低，则流动性差；温度高，则流动性好，但锡的温度也不能太高，否则锡的表面将很快被氧化。电炉的电源可以通过调压器供给，以便于调节锡锅的最佳温度。在使用中，要不断去除锡锅里熔融焊锡表面的氧化层和杂质。

在大规模的生产中，从元器件清洗到镀锡，都由自动生产线完成。中等规模的生产也可使用搪锡机给元器件镀锡。

在业余条件下，给元器件镀锡可用沾锡的电烙铁沿着浸沾了助焊剂的引线加热，注意使引线上的镀层要薄且均匀。待镀件在镀锡后，良好的镀层表面应该均匀光亮，没有颗粒及凹凸点。如果元器件的表面污物太多，要在镀锡之前采用机械的办法预先去除。

（2）导线的镀锡

在一般的电子产品中，用多股导线连接还是很多的。如果导线接头处理不当，很容易引起故障。对导线镀锡要把握以下几个要点。

① 剥绝缘层不要伤线：使用剥线钳剥去导线的绝缘皮，若刀口不合适或工具本身质量不好，容易造成多股线头中有少数几根断掉或者虽未断离但有压痕的情况，这样的线头在使用中容易折断。

② 多股导线的线头要很好地绞合：剥好的导线端头，一定要先将其绞合在一起再镀锡，否则镀锡时线头就会散乱，无法插入焊孔，一两根散乱的导线很容易造成电气故障。同时，绞合在一起的多股线也增加了强度。

③ 涂助焊剂镀锡要留有余地：通常在镀锡前要将导线头浸蘸松香水。有时也将导线放在松香块上或放在松香盒里，用烙铁给导线端头涂覆一层松香，同时也镀上焊锡。注意不要让焊锡浸入到导线的绝缘皮中去，要在绝缘皮前留出 1～3mm 没有镀锡的间隔。

2. 元器件引线成形

在组装印制电路板时，为提高焊接质量、避免浮焊，使元器件排列整齐、美观，对元器件引线的加工就成为不可缺少的一个步骤。元器件间引线成形在工厂多采用模具，而业余爱好者只能用尖嘴钳或镊子加工。元器件引线成形的各种形状如图 2-11 所示。

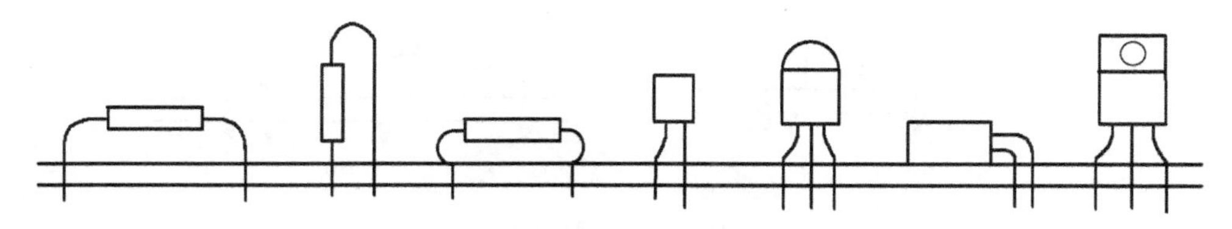

图 2-11　引线成形示意图

其中大部分需要在装插前弯曲成形，弯曲成形的要求取决于元器件本身的封装外形和印制板上的安装位置。元器件引线成形应注意几点：

① 所有元器件引线均不得从根部弯曲，因为制造工艺上的原因，根部容易折断，一般应留1.5mm以上；

② 弯曲一般不要成死角，圆弧半径应大于引线直径的1～2倍；

③ 要尽量将所有元器件的字符置于容易观察的位置。

2.5.2　元器件的安装与焊接

印制电路板的装焊在整个电子产品制造中处于核心地位，可以说一个整机产品的"精华"部分都装在印制板上，其质量对整机产品的影响不言而喻。尽管在现代生产中，印制板的装焊日臻完善，实现了自动化，但在产品研制、维修领域主要还是手工操作，况且手工操作经验也是自动化获得成功的基础。

1. 印制板和元器件的检查

装配前应对印制板和元器件进行检查，主要包括如下内容。

① 印制板：图形、孔位及孔径是否符合图纸，有无断线、缺孔等，表面处理是否合格，有无污染或变质。

② 元器件：品种、规格与外封装是否与图纸吻合，元器件引线有无氧化、锈蚀。对于要求较高的产品，还应注意操作时的条件，如手汗影响锡焊性能，腐蚀印制板；使用的工具如改锥、钳子碰上印制板会划伤铜箔；橡胶板中的硫化物会使金属变质等。

2. 元器件的插装

元器件引线经过成形后，即可插入印制电路板的焊孔中。在插装元器件时，要根据元器件所消耗的功率大小充分考虑散热问题，工作时发热的元器件安装时不宜紧贴在印制板上，这样不但有利于元器件的散热，同时热量也不易传到印制电路板上，延长了电路板的使用寿命，降低了产品的故障率。

元器件的安装及注意事项如下。

① 贴板插装，如图2-12(a)所示。小功率元器件一般采用这种安装方法。优点：稳定性好，插装简单。缺点：不利于散热，某些安装位置不适应。

② 悬空安装，如图2-12(b)所示。优点：适应范围广，有利于散热。缺点：插装较复杂，需控制一定高度以保持美观一致。悬空高度一般取2～6mm。

③ 安装时注意元器件字符标注方向一致，易于读取参数。

④ 安装时不要用手直接碰元器件引线和印制板上的铜箔，因为汗渍影响焊接。

⑤ 插装后为了固定元器件可对引线进行弯折处理。

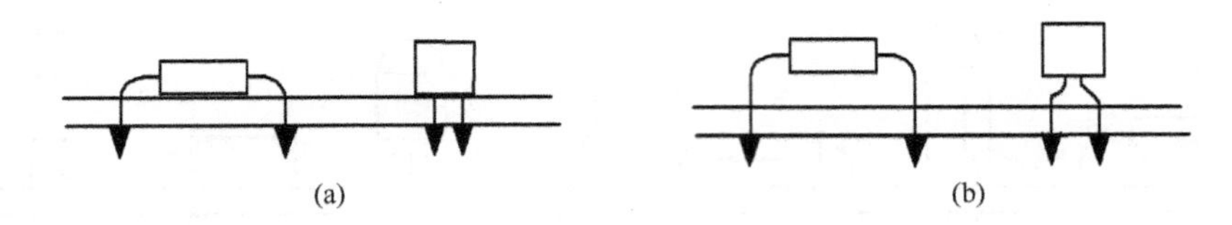

图 2-12 元器件插装方式

3. 印制电路板的焊接

焊接印制板，除遵循锡焊要领外，需注意以下几点。

① 电烙铁，一般应选内热式 20～35W 或调温式，烙铁头形状应根据印制板上焊盘大小确定。目前印制板上的元器件发展趋势是小型密集化，因此宜选用小型圆锥式烙铁头。

② 加热方法，加热应尽量使烙铁头同时接触印制板上的铜箔和元器件引线。对较大的焊盘焊接时可移动烙铁，即烙铁绕焊盘转动，以免长时间停留于一点，导致局部过热。

③ 焊接金属化孔的焊盘时，不仅让焊料润湿焊盘，而且孔内也要润湿填充。因此，金属化孔的加热时间应长于单面板。

④ 焊接时不要用烙铁头摩擦焊盘的方法增强焊料润湿性能，要靠元器件的表面处理和预焊。

⑤ 耐热性差的元器件应使用工具辅助散热。

4. 焊后处理

① 剪去多余的引线，注意不要对焊点施加剪切力以外的其他力。

② 检查印制板上所有元器件引线的焊点，修补焊点缺陷。

5. 导线的焊接

电子产品中常用的导线有 4 种，即单股导线、多股导线、排线和屏蔽线。单股导线的绝缘皮内只有一根导线，也称“硬线”，多用于不经常移动的元器件的连接（如配电柜中接触器、继电器的连接用线）；多股导线的绝缘皮内有多根导线，由于弯折自如，移动性好又称为“软线”，多用于可移动的元器件及印制板的连接；排线属于多股线，是将几根多股线做成一排故称为排线，多用于数据传送；屏蔽线是在绝缘的“芯线”之外有一层网状的导线，因具有屏蔽信号的作用，被称为屏蔽线，多用于信号传送。

(1) 导线同接线端子的焊接

① 绕焊：把经过镀锡的导线端头在接线端子上缠几圈，用钳子拉紧缠牢后进行焊接。如图 2-13(a)所示。注意导线一定要紧贴端子表面，绝缘层不要接触端子，一般 $L=1\sim3$mm 为宜，这种连接可靠性最好（L 为导线绝缘皮与焊面之间的距离）。

② 钩焊：将导线端子弯成钩形，钩在接线端子上并用钳子夹紧后施焊，如图 2-13(b)所示，端头处理与绕焊相同。这种方法强度低于绕焊，但操作简便。

绕焊、钩焊导线弯曲的形状如图 2-13(c)所示。

③ 搭焊：把经过镀锡的导线搭到接线端子上施焊，如图 2-13(d)所示。这种连接最方便，但强度、可靠性最差，仅用于临时连接或不便于缠、钩的地方及某些接插件上。

(2) 导线与导线的焊接

导线之间的焊接以绕焊为主，操作步骤如下：

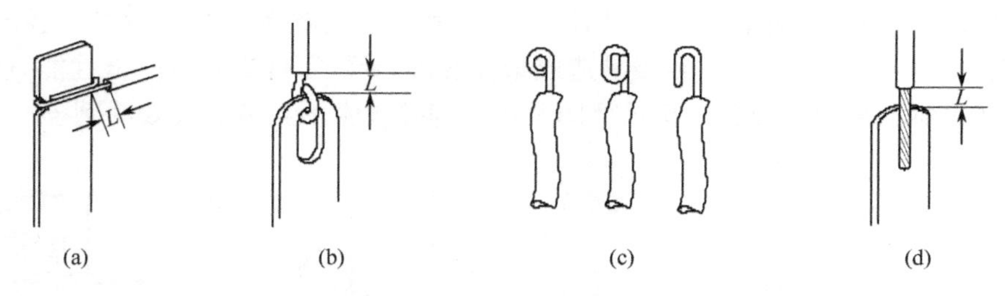

图 2-13　导线与端子的焊接

① 去掉一定长度的绝缘皮；

② 端头上锡，并穿上合适套管；

③ 绞合，施焊；

④ 趁热套上套管，冷却后套管固定在接头处。

对调试或维修中的临时线，也可采用搭焊的办法，只是这种接头强度和可靠性都较差，不能用于生产中的导线焊接。

2.5.3　集成电路的焊接

MOS电路特别是绝缘栅型电路，由于输入阻抗很高，稍有不慎就可使内部击穿而失效。双极性集成电路不像MOS集成电路那样，但由于内部集成度高，通常管子隔离层都很薄，一旦受到过量的热也很容易损坏。无论哪种电路，都不能承受高于200℃的温度，因此，焊接时必须非常小心。

集成电路的安装焊接有两种方式：一种是将集成块直接与印制板焊接；另一种是通过专用插座（IC插座）在印制板上焊接，然后将集成块插入。

在焊接集成电路时，应注意下列事项。

① 集成电路引脚如果是镀金镀银处理的，不要用刀刮，只需要用酒精擦洗或绘图橡皮擦干净就可以了。

② 对CMOS电路，如果事先已将各引线短路，焊前不要拿掉短路线。

③ 焊接时间在保证浸润的前提下尽可能短，每个焊点最好用3s焊好，最多不能超过4s，连续焊接时间不要超过10s。

④ 使用烙铁最好是20W内热式，接地线应保证接触良好。若用外热式，最好采用烙铁断电用余热焊接，必要时还要采取人体接地的措施。

⑤ 使用低熔点助焊剂，一般不要高于150℃。

⑥ 工作台上如果铺有橡皮、塑料等易于积累静电的材料，集成电路芯片及印制板等不宜放在台面上。

⑦ 集成电路若不使用插座，直接焊在印制板上，安全焊接顺序为：地端→输出端→电源端→输入端。

⑧ 焊接集成电路插座时，必须按集成块的引线排列图焊好每一个点。

2.5.4　几种易损元件的焊接

1. 注塑元件的焊接

目前，各种有机材料广泛地应用在电子元器件、零部件的制造中，通过注塑工艺，它们被制成各种形状复杂、结构精密的开关及接插件等。但其最大的弱点是不能承受高温。在对这类元件焊接时，如加热时间控制不当，极易造成塑性变形，导致零件失效或降低性能，造成故障隐患。如图 2-14 所示是钮子开关结构示意图及由于焊接技术不当造成失效的例子。

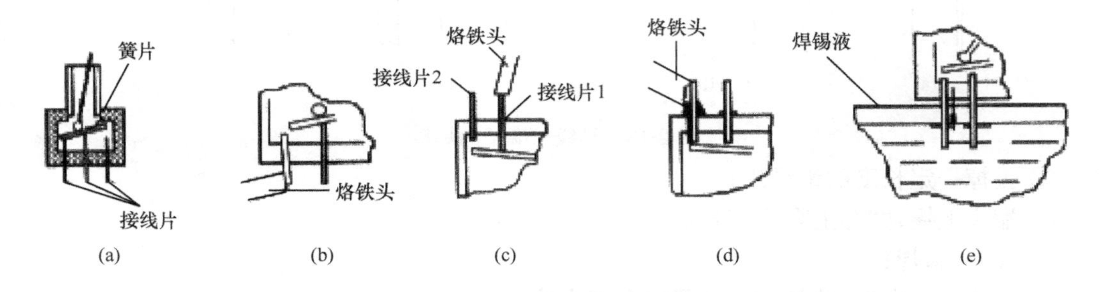

图 2-14　钮子开关结构及焊接不当导致失效的示意图

图 2-14(a)为开关结构示意图；图 2-14(b)为施焊时侧向加力，造成接线片变形，导致开关不通；图 2-14(c)为焊接时垂直施力，使接线片 1 垂直位移，造成闭合时接线片 2 不能导通；图 2-14(d)为焊接时助焊剂过多，沿接线片浸润到接点，造成接点绝缘或接触电阻过大；图 2-14(e)为镀锡时间过长，造成开关下部塑壳软化，接线片因自重移位，簧片无法接通。

正确的焊接方法是：

① 在元件预处理时将接点清理干净，一次镀锡成功，特别是将元件放在锡锅中浸锡时，更要掌握好进入深度及时间；

② 焊接时，烙铁头要修整得尖一些，以便在焊接时不碰到相邻接点；

③ 非必要时，尽量不使用助焊剂；必须添加时，要尽可能少用助焊剂，以防止进入电接触点；

④ 烙铁头在任何方向上均不要对接线片施加压力，避免接线片变形；

⑤ 在保证润湿的情况下，焊接时间越短越好。焊接后，不要在塑壳冷却前对焊点进行牢固性试验。

2. 簧片类元件的接点焊接

这类元件如继电器、波段开关等，其特点是在制造时给接触簧片施加了预应力，使之产生适当弹力，保证电接触的性能。在安装施焊的过程中，不能对簧片施加过大的外力和热量，以免破坏接触点的弹力，造成元件失效。因此，簧片类元件的焊接要领是：

① 可靠的预焊；

② 加热时间要短；

③ 不可对焊点的任何方向加力；

④ 焊锡量宜少。

2.6　电子工业生产中的焊接简介

在电子工业生产中，随着电子产品的小型化、微型化的发展，为了提高生产效率，降低生产成本，保证产品质量，在电子工业生产中采用自动焊机对印制板进行自动流水焊接。

2.6.1 浸焊

浸焊是将装好元器件的印制板在熔化的锡锅内浸锡，一次完成印制电路板上众多焊接点的焊接方法。

浸焊要求先将印制板安装在具有振动头的专用设备上，然后再进入焊料中。此法在焊接双面印制电路板时，能使焊料浸润到焊点的金属化孔中，使焊接更加牢固，并可振动掉多余的焊料，焊接效果较好。需要注意的是，使用锡锅浸焊，要及时清理掉锡锅内熔融焊料表面形成的氧化膜、杂质和焊渣。此外，焊料与印制板之间大面积接触，时间长，温度高，容易损坏元器件，还容易使印制板变形。通常，机器浸焊采用得较少。

对于小体积的印制板如果要求不高时，可采用手工浸焊较为方便。手工浸焊是手持印制电路板来完成焊接，其步骤如下。

① 焊前应将锡锅加热，以熔化的焊锡达到230℃～250℃为宜。为了去掉锡层表面的氧化层，要随时加一些助焊剂，通常使用松香粉。

② 在印制板上涂上一层助焊剂，一般是在松香酒精溶液中浸一下。

③ 使用简单的夹具将待焊接的印制板夹着浸入锡锅中，使焊锡表面与印制板接触。

④ 拿开印制电路板，待冷却后，检查焊接质量。如有较多焊点没焊好，要重复浸焊。对只有个别点未焊好的，可用电烙铁手工补焊。

在将印制板放入锡锅时，一定要保持平稳，印制板与焊锡的接触要适当。这是手工浸焊成败的关键。因此，手工浸焊时要求操作者必须具有一定的操作技能。

2.6.2 波峰焊

波峰焊是在电子焊接中使用较广泛的一种焊接方法，其原理是让电路板焊接面与熔化的焊料波峰接触，形成连接焊点。这种方法适宜一面装有元器件的印制电路板，并可大批量焊接。凡与焊接质量有关的重要因素，如焊料与助焊剂的化学成分、焊接温度、速度、时间等，在波峰焊时均能得到比较完善的控制。

将已完成插件工序的印制板放在匀速运动的导轨上，导轨下面装有机械泵和喷口的熔锡缸。机械泵根据焊接要求，连续不断地泵出平稳的液态锡波，焊锡以波峰形式溢出至焊接板面进行焊接。为了获得良好的焊接质量，焊接前应做好充分的准备工作，如预镀焊锡、涂覆助焊剂、预热等；焊接后的冷却、清洗这些操作也都要做好。整个焊接过程都是通过传送装置连续进行的。

波峰焊机的焊料在锡锅内始终处于流动状态，使工作区域内的焊料表面无氧化层。由于印制板和波峰之间处于相对运动状态，所以助焊剂容易挥发，焊点内不会出现气泡。波峰焊机适用于大批量的生产需要。但由于多种原因，波峰焊机容易造成焊点短路现象，补焊的工作量较大。

自动焊接的工艺流程如图 2-15 所示。

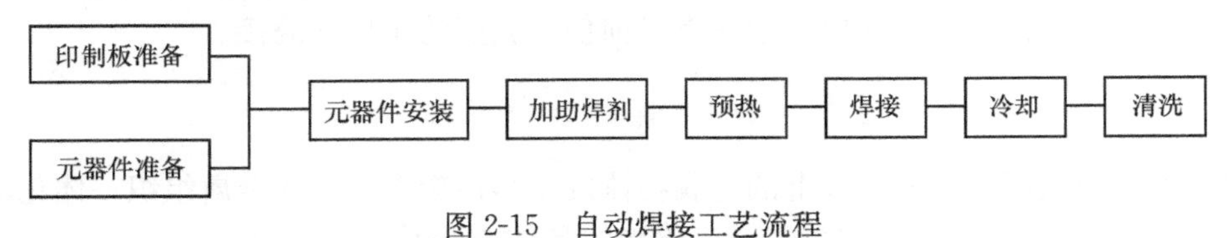

图 2-15　自动焊接工艺流程

在自动生产化流程中，除了有预热的工序外，基本上同手工焊接过程类似。预热，可以使助焊剂达到活化点，它是在进入焊锡槽前的加热工序。可以是热风加热，也可以用红外线加热。涂助焊剂一般采用发泡法，即用气泵将助焊剂溶液泡沫化(或雾化)，从而均匀地涂覆在印制板上。

在焊锡槽中，印制板接触熔化状态的焊锡，一次完成整块电路板上全部元器件的焊接。印制板不需要焊接的焊点和部位，可用特制的阻焊膜贴住，或在那里涂覆阻焊剂，防止焊锡不必要的堆积。

2.6.3 再流焊

再流焊，也叫回流焊，是伴随微型化电子产品的出现而发展起来的一种新的焊接技术，目前主要应用于表面安装片状元器件的焊接。

这种焊接技术的焊料是焊锡膏。焊锡膏是先将焊料加工成一定粒度的粉末，加上适当液态黏合剂和助焊剂，使之成为有一定流动性的糊状焊膏，用它将元器件粘在印制板上，通过加热使焊膏中的焊料熔化而再次流动，达到将元器件焊接到印制板上的目的。

采用再流焊技术将片状元器件焊到印制板上的工艺流程如图 2-16 所示。

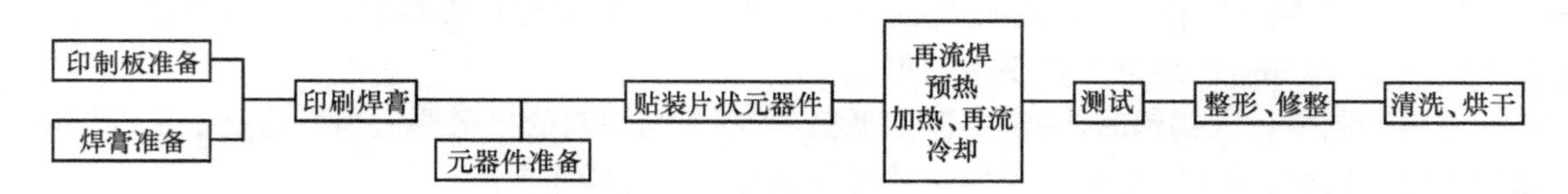

图 2-16　再流焊工艺流程

在再流焊的工艺流程中，首先要将由铅锡焊料、黏合剂、抗氧化剂组成的糊状焊膏涂到印制板上，可以使用手工、半自动或自动丝网印刷机将焊膏印到印制板上。然后把元器件贴装到印制板的焊盘上，同样也可以用手工或自动机械装置。将焊膏加热到再流，可以在加热炉中进行，少量的电路板也可以用热风机吹热风加热。加热的温度必须根据焊膏的熔化温度准确控制。加热炉内，一般可以分成 3 个最基本的区域：预热区、再流焊区、冷却区；也可以在温度系统的控制下，按照 3 个温度梯度的规律调节控制温度的变化。电路板随传送系统进入加热炉，顺序经过这 3 个温区；再流焊区的最高温度应使焊膏熔化、浸润，黏合剂和抗氧化剂汽化成烟排出。加热炉使用红外线的，也叫红外线再流焊炉，其加热的均匀性和温度容易控制，因而使用较多。

再流焊接完毕经测试合格以后，还要对电路板进行整形、清洗、烘干并涂覆防潮剂。再流焊操作方法简单，焊接效率高，质量好，一致性好，而且仅在元器件的引片下有很薄的一层焊料，是一种适合自动化生产的微电子产品装配技术。

2.6.4 无锡焊接

除锡焊连接法以外，还有无锡焊接，如压接、绕接等。无锡焊接的特点是不需要焊料与焊剂即可获得可靠的连接。下面简要介绍一下目前使用较多的压接和绕接。

1. 压接

借助机械压力使两个或两个以上的金属物体发生塑性变形而形成金属组织一体化的结合方式称为压接，它是电线连接的方法之一。压接的具体方法是，先除去电线末端的绝缘包皮，并将它们插入压线端子,用压接工具给端子加压进行连接。压线端子用于导线连接,有多种规格可供选用。

压接具有如下特点:

① 压接操作简便,不需要熟练的技术,任何人、任何场合均可进行操作;

② 压接不需要焊料与助焊剂,不仅节省焊接材料,而且接点清洁无污染,省去了焊接后的清洗工序,也不会产生有害气体,保证了操作者的身体健康;

③ 压接电气接触良好,耐高温和低温,接点机械强度高,一旦压接点损伤后维修也很方便,只需剪断导线,重新剥头再进行压接即可;

④ 应用范围广,压接除用于铜、黄铜外,还可用于镍、镍铬合金、铝等多种金属导体的连接。

压接虽然有不少优点,但也存在不足之处,如压接点的接触电阻较高,手工压接时有一定的劳动强度,质量不够稳定等。

2. 绕接

绕接是利用一定压力把导线缠绕在接线端子上,使两金属表面原子层产生强力结合,从而达到机械强度和电气性能均符合要求的连接方式。

绕接具有如下特点:

① 绕接的可靠性高,而锡焊的质量不容易控制;

② 绕接不使用焊料和助焊剂,所以不会产生有害气体污染空气,避免了助焊剂残渣引起的对印制板或引线的腐蚀,省去了清洗工作,同时节省了焊料、助焊剂等材料,提高了劳动生产率,降低了成本;

③ 绕接不需要加温,故不会产生热损伤;锡焊需要加热,容易造成元器件或印制板的损伤;

④ 绕接的抗震能力比锡焊大 40 倍;

⑤ 绕接的接触电阻比锡焊小,绕接的接触电阻在 1mΩ 以内,锡焊接点的接触电阻约为数毫欧;

⑥ 绕接操作简单,对操作者的技能要求较低;锡焊则对操作者的技能要求较高。

2.6.5 电子焊接技术的发展

随着计算机技术的发展,现代电子焊接技术有如下几个特点。

1. 焊件微型化

由于现代电子产品不断地向微型化发展,使用传统的焊接方法已很难达到技术要求。这就促使微型焊件焊接技术的发展。

2. 焊接方法多样化

① 锡焊:除了波峰焊向自动化、智能化发展外,再流焊技术日臻完善,发展迅速,其他焊接方法也随着组装技术的发展而不断涌现。目前用于生产实践的有超声波焊、热超声金丝球焊、TAB 焊、倒装焊、真空焊等。

② 特种焊接:锡焊以外的焊接方法主要有高频焊、超声波焊、电子束焊、激光焊、摩擦焊、

真空焊等。

③ 无铅焊接：由于铅是有害金属，人们已经在研究非铅焊料实现锡焊。目前已成功用于代替铅的有铟、铋等。

④ 无加热焊接：用导电黏合剂将焊件粘起来，如同黏合剂粘接物品一样。

3. 设计生产计算机化

现代及相关工业技术的发展，使制造业中从对各个工序的自动控制发展到集中控制，即从设计、试验到制造，从原材料筛选、测试到整件装配检测，统一由计算机系统进行控制，组成计算机集成制造系统(CIMS)。焊接中的温度、助焊剂浓度，印制板的倾斜及速度，冷却速度等均由计算机智能系统自动选择。

当然，这种高效率、高质量的制造业是以高投入、大规模为前提条件的。

4. 生产过程绿色化

绿色是环境保护的象征。目前电子焊接中使用的助焊剂、焊料及焊接过程，焊后清洗不可避免地影响环境和人们的健康。

绿色化进程主要体现在以下两个方面：

① 使用无铅焊料，尽管由于经济上的原因尚未达到产业化，但技术、材料的进步正在向此方向努力；

② 免清洗技术，使用免洗焊膏，焊接后不用清洗，避免环境污染。

随着电子工业的不断发展，传统的方法将不断改进和完善，新的、高效率的焊接方法也将不断涌现。

第3章　电子元器件

电子元器件是组成电子产品的最小单元，其合理的选用直接关系到产品的电气性能和可靠性，特别是一些通用电子元器件。了解并掌握常用电子元器件的种类、结构、性能及应用等必要的工艺知识，对电子产品的设计、制造有着十分重要的意义。

电子元器件一般按有源元器件和无源元器件分为两大类。工作时不仅需要输入信号（源），同时需要电源支持的元器件被称为有源元器件，如晶体管、集成电路等。有源元器件也常被叫做器件。无源元器件不需要电源即可工作，如电阻器、电容器、电感器、开关、接插件等。无源元器件也常被叫做元件，并可分为耗能元件、储能元件和结构元件。电阻器属耗能元件，电容器存储电能、电感器存储磁能，属于储能元件，开关、接插件属于结构元件。有源的电子器件和无源的电子元件统称为电子元器件。

电子元器件正以迅猛的速度向着集成化、微型化的方向发展，品种规格也极为繁多。本章主要介绍各种常用电子元器件的基本知识、性能及选用方法等。

3.1　电阻器、电容器、电感器型号命名与标注

为了在使用电子元器件时能充分了解元器件的种类、材料、特征、型号及主要电气指标，根据产品的主要特征或制成元器件主体的材料不同给予恰当的称呼，即为型号命名。电子元器件的型号一般用字母（汉语拼音或英文字母）与数字组合或单独使用数字、字母表示，电子元器件的命名国家有统一标准。将型号、参数等印在元器件上称为标注，在元器件上通常使用4种标注方法，即直标法、文字符号法、色标法和数码法。直标法、文字符号法适用于体积较大的元器件，色标法适用于自动插件，数码法适用在体积较小的元器件中。

3.1.1　常用元件的型号命名方法

1. 电阻器、电容器的命名

电阻器、电容器产品型号命名一般由以下4部分组成。电位器又称为可变电阻器，它的命名与电阻相似，区别在第一部分。

第一部分用一个字母表示产品的主称：

R——电阻器；W——电位器；M——敏感电阻；C——电容器。

第二部分用字母表示产品的材料，见表3-1。

表3-1　电阻器、电容器型号中第二部分字母所代表的意义

字母	电阻器导电材料	电容器介质材料	字母	电阻器导电材料	电容器介质材料
A		钽电解	D	导电塑料	铝电解
B (BB,BF)		聚苯乙烯等非极性薄膜 （在B后再加一字母 区分具体材料）	E		其他材料电解
			F	复合膜	
C		高频陶瓷	G	沉积膜	合金电解

（续表）

字母	电阻器导电材料	电容器介质材料	字母	电阻器导电材料	电容器介质材料
H	合成膜	纸膜复合	O		玻璃膜
I	玻璃釉膜	玻璃釉	Q		漆膜
J	金属膜	金属化纸介	S	有机实心	低频陶瓷
N	无机实心	铌电解	T	碳膜	低频陶瓷
L (L,S)		聚酯等极性有机薄膜（在L后再加一字母区分具体材料）	V		云母纸
			X	线绕	云母纸
			Y	氧化膜	云母
			Z		纸介

第三部分一般用数字（个别用字母）表示分类，见表3-2。

第四部分用数字表示序号，以区分外形尺寸和性能指标。

表3-2　电阻器、电容器型号中第三部分数字（字母）所代表的意义

数 字	电阻器	瓷介电容器	云母电容器	有机电容器	电解电容器
1	普通	圆形	非封闭	非封闭	箔式
2	普通	管形	非封闭	非封闭	箔式
3	超高频	叠片	封闭	封闭	烧结粉、非固体
4	高阻	独石	封闭	封闭	烧结粉、固体
5	高温	穿心		穿心	
6		支柱形			
7	精 密				无极性
8	高 压	高 压	高 压	高 压	
9	特 殊			特殊	特殊

字 母	电 阻 器	电 容 器
G	高功率	高功率
T	可调	叠片式
W		可调

示例：

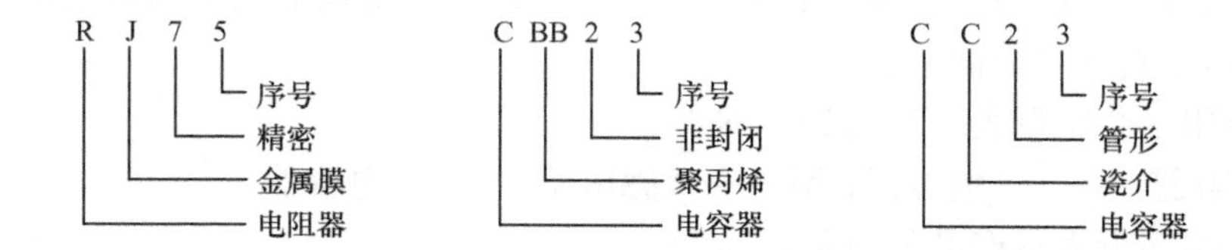

2. 电感器的命名

电感器由于其用途、工作频率、功率、工作环境的不同，对电感器的基本参数和结构形式的要求也不同，因电感器的类型和结构的多样化，各类电感器又有其自身的命名方法。

(1) 电感线圈的命名

电感线圈的命名也是由4个部分构成，各部分的含义如下：

第一部分：主称，用字母表示，L——线圈；ZL——高（低）频阻流圈。

第二部分：特征，用字母表示（其中 G 表示高频）。

第三部分：形式，用字母表示（其中 X 表示小型）。

第四部分：区别代号，用字母 A，B，C 表示。

（2）中频变压器命名

它由 3 个部分组成。

第一部分：主称，用字母表示；

第二部分：尺寸，用数字表示；

第三部分：级数，用数字表示，见表 3-3。

表 3-3　中频变压器各部分所代表的意义

主　称		尺　寸		级　数	
字母	名称特征用途	数字	外形尺寸(mm)	数字	用于中放级数
T	中频变压器	1	7×7×12	1	第一级
L	线圈或振荡线圈	2	10×10×12	2	第二级
T	铁粉磁心	3	12×12×16	3	第三级
F	调幅用	4	20×25×36		
S	短波段				

（3）变压器命名方法

它由 3 个部分组成。

第一部分：主称，用字母表示，见表 3-4；

表 3-4　变压器主称部分所代表的意义

字　母	意　　义
DB	电源变压器
CB	音频输出变压器
RB	音频输入变压器
GB	高压变压器
HB	灯丝变压器
SB 或 ZB	音频（定阻式）输送变压器
SB 或 EB	音频（（定压式或自耦式）输送变压器

第二部分：额定功率，用数字表示，计量单位用 W 来表示（RB 型除外）；

第三部分：序号，用数字表示。

3.1.2　元器件的标注

在电子设备中，要用到数值不同的元器件，这些元器件的型号及参数各不相同，为了保证电路工作正常，每个元器件的参数都必须符合电路设计所需的数值。目前，我国生产的阻容元器件品种繁多，为此，各类元器件应有统一的标志方法，标明它们的数值、允许偏差及精度等参数，以便于使用。常用的标注法有直标法、文字符号法、色标法和数码法 4 种。

1. 直标法

直标法是按照各类电子元器件的命名规则，将主要信息用字母和数字标注在元器件表面上。直标法一目了然，但只适用于体积较大的元器件。多用于电阻器、电容器和电感器中。如图 3-1 所示为用直标法标注的元器件。在元器件的表面上直接用字母和数字标出元器件的材料、标称值、精度等参数。

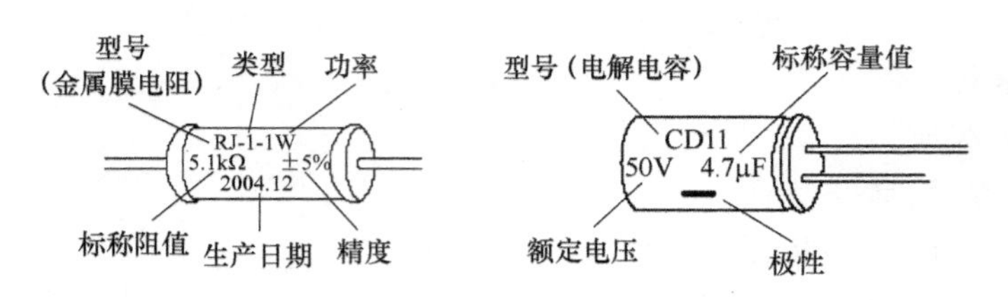

图 3-1 元器件直标法

在直标法中，元器件的标称值按国家规定的 E 系列标准直接给出，见表 3-5(部分 E 系列)。各系列中的数可分别表示不同量值的标称值，例如，4.7 这个标称值，就有 0.47Ω，4.7Ω，47Ω，470Ω，4.7kΩ 等不同的阻值。

表 3-5 E24～E6 标称值系列及精度

系　列	允许偏差	标称容量值												
E24	±5%	1.0	1.1 1.2	1.3 1.5	1.6 1.8	2.0 2.2	2.4 2.7	3.0 3.3	3.6 3.9	4.3 4.7	5.1 5.6	6.2 6.8	7.5 8.2	9.1
E12	±10%	1.0	1.2	1.5	1.8	2.2	2.7	3.3	3.9	4.7	5.6	6.8	8.2	
E6	±20%	1.0		1.5		2.2		3.3		4.7		6.8		

在标称值的 E 系列标准中，还有 E48，E96，……。电阻器的基本单位为欧姆(Ω)，常用单位还有千欧(kΩ)、兆欧(MΩ)、吉欧(GΩ)，它们之间的关系为

$$1\Omega=10^{-3}\text{k}\Omega=10^{-6}\text{M}\Omega=10^{-9}\text{G}\Omega$$

不同的系列规定了不同的精度等级。直标法中可直接用百分数表示精度，也可用罗马字母表示，如±5%(Ⅰ)，±10%(Ⅱ)，±20%(Ⅲ)。

2. 文字符号法

文字符号法多用于标注晶体管与集成电路，在电阻器、电容器的标注中也经常用文字符号法，表示材料的部分与直标法相同，差别主要表现在标称值和精度的标注上。

例如，5.1kΩ 的电阻在文字符号法中可表示为 5k1，5.1Ω 的电阻可表示为 5Ω1 或 5R1，0.1Ω 的电阻可表示为 R10，100Ω 的电阻可表示为 100R。在电容器的标注中，4.7μF 可表示为 4μ7，0.1pF 的电容可表示为 p10，3.32pF 可表示为 3p32，均可用单位符号代表小数点。

在文字符号法中，元器件允许偏差可用字母表示，字母所代表的允许偏差见表 3-6 所示。

表 3-6 字母表示的允许偏差

精度(%)	±0.001	±0.002	±0.005	±0.01	± 0.02	±0.05	±0.01
符号	E	X	Y	H	U	W	B
精度(%)	±0.25	±0.5	±1	±2	±5	±10	±20
符号	C	D	F	G	J	K	M

3. 色标法

用不同颜色的色带或色点在元器件表面上标出元器件的标称值、精度等参数，称为色码标注法，简称色标法。色标法具有颜色醒目、标志清晰的优点。最常用的是电阻、部分电容和电感，用色标法标注的电阻也叫色环电阻。国际通用的色码识别规定见表3-7。

表3-7 色环颜色与数值对照表

颜色	有效数字	倍率	允许偏差(%)
棕	1	10^1	±1
红	2	10^2	±2
橙	3	10^3	—
黄	4	10^4	—
绿	5	10^5	±0.5
蓝	6	10^6	±0.2
紫	7	10^7	±0.1
灰	8	10^8	—
白	9	10^9	−20～+50
黑	0	10^0	—
金	—	10^{-1}	±5
银	—	10^{-2}	±10
无色	—	—	±20

色环电阻又有四环和五环两种标注方法，四环电阻为普通电阻，精度为±5%～±20%，五环电阻的精度都高于±5%。色环电阻器各环的含义如图3-2所示。

例如，图3-3所示的两个色环电阻所对应的阻值与精度分别为1MΩ ±10%和82.5kΩ ±1%。

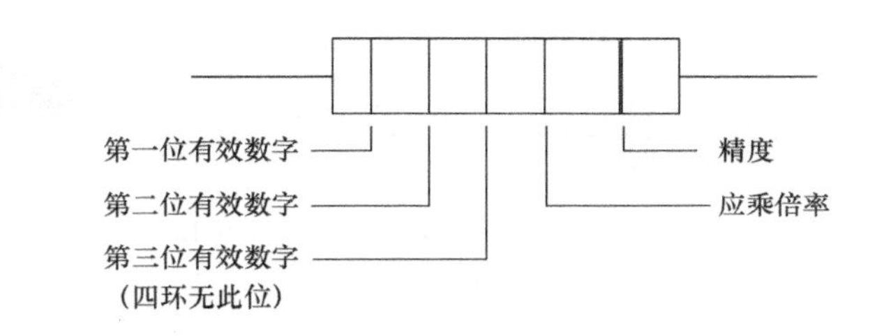

图3-2 色环的含义

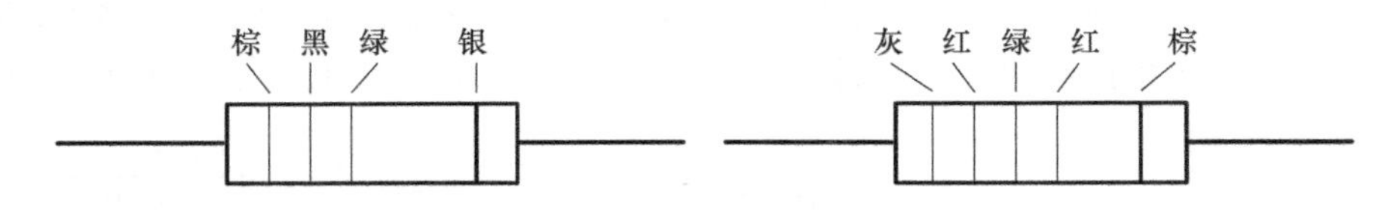

图3-3 色环电阻器

4. 数码法

随着电子元器件不断小型化，特别是表面安装元器件的制造工艺和表面安装技术的进步，要求在元器件表面上标注的文字符号也做出相应的改变。现在，在大量生产元器件时，将电阻器的阻值偏差控制在±5%之内，将电容器的容量偏差和电感器的电感量偏差控制在±10%之内已经很容易实现了。因此，除了高精度元器件以外，一般仅用3位数字表示元器件的标称值，从左到右前两位数字表示有效数字，第三位为数值的倍率，即10^n。当第三位为9时为特例，表示10^{-1}。电阻的基本标注单位为Ω，电容的基本标注单位为pF，电感的基本标注单位为μH。

例如，电阻105表示1MΩ，272表示2.7kΩ，电容223表示0.022μF，479表示4.7pF。

3.2 常用电子元器件简介

电子元器件的种类繁多，性能、用途各不相同。这里主要介绍电阻器、电容器、电感器、晶体管、集成电路、开关与接插件及小型贴片元器件，以便全面了解各类常用电子元器件的结构、特点，并做到正确选用。

3.2.1 电阻器

既能导电又有确定电阻值的元件，称为电阻器，简称电阻，它是电子设备中应用最多的基本元件之一。电阻器的种类很多，各类电阻器的电路符号如图 3-4 所示。普通电阻器在电路中用做负载电阻、取样电阻、分压器、分流器、滤波器（与电容组合）、阻抗匹配等。图 3-5 所示为常用电阻器外形。

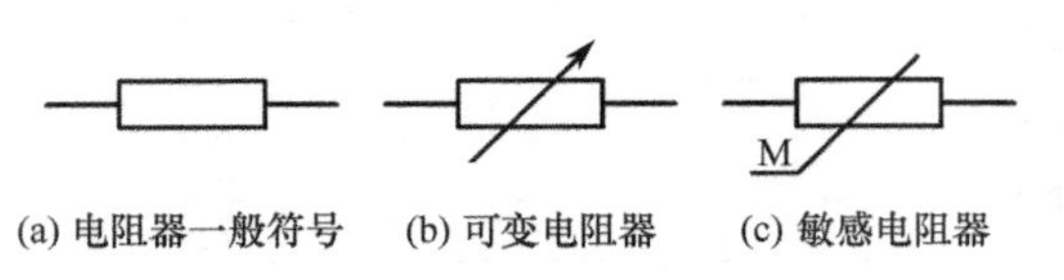

(a) 电阻器一般符号　(b) 可变电阻器　(c) 敏感电阻器

图 3-4　电阻器电路符号

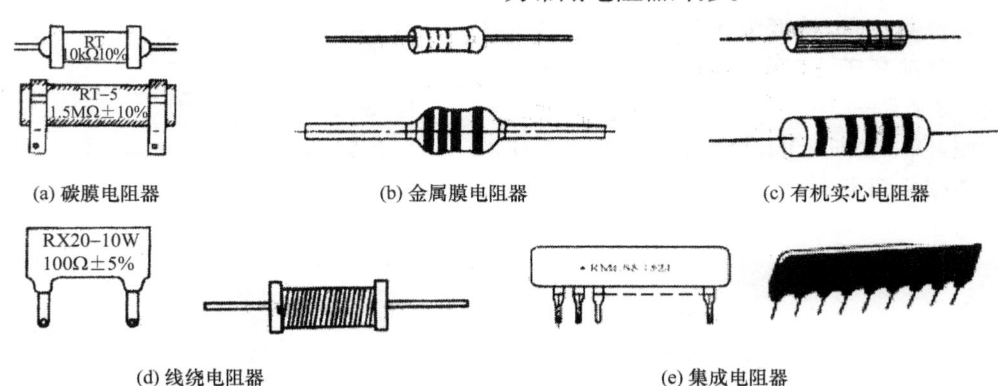

(a) 碳膜电阻器　(b) 金属膜电阻器　(c) 有机实心电阻器

(d) 线绕电阻器　(e) 集成电阻器

图 3-5　常用电阻器外形

1. 电阻器分类

电阻的种类繁多，一般分为固定电阻、可变电阻和特种（敏感、熔断）电阻 3 大类，本节主要介绍固定电阻。固定电阻还可按电阻体材料、结构形状、引出线及用途等分成多个种类，如图 3-6 所示。

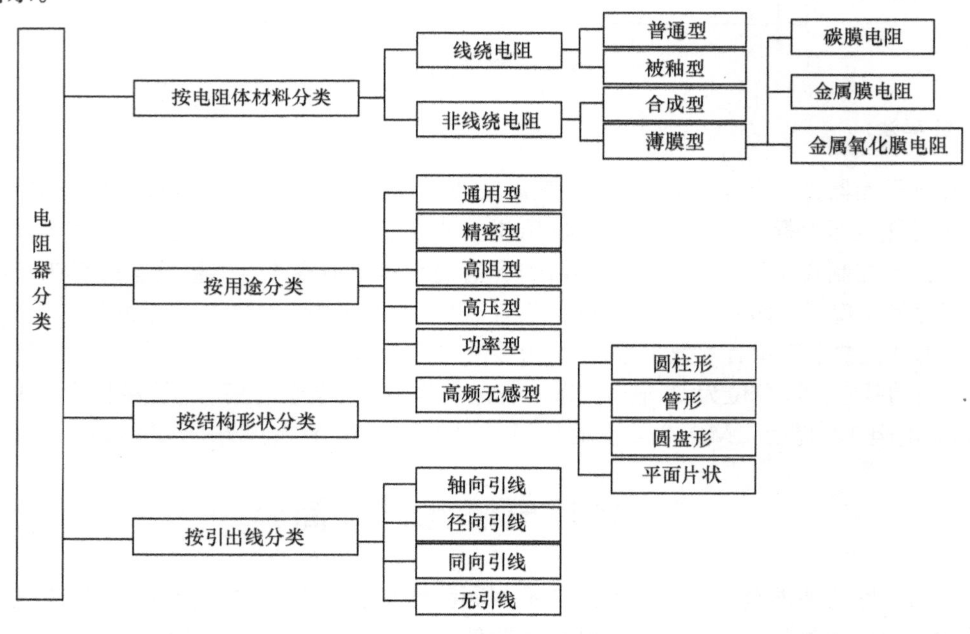

图 3-6　电阻器的分类

电阻的种类虽多，但常用的主要为RT型碳膜电阻、RJ型金属膜电阻、RX型线绕电阻和片状电阻。

2. 主要技术参数

标称阻值、允许偏差和额定功率是固定电阻的主要参数。了解这些参数的意义及标志方法后，就能正确选用各种电阻。

(1) 标称阻值

用某一种标注方法在电阻器上标出其阻值为标称阻值。使用电阻器最关心的是它的电阻值是多少，标称阻值为选用电阻器提供了方便。电阻器的标称值按国家E系列标准标注。不同类型的电阻器，阻值范围不同；不同精度等级的电阻器，其数值系列也不相同。

(2) 允许偏差

电阻器的实际阻值不可能做到与其标称阻值完全一样，两者间总存在着一些偏差。最大允许偏差值除以标称值所得的百分数称为电阻的允许偏差(也称为精度等级)。对于精度等级，国家也规定出一个系列。普通电阻的精度一般为±5%，±10%和±20%，电阻器的精度等级见表3-6。

(3) 额定功率

在一定大气压力和规定的温度下，电阻器长期连续工作不损坏或不显著改变其性能所允许承受的最大功率称为额定功率。表示电阻器额定功率的通用符号如图3-7所示。

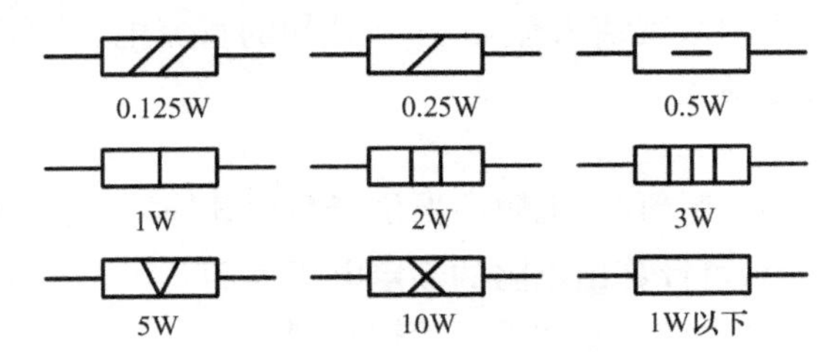

图3-7 电阻器额定功率通用符号

(4) 温度系数

所有材料的电阻率都随温度变化而变化，电阻的阻值同样如此。在衡量电阻温度稳定性时，使用温度系数α，它表示温度每变化1℃时电阻值的变化量。即

$$\alpha=\frac{R_2-R_1}{R_1(T_2-T_1)}(1/℃)$$

式中，α为电阻温度系数；R_1，R_2分别是温度在T_1，T_2时的阻值(单位为Ω)。从上式可以看出，温度系数越大，电阻器的热稳定性越差。

金属膜、合成膜等电阻具有较小的正温度系数，碳膜电阻具有负温度系数。适当控制材料及加工工艺，可以制成温度系数稳定性高的电阻。

(5) 非线性

流过电阻中的电流与加在其两端的电压不成正比关系时，称为电阻的非线性，如图3-8所示。电阻的非线性用电压系数表示，即在规定的范围内，电压每改变1V，电阻值的平均相对变化量为

$$K=\frac{R_2-R_1}{R_1(U_2-U_1)}\times 100\%$$

式中，U_2 为额定电压；U_1 为测试电压；R_1，R_2 分别是在 U_1，U_2 条件下所测电阻。一般金属型电阻线性度很好，非金属型电阻线性度差。

(6) 噪声

噪声是产生于电阻中一种不规则的电压起伏，如图 3-9 所示。噪声包括热噪声和电流噪声两种。

热噪声是由于电子在导体中不规则运动而引起的，既不取决于材料，也不取决于导体的形状，仅与温度和电阻的阻值有关。任何电阻都有热噪声，降低电阻的工作温度，可以减小热噪声。

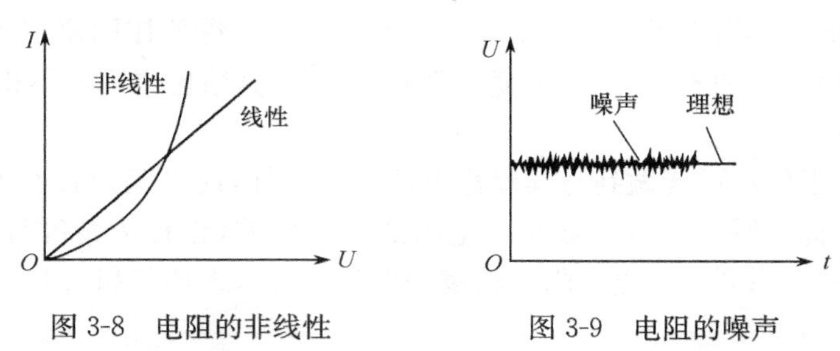

图 3-8 电阻的非线性　　图 3-9 电阻的噪声

电流噪声是由于电流流过导体时，导电微粒与非导电微粒之间不断发生碰撞而产生的机械振动，使颗粒之间的接触电阻不断发生变化。当直流电压加在电阻两端时，电流将被起伏的噪声电阻所调制。因此，电阻两端除了有直流压降外，还有不规则的交变电压分量，这就是电流噪声。电流噪声与电阻内的微观结构有关，并和外加的直流电压成正比。合金型电阻无电流噪声，薄膜型较小，合成型最大。

(7) 极限电压

当电阻两端电压加高到一定值时，电阻会发生击穿使其损坏，这个电压值称为电阻的极限电压。根据电阻的额定功率，可计算出电阻的额定电压为：$U=\sqrt{P\times R}$(V)，而极限电压无法根据简单的公式算出，它受电阻的尺寸和工艺结构限制。

3. 常用电阻器

(1) 薄膜类电阻器

薄膜类电阻器的基体可为陶瓷或玻璃，导电体是依附于基体表面的薄膜。在生产过程中，通过控制薄膜的厚度，或通过刻槽使其有效长度增加来控制其阻值。

① 碳膜电阻(RT)：通过真空高温热分解出的结晶碳沉积在陶瓷骨架上制成的。它的体积比金属膜电阻略大，温度系数为负值。其价格低廉，在一般电子产品中被大量使用。碳膜电阻器中有普通碳膜、测量型碳膜、高频碳膜、精密碳膜和硅碳膜电阻器等。

② 金属膜电阻(RJ)：将金属或合金材料在高温真空下加热使其蒸发，通过高温分解、化学沉积或烧渗技术将合金材料蒸镀在陶瓷骨架上制成的。该电阻工作环境温度范围宽(−55℃～125℃)、温度系数小、稳定性好、噪声低、体积小(与体积相同的碳膜电阻相比，额定功率要大一倍左右)，在稳定性和可靠性要求较高的电路中，这种电阻被广泛应用。

金属膜电阻器中有普通金属膜、高精密金属膜、高压型金属膜、高阻型金属膜、超高频金属膜电阻器等。

③ 金属氧化膜电阻(RY)：将锡和锑的盐类配制成溶液，用喷雾器送入 500℃～550℃的加热炉内，喷覆在旋转的陶瓷基体上而形成的电阻。该电阻的膜层比金属膜和碳膜电阻厚得多，

且均匀、阻燃，与基体附着力强，因而有极好的脉冲、高频和过负荷性能，机械性能好、坚硬、耐磨。在空气中不会被氧化，因而化学稳定性好，但阻值范围窄（200kΩ 以下），温度系数比金属膜电阻差。

(2) 合金类电阻器

用块状合金（镍铬、锰铜、康铜）通过拉制成合金丝线或碾压成合金箔制成的电阻，有管形、扁形等各种形状。

① 线绕电阻（RX）：在瓷管上用合金丝绕制而成，为了防潮并避免线圈松动，将其外层用被釉（玻璃釉或珐琅）涂覆加以保护。具有阻值范围大、功率大、噪声小、温度系数小、耐高温的特点。由于采用线绕工艺，其分布电感和分布电容都比较大，高频特性差，线绕电阻可分为精密型和功率型两类。

精密型线绕电阻适用于测量仪表或高精度电路，一般精度为±0.01%，最高可达±0.005%以上，温度系数小，阻值范围为 0.01Ω～10MΩ，长期工作稳定可靠。

② 精密合金箔电阻器（RJ）：在玻璃基片上黏结一块合金箔，用光刻法蚀出一定图形，并涂覆环氧树脂保护层，装上引线并封装后即制成。具有高精度、高稳定性、自动补偿温度系数的功能，可在较宽的温度范围内保持极小的温度系数。

(3) 合成类电阻

这类电阻是将导电材料与非导电材料按一定比例混合成不同电阻率的材料后制成的，其最突出的优点是可靠性高，但其电气性能较差。合成类电阻种类较多，按黏合剂种类可分为有机型（如酚醛树脂）和无机型（如玻璃、陶瓷）；按用途可分为通用型、高阻型、高压型等。常见的有实心电阻、合成膜电阻等。

① 实心电阻：实心电阻又分为有机实心和无机实心两种。

有机实心电阻（RS）：是由导电颗粒（碳粉、石墨）、填充物（云母粉、石英粉、玻璃粉、二氧化钛等）和有机黏合剂（如酚醛树脂）等材料混合并热压而成的。该电阻具有较强的过负荷能力，噪声大，稳定性差，分布电感和分布电容较大。

无机实心电阻（RN）：使用的是无机黏合剂（如玻璃釉），该电阻温度系数小，稳定性好，但阻值范围小。

② 合成膜电阻（RH）：合成膜电阻也叫合成碳膜电阻，是用有机黏合剂将碳粉、石墨和填充料配成悬浮液，涂覆于绝缘基体上，经高温聚合制成的。合成膜电阻可制成高阻型和高压型。高阻型的电阻体为防止合成膜受潮或氧化被密封在真空玻璃管内，提高了阻值的稳定性。高压型是一根无引线的电阻长棒，表面涂为红色。高阻型电阻的阻值范围为 10MΩ～10TΩ，精度等级为±5%，±10%。高压型电阻的阻值范围为 4.7MΩ～1GΩ，精度等级与高阻型相同，耐压分为 10kV，35kV 两挡。

③ 金属玻璃釉电阻（RI）：用玻璃釉做黏合剂，与金属氧化物混合，印制或涂覆在陶瓷基体上，经高温烧结而成。其电阻膜比普通薄膜类电阻厚。该电阻具有较高的耐热性和防潮性，常制成小型贴片式（SMT）电阻。

④ 电阻网络：采用掩膜、光刻、烧结等综合工艺技术，按一定规律在一块基片上制成多个参数、性能一致的电阻，连接成电阻网络，也称为排电阻或集成电阻。集成电阻器有单列式和双列直插式两种。

(4) 特殊电阻器

除上述介绍的基本电阻器类型外，还有一些具有特殊性能的电阻器。

① 热敏电阻器(MZ 或 MF):热敏电阻器通常由单晶、多晶等对温度敏感的半导体材料制成。是以钛酸钡为主要原料,辅以微量的锶、钛、铝等化合物,经加工制成的具有正温度系数的电阻器,是一种对温度反应较敏感且阻值会随着温度的变化而变化的非线性电阻器,常用于温度监控设备中。

② 压敏电阻器(MY):压敏电阻器是以氧化锌为主要材料制成的半导体陶瓷元件,电阻值随两端电压的变化按非线性特性变化。当两端电压小到一定值时,流过压敏电阻器的电流很小,呈现高阻抗;当两端电压大到一定值时,流过压敏电阻器的电流迅速增大,呈现低阻抗。常用于过压保护电路中。

③ 光敏电阻器(MG):光敏电阻器是用硫化镉或硒化镉等半导体材料制成的,对光线敏感,无光照射时,呈现高阻抗,阻值可达 1.5MΩ 以上;有光照射时,材料中激发出自由电子和空穴,其电阻值减小,随着照度的升高,电阻值迅速降低,阻值可小至 1kΩ 以下。常用于自动控制电路中。

④ 气敏电阻器(MQ):气敏电阻器通常用二氧化锡等半导体材料制成,是一种对特殊气体敏感的元件,主要是由于二氧化锡等半导体材料具有吸附气体时其电阻值能改变的特性,使其阻值随被测气体的浓度变化,将气体浓度的变化转化为电信号的变化。常用于有害气体的检测装置中。

⑤ 湿敏电阻器(MS):湿敏电阻器由基体、电极和感湿的材料制成,是一种对环境湿度敏感的元件,其阻值可随着环境湿度的变化而变化。基体一般采用聚碳酸酯板、氧化铝、电子陶瓷等耐高温且吸水的材料,感湿层为微孔型结构,具有电解质特性。根据感湿层使用的材料不同,可分为正电阻湿度特性(湿度大,电阻值大)和负电阻湿度特性(湿度大,电阻值小)。常用于洗衣机、空调等家用电器中。

⑥ 力敏电阻器(ML):力敏电阻器是利用半导体材料的电阻值随外力大小而变化的现象制成的,是一种能将力转变为电信号的特殊元件。常用于张力计、转矩计及压力传感器中。

⑦ 磁敏电阻器(MC):磁敏电阻器是采用砷化铟或锑化铟等材料,根据半导体的磁阻效应制成的,它的电阻值可随着磁场强度的变化而变化。是一种对磁场敏感的半导体元件,可以将磁感应信号转变为电信号。常用于磁场强度、漏磁、磁卡文字识别、磁电编码器等的磁检测及传感器中。

⑧ 熔断电阻器(RF):熔断电阻器不属于半导体电阻,它是近年来大量采用的一种新型元件,集电阻器与熔断器(保险丝)于一身,平时具有电阻器的功能,一旦电路出现异常电流时,立刻熔断,起到保护电路中其他元器件的作用。

4. 电阻器的正确选用

电阻器的种类多,性能及应用范围有很大差别,选择哪种材料和结构的电阻器应根据电路的具体要求而定。

(1) 按不同的用途选择电阻器的种类

在一般民用电子产品中,选用普通的碳膜电阻就可以了,其价廉且容易买到。对电气性能要求较高的工业、国防电子产品,应选用金属膜、合成膜等高稳定性的电阻器。因此,要看有关说明选用适当种类的电阻器。

(2) 额定功率的选择

所选电阻器的额定功率要符合电路对电阻器功率容量的要求,一般不应随意加大或减小电阻器的功率。若电路要求是功率型电阻器，其额定功率可高于实际应用电路要求功率的1～2倍。在某些场合，也可将小功率电阻器串、并联使用，以满足功率的要求。

(3) 正确选取阻值和允许偏差

电阻器应选择接近计算值的一个标称值。一般的电路使用的电阻器精度为±5%或±10%，精密仪器及特殊电路中使用的电阻器应选用精密电阻器。

(4) 根据电路特点选择

高频电路应选用分布电感和分布电容小的非线绕电阻器，如碳膜电阻器、金属膜电阻器和氧化膜电阻器。高增益小信号放大电路应选用低噪声电阻器，如金属膜电阻器、碳膜电阻器和线绕电阻器，而不能使用噪声较大的合成膜电阻器和有机实心电阻器。

(5) 其他因素

电阻器的温度系数对电路又有一定的影响，同样要根据电路的特点来选择正、负温度系数的电阻器。同时，电阻器的非线性及噪声应符合电路要求，还应考虑工作环境与可靠性等。

3.2.2 电位器

电位器是一种连续可调的电阻器，它是一种常用的电子元件之一。它有3个引出端，其中两个为固定端，另一个为滑动端，其滑动臂的接触刷在电阻体上滑动，使它的输出电位发生变化，因此称为电位器。图3-10所示为电位器的电路符号。

1. 电位器分类

电位器的种类与电阻器一样，也十分繁多，用途各异，可按用途、材料、结构特点、阻值变化规律及驱动机构的运动方式等分类。常用电位器的分类如图3-11所示。

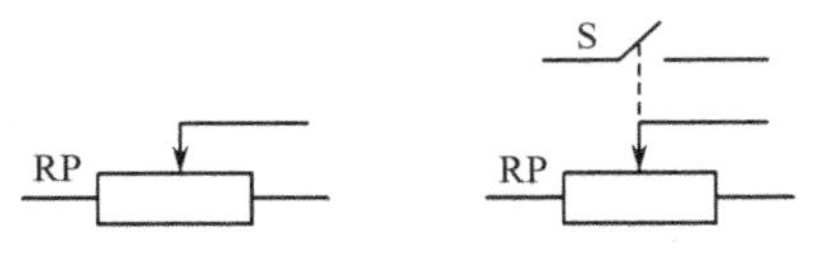

图3-10 电位器电路符号

2. 电位器的主要技术参数

电位器所用的材料与相应的固定电阻器相同，因而其主要参数与相应的电阻器类似，这里不再重复。由于电位器的阻值是可调的，且又有触点存在，因此还有其他一些参数。

(1) 滑动噪声

当电刷在电阻体上滑动时，电位器中心端与固定端的电压出现无规则的起伏现象，称为电位器的滑动噪声。它是由电阻体电阻率分布的不均匀性和电刷滑动时接触电阻的无规律变化引起的。

(2) 分辨力

分辨力也称为分辨率，它主要用于线绕电位器，当动触点每移动一线匝时，输出电压将跳跃式地发生变化，该变化量与输出电压的相对比值即为分辨力。分辨力标志着输出量调节可达到的精密程度，线绕电位器不如非线绕电位器的分辨力高。

(3) 阻值变化特性

为了适应各种不同的用途，电位器阻值变化规律也不相同。常见的电位器阻值变化规律有直线式(X型)、指数式(Z型)和对数式(D型)3种。3种形式的电位器其阻值随活动触点的旋转角度变化的曲线如图3-12所示。纵坐标是当某一角度时的电阻实际数值与电位器总电阻值的百分数，横坐标是旋转角与最大旋转角的百分数。

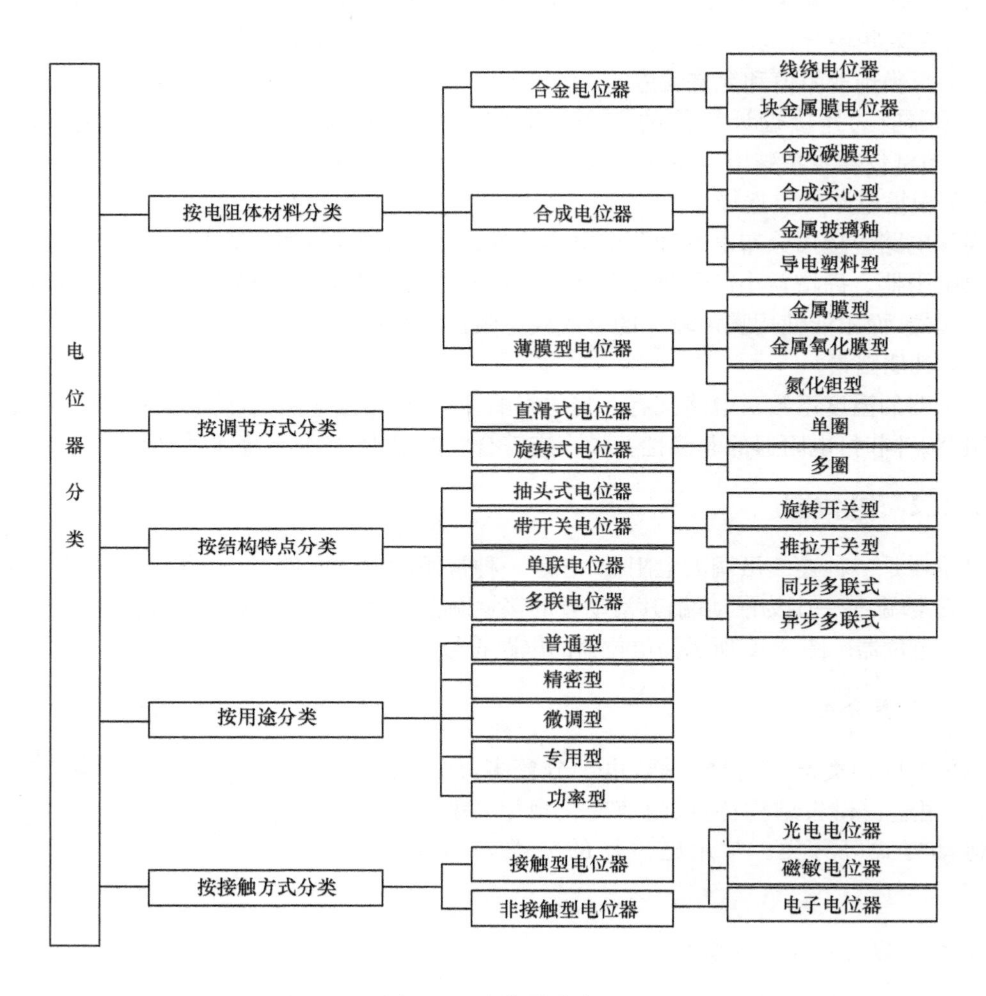

图 3-11　电位器分类

(4) 轴长与轴端结构

电位器的轴长是指从安装基准面到轴端的尺寸，如图 3-13(a)所示。轴长尺寸系列有：6，10，12.5，16，25，30，40，50，63，80(单位：mm)；轴端系列有：2，3，4，6，8，10(单位：mm)，电位器的轴端结构如图 3-13(b)所示。

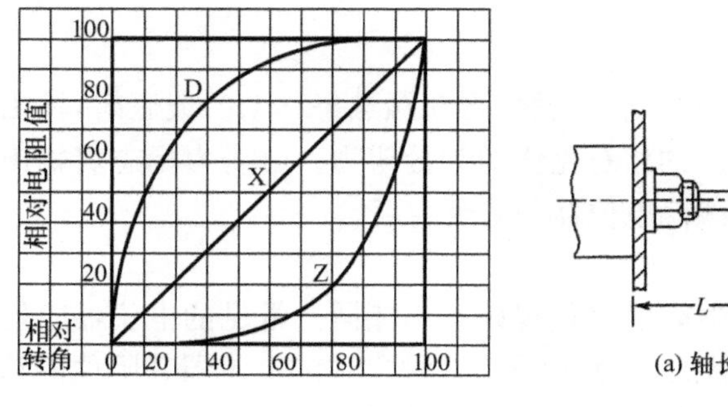

图 3-12　电位器阻值变化规律

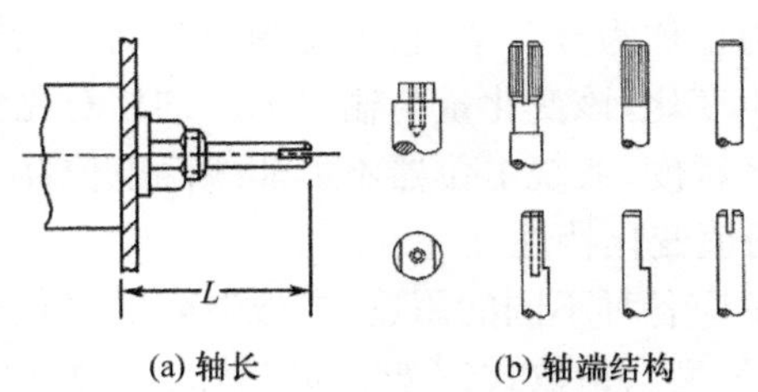

图 3-13　电位器轴长、轴端结构

3. 几种常用电位器

电位器种类很多,可根据用途不同来选用,常用电位器如图 3-14 所示。

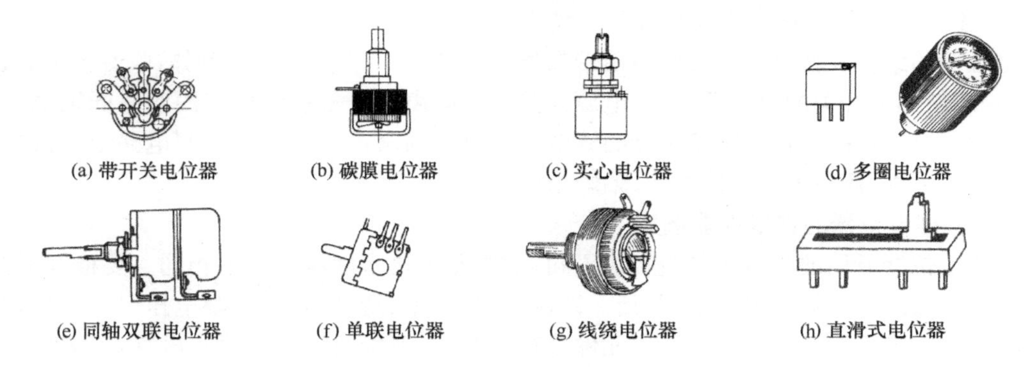

图 3-14　常用电位器外形

(1) 线绕电位器(WX)

线绕电位器是将合金电阻丝绕制在涂有绝缘物的金属或非金属上,经涂胶干燥处理后,装入基座内,再配上带滑动触点的转动系统就构成了线绕电位器。精密线绕电位器的精度可达±0.1%,额定功率可达 100W 以上。线绕电位器具有较好的耐热特性,故能承受较高的功率。线绕电位器的精度易于控制,稳定性好,电阻温度系数小,噪声低,耐压高。但固有电感、电容较大,不能用于频率较高的电路中。

(2) 碳膜电位器(WT)

碳膜电位器是在绝缘胶木板上蒸涂上一层碳膜制成的,其结构有单联、双联和单联带开关等几种。碳膜电位器具有成本低,结构简单,噪声小,稳定性好,电阻范围宽等优点,缺点是耐温、耐湿性差,使用寿命短。被广泛用于收音机、电视机等家用电器产品中。

(3) 合成碳膜电位器(WHT)

在绝缘基体上涂覆一层合成碳膜,经加温聚合后形成碳膜片,再与其他配件组合而成。阻值变化规律有线性和非线性两种,轴端结构有锁紧和非锁紧两种。这种电位器的阻值连续可变、分辨率高、耐高压、噪声低、阻值范围宽,性能优于碳膜电位器。

(4) 有机实心电位器(WS)

有机实心电位器的电阻体是用碳粉、石英粉、有机黏合剂等材料混合加热后,压入塑料基体上,再经加热聚合而成的。这种电位器分辨率高、阻值连续可调、体积小、耐高温、耐磨、可靠性好、寿命长。缺点是耐压稍低、噪声较大、转动力矩大。这种电位器多用于对可靠性要求较高的电子设备上。

(5) 多圈电位器

多圈电位器属于精密型电位器,转轴每转一圈,滑动臂触点在电阻体上仅改变很小一段距离,因而精度高,阻值调整需转轴旋转多圈(可达 40 圈)。常用于精密调节电路中。

4. 电位器的合理选用

电位器的种类繁多,在选用时,要根据电路的具体要求,选择电阻体的材质、类型、规格,同时还要考虑使用环境、调节操作方便、成本等因素。

(1) 根据电路的功率及工作频率选用

为使电路可靠工作，首先分析电路的工作特点，在大功率电路中应选用功率型线绕电位器，中频或高频电路应选用分布参数小的金属膜或碳膜电位器。

(2) 根据电位器的结构形式和调节方式选用

电位器的结构及调节方式会给使用带来方便，正确选用十分重要。例如，收音机中的音量调节，一般使用带开关的电位器，可兼电源开关。立体声的音量控制可选用双联同轴电位器，同时控制两个声道的音量。精密仪器的调节、计算机、伺服控制等自动控制电路中，可选用多圈电位器。另外，还应考虑安装形式、轴端结构等。

(3) 根据电位器的技术性能选用

由于电位器所用的材料和制造工艺不同，电位器的技术性能也各不相同。要根据电路技术要求合理选用电位器的电参数，包括允许精度、分辨率、滑动噪声、极限电压等。此外，各种电路的技术要求不同。高频电路要求元件分布参数小，前置放大电路要求电噪声小等，因此，应选择相应的电位器以满足电路的要求。

(4) 根据电位器的阻值变化规律选用

电位器的电阻规律有 3 种，即直线式、对数式、指数式。这 3 种电位器适用于不同的电路中。如音量控制电位器应选用指数式，音调控制可选用对数式，电压调节、放大电路工作点的调节应选用直线式电位器。

3.2.3 电容器

电容器(简称电容)也是一种常用的电子元件，是由两个金属电极中间夹一层绝缘电介质构成的。电容的基本功能是存储电荷，在电路中主要用做交流耦合、隔离直流、滤波、交流或脉冲旁路、RC 定时、LC 谐振选频等。电路符号如图 3-15 所示。

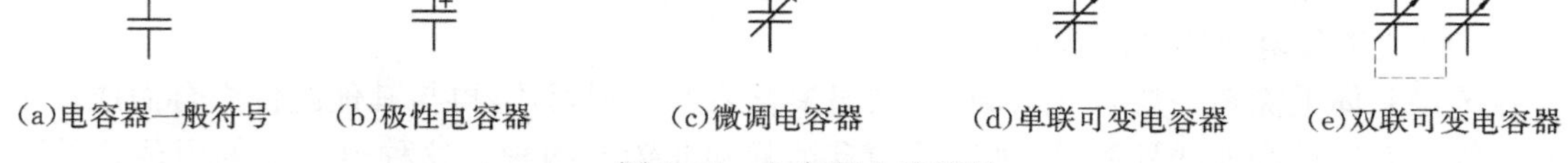

(a)电容器一般符号　(b)极性电容器　(c)微调电容器　(d)单联可变电容器　(e)双联可变电容器

图 3-15　电容器电路符号

1. 电容器分类

电容器的分类方法很多，按其结构及电容量是否可调节分为固定电容器和可调电容器，按其使用介质材料不同分类，如图 3-16 所示。

2. 主要技术参数

电容的主要技术参数有标称容量、允许偏差、额定电压、绝缘电阻、损耗因数、漏电流等，下面对最常用的几个参数做一介绍。

(1) 标称容量与允许偏差

标称容量是标注在电容体上的电容量和精度。与电阻器一样，也是按 E 系列标准标注，常用的有 E6，E12 和 E24 系列(见表 3-5)。电容量的基本单位为法拉(F)。因为法拉单位太大，所以常用毫法(mF)、微法(μF)、纳法(nF)和皮法(pF)表示，它们之间的关系为

$$1\text{F}=10^{3}\text{mF}=10^{6}\mu\text{F}=10^{9}\text{nF}=10^{12}\text{pF}$$

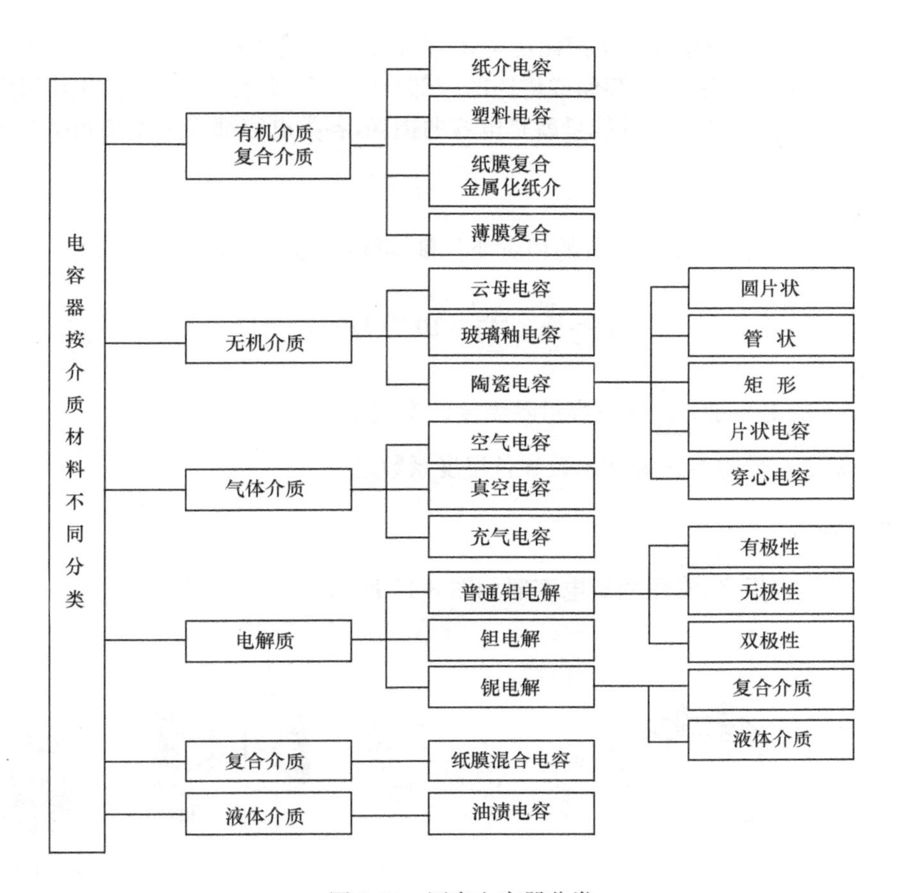

图 3-16 固定电容器分类

电容器的偏差与所用介质及容量大小有关，电解电容的容量较大，误差范围可能大于±20％，甚至高达 100％，而容量小的无极性电容如瓷介电容、云母电容、聚苯乙烯电容等，误差范围一般都小于±20％。

普通电容的允许偏差有±5％（Ⅰ级），±10％（Ⅱ级），±20％（Ⅲ级）和大于±20％。

(2) 额定电压

额定电压是指在允许的环境温度范围内，电容器能够保证长期可靠地工作而不被击穿的最高电压称为额定电压。额定工作电压的大小与电容器所用介质有关。使用时应根据工作时所承受的电压选择额定电压高于实际工作电压的电容器，以保证电容器安全可靠地工作。

(3) 绝缘电阻及漏电流

绝缘电阻也称漏电阻，电容器中的介质并不是绝对绝缘的，在一定的工作温度及电压条件下，也会有电流流过，该电流称为电容器的漏电流。小容量电容器的绝缘性能一般用绝缘电阻表示，大容量的电解电容则用漏电流表示。绝缘电阻越大、漏电流越小，电容器的质量越好。

(4) 损耗因数（$\tan\delta$）

电容的损耗因数指有功损耗与无功损耗功率之比。即

$$\frac{P}{P_q}=\frac{UI\sin\delta}{UI\cos\delta}=\tan\delta$$

式中，P 为有功损耗功率；P_q 为无功损耗功率；U 为施加于电容上的电压有效值；δ 为损耗角。

通常，电容在电场作用下，其存储或传递的一部分电能会因介质漏电及极化作用而变为无用有害的热能，这部分发热消耗的能量就是电容的损耗，各类电容都规定了某频率范围内的损耗因数允许值。

(5) 温度系数

电容器容量在温度每变化1℃时的相对变化量，可用温度系数 α_C 表示，即

$$\alpha_C=\frac{1}{C}\cdot\frac{\Delta C}{\Delta t}\times10^{-6}(1/℃)$$

式中，C 为室温下的电容量；$\frac{\Delta C}{\Delta t}$为电容量随温度的变化率。

电容器的温度系数也有正温度系数和负温度系数之分。

3. 常用电容器

电容器的种类也很多，常用固定电容器如图 3-17 所示。

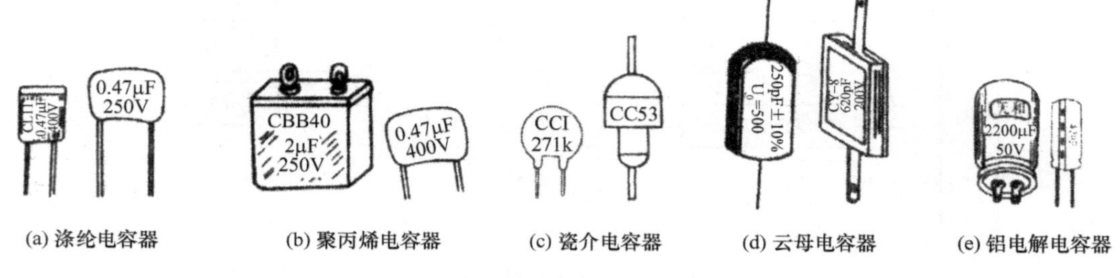

(a) 涤纶电容器　(b) 聚丙烯电容器　(c) 瓷介电容器　(d) 云母电容器　(e) 铝电解电容器

图 3-17　固定电容器

(1) 小容量固定电容器

随着现代高分子合成技术的发展，新的有机介质薄膜不断出现，除了传统的纸介、有机薄膜介质、纸膜复合介质等电容器外，常见的涤纶、聚苯乙烯电容器等均属于此类。

① 有机薄膜电容器：目前我国生产的有机薄膜有聚四氟乙烯、聚苯乙烯、聚碳酸酯等数种。这类电容器无论是体积、重量还是电参数，都比纸介或金属化纸介电容器优越得多，各种有机薄膜电容器的性能见表 3-8。

表 3-8　各种有机薄膜电容器性能

型　号	容　量	额定电压	tanδ(%)	工作温度(℃)	温度系数 10^{-6}/℃	用　途
涤纶(CL)	510pF～5μF	35V～1kV	0.3～0.7	−55～+125	+200～+600	低频、直流
聚碳酸酯(CS)	510pF～5μF	50～250V	0.08～0.15	−55～+125	±200	低压交直流
金属化聚碳酸酯(CSJ)	0.01～10μF	50～500V	0.1～0.2	−55～+125	±200	低压交直流
聚丙烯(CBB)	0.001～0.1μF	50V～1kV	0.01～0.1	−55～+85	−100～−300	高压电路
聚苯乙烯(CB)	10pF～1μF	50V～1kV	0.01～0.05	−10～+80	−100～−200	高精度、高频
聚四氟乙烯(CF)	510pF～0.1μF	250V～1kV	0.002～0.005	−55～+200	−100～−200	高温、高频

② 瓷介(CC)电容：瓷介电容是以陶瓷材料为介质，并在其表面烧渗银层作为电极的电容器。按其陶瓷成分的不同，可分为高频瓷介电容器(CC)和低频瓷介电容器(CT)。高频瓷介

电容器容量在零点几皮法至几百皮法之间，损耗小、容量稳定，常用于高频电路作为调谐、振荡和温度补偿电容。低频瓷介电容器的容量在 300～22000pF，耐压高，常用于高压低频电路中。常见的低压小功率电容有瓷片、瓷管、瓷介独石等类型。

③ 云母电容器：云母电容器是以云母作为介质，由金属箔或在云母表面上喷银构成电极，按所需的容量叠片后经浸渍，压塑在胶木壳内构成的。

云母介质材料具有很高的绝缘性能，耐高温，介质损耗小，云母的厚度可以做得很薄（20～25μm）。由云母作为介质的云母电容器，具有很好的电气和机械性能，自身电感和漏电损耗都很小，具有耐压范围宽，可靠性高，性能稳定，容量大、精度高等优点。广泛应用于收音机、电视机、无线电通信设备等电路中。

目前使用的云母电容器，容量一般为 4.7～51000pF，精度可达±0.01%～±0.03%，直流耐压为 100V～5kV，最高可达 40kV。温度系数小，可达 10^{-6}/℃以内，可用于温度达 460℃的环境下，长期存放，容量变化小于 0.01%～0.02%。

云母电容器的生产工艺复杂、成本高、体积大、容量有限，其使用范围受到一定限制。

(2) 电解电容器

电解电容器以金属极板上一层极薄的氧化膜为介质，金属极片作为电容器的正极，固体或非固体的电解质为负极。由于氧化膜介质具有单向导电的性质，它不能用于交流电路。极性不能接反，否则电解电容器不仅不能发挥其应有的作用，而且漏电流迅速增大，容量下降，甚至发热、击穿。

由于电解电容器的介质厚度一般为 0.02～0.03μm，对于相同的容量和耐压，其体积比其他电容器小几个或几十个数量级，低压电解电容器更为突出。在要求大容量的场合（如滤波电路等），均选用电解电容器。电解电容器的损耗大，漏电流大（可达毫安级），温度特性、频率特性、绝缘性能差，长期存放会因电解液干枯而老化。电解电容器按其正极金属材料的不同，可分为铝电解、钽电解、铌电解等。此外，还有一些特殊性能的（如激光储能型、闪光灯专用型、高频低感型等）电解电容器。

① 铝电解电容器（CD）：用铝箔和浸有电解液的纤维带交叠卷成圆筒形后，封装在铝壳内。这是使用最广泛的通用型电解电容器，适用于电源滤波、音频旁路等电路中。铝电解电容器的绝缘电阻小、漏电损耗大，容量范围为 0.33～4700μF，额定工作电压一般为 6.3～500V。

② 钽电解电容器（CA）：采用金属钽（粉剂或溶液）作为电解质。钽及其氧化膜的物理性能稳定，它比铝电解电容器的绝缘电阻大、漏电小、寿命长。具有长期存放性能稳定、温度及频率特性好等优点，但它的成本高，额定工作电压低（最高为 160V）。这种电容器主要用于对电气性能要求较高的电路，如积分、计时、延时开关等电路，钽电解电容器分为有极性和无极性两种。

(3) 可变电容器

容量可在一定范围内改变的电容器称为可变电容器，按其容量变化范围可分为两大类，即可变电容器和微调电容器。按其介质不同又可分为空气介质、塑料介质、陶瓷介质等。常用可变电容器如图 3-18 所示。

① 微调电容器：微调电容器也叫半可变电容器，是可变电容器的一种，电容量变化范围比较小，只有几皮法至几十皮法，容量范围表示为：最小容量/最大容量，如 5/20pF，7/30pF，常用于调谐、振荡电路中的补偿、校正电容。

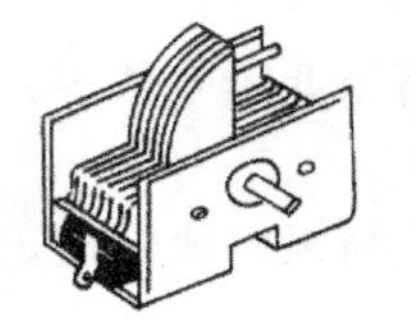
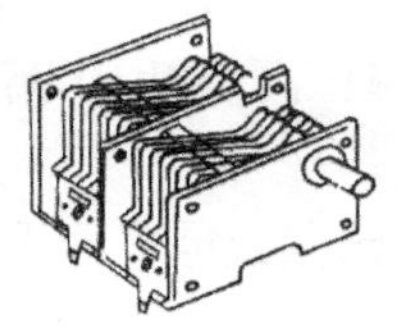

(a) 空气单、双联

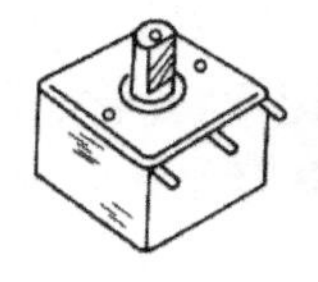

(b) 密封单、双联

(c) 微调电容器

图 3-18 可变电容器

② 单联、双联可变电容器：单联可变电容器由一组动片和一组定片及旋轴等组成，双联则由两组动片和两组定片及旋轴等组成。通过转动旋轴，改变两极板(动片与定片)的有效面积来调整电容量。双联电容器的两组动片安装在同一根转轴上，当旋动转轴时，两组动片同步转动，如果两联最大电容量相同，称为等容双联。用 2×最大容量表示，如 2×270pF。若容量不同，则称为差容双联，容量表示为两联的最大容量，如 60/127pF。

除单、双联电容器外，还有三联、四联电容器，结构相似，有空气介质和聚苯乙烯介质。常用于中、短波及调频收音机中。

4. 电容器的合理选用

电容器的种类繁多，性能指标各异，合理选用电容器对于产品的设计十分重要。在满足电路要求的前提下，应综合考虑体积、重量、成本、可靠性，了解每个电容器在电路中的作用等因素。

(1) 电容器的额定工作电压

不同类型的电容器有不同的额定电压，所选电容器应符合标准系列。对于普通电容器，额定电压应高于加在电容器两端电压的 1～2 倍。不论选用何种型号的电容器，都不得使其额定电压低于电路的实际工作电压，否则电容会被击穿；也不要使其额定电压太高，这样不仅使成本提高，电容器体积也会加大。

选用电解电容器时，由于其自身结构的特点，一般应使线路的实际电压相当于所选额定电压的 50%～70%，这样才能发挥其作用。

(2) 标称容量及精度等级

各类电容器均有标称容量、精度等级系列。电容器在电路中的作用各不相同，绝大多数应用场合对电容器容量要求并不严格。例如，在旁路、退耦电路、低频耦合电路中，对容量的精度没有很严格的要求，选用时根据设计值，选用相近容量或略大些的电容器。但在振荡回路、音调控制电路中，电容器的容量应尽可能和设计值一致。在各种滤波器和各种网络中，对电容器的精度要求更高，应选用高精度的电容器来满足电路的要求。

在制造电容器时，控制容量比较困难，不同精度的电容器，价格相差很大。因此，在确定电容器的容量精度时，应考虑电路的实际需要，不应盲目追求电容器的精度等级。

(3) 对 $\tan\delta$ 值的选择

电容器介质材料的不同，使其 $\tan\delta$ 值相差很大。在高频电路或对信号相位要求严格的电路中，$\tan\delta$ 值对电路的性能影响很大。所以，应该选择 $\tan\delta$ 值较小的电容器。

(4) 根据电路特点选择

根据电路要求，一般用于低频耦合、旁路退耦等，电气性能要求较低时，可采用纸介电容器、电解电容器；高频电路和要求电容量稳定的地方，应选用高频瓷介电容器、云母电容器或钽电解电容器;电容量需经常调整的可选用可变电容器。

3.2.4 电感器

电感器可分为两大类:一是应用自感作用的电感器,二是应用互感作用的变压器。电感器的主要作用是对交流信号进行隔离、滤波或与电容组成谐振电路等。电路符号如图 3-19 所示。

图 3-19 电感器电路符号

1. 电感器的分类

因工作频率不同,电感线圈的匝数、骨架材料区别很大,因而其种类繁多。如图 3-20 所示。一般低频线圈为减少匝数、增大电感量和减小体积,大多采用铁心或磁心,而中高频电感则采用高频磁心或空心线圈。

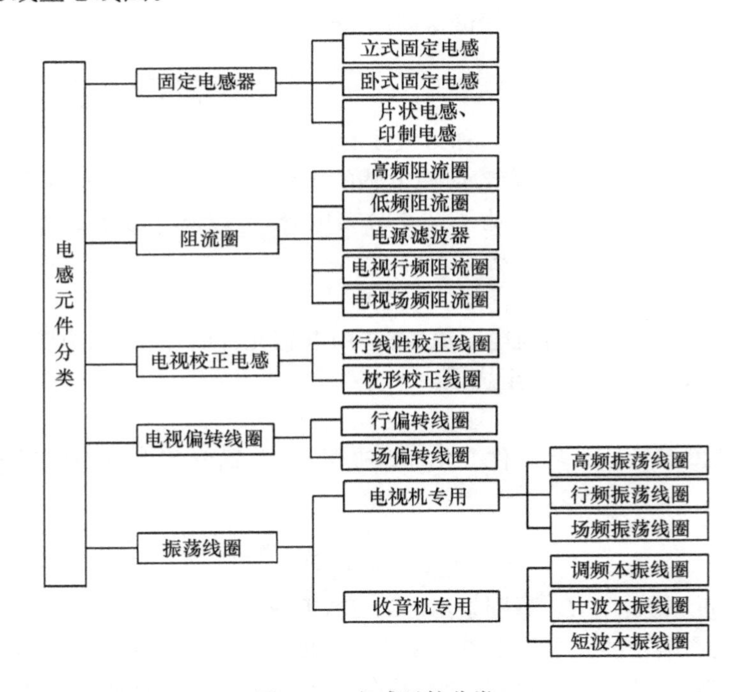

图 3-20 电感元件分类

2. 电感器主要技术参数

(1) 电感量

线圈的电感量也称为自感系数,是表示线圈自感应能力的一个物理量。当线圈中及其周围不存在铁磁物质时,通过线圈的磁通量与其中流过的电流成正比,其比值称为线圈的电感量。电感量 L 的基本单位为亨利(H),其他还有毫亨(mH)和微亨(μH),三者关系为

$$1\text{H}=10^3\text{mH}=10^6\mu\text{H}$$

电感量的大小与线圈圈数、绕制方式及磁心的材料有关，圈数越多，线圈越集中，电感越大；有磁心的比无磁心的电感量大，磁心的导磁率越大，电感量越大。

(2) 品质因数

线圈的品质因数 Q 也叫优值或 Q 值，是表示线圈质量的参数。它是指线圈在某一频率的交流电压下工作时，所呈现的感抗与其等效损耗电阻之比。即

$$Q=\frac{\omega L}{R}=\frac{2\pi fL}{R}$$

式中，L 为线圈的电感量(H)；R 为当交流电频率是 f 时的等效损耗电阻(Ω)，f 较低时，可认为 R 等于线圈的直流电阻；f 较高时，R 应是包括各种损耗在内的总等效损耗电阻；ω 为角频率。Q 的数值大都在几十至几百，Q 值越高，电路的损耗越小，效率越高。

电感线圈的 Q 值与线圈的绕法、线的粗细、单股或多股、所用磁心及工作频率有关。

(3) 分布电容

线圈的匝与匝之间、线圈与屏蔽罩之间、线圈与磁心、底板之间存在的电容，均称为分布电容。这些分布电容可等效为与线圈并联的电容 C_0，如图 3-21所示，该电路实际上是由 L，R 和 C_0 组成的并联谐振回路，谐振频率为

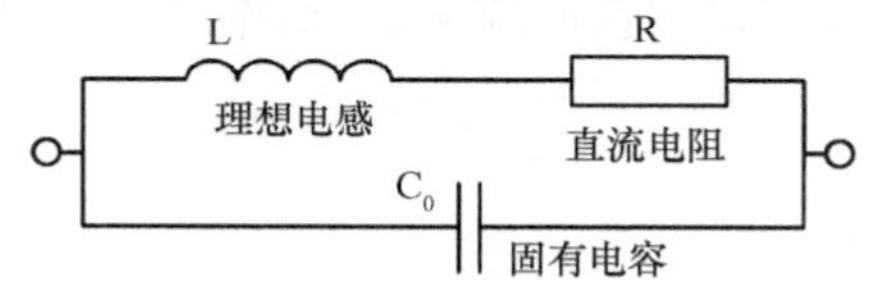

图 3-21　电感等效电路

$$f_0=\frac{1}{2\pi\sqrt{LC_0}}$$

称为线圈的固有频率。

为了保证线圈有效电感量的稳定，应使电感的工作频率低于其固有频率。分布电容的存在，使线圈的 Q 值减小，稳定性差。为了减小分布电容，可以减小线圈骨架的直径，用细导线绕制线圈，可采用间绕法、蜂房式绕法。

(4) 额定电流

是指允许通过电感元件的直流电流值，在选用电感元件时，若电路电流大于额定电流值，电感器就会发热导致参数改变，甚至烧毁。

(5) 稳定性

稳定性表示线圈参数随外界条件变化而改变的程度，通常用电感温度系数表示电感量对温度的稳定性，即

$$\alpha_L=\frac{L_2-L_1}{L_1(T_2-T_1)}(1/℃)$$

式中，α_L 为电感温度系数；L_2，L_1 分别是温度为 T_2，T_1 时的电感量(H)。

温度对电感的影响主要是导线受热后膨胀使线圈产生几何变形而引起的。可以采用热绕法，将导线加热绕制，冷却后导线收缩，紧紧贴在骨架上；还可采用烧渗法，在线圈的高频骨架上烧渗一层薄银膜，替代线圈的导线，保证线圈不变形，提高了稳定性。

湿度变化也会影响电感量的参数，湿度增加时，线圈的分布电容和漏电损耗也增加，改进的方法是：将线圈用环氧树脂等防潮材料浸渍密封。但这样处理后，由于浸渍材料的介电常数比空气大，线圈的分布电容增大，还会引入介质损耗，使线圈 Q 值减小。

3. 几种常用电感器

(1) 小型固定电感器

小型固定电感器也称微型电感器，是由厂家生产的成品电感元件。为获得较大的电感量

和较高的 Q 值，将漆包线或纱包线绕制在棒形、工字形或王字形的磁心上，用环氧树脂封装或塑料封装。其外形如图 3-22 所示，这种电感器的电感量常用直标法和色标法表示，有卧式(LG1)、立式(LG2)两种。

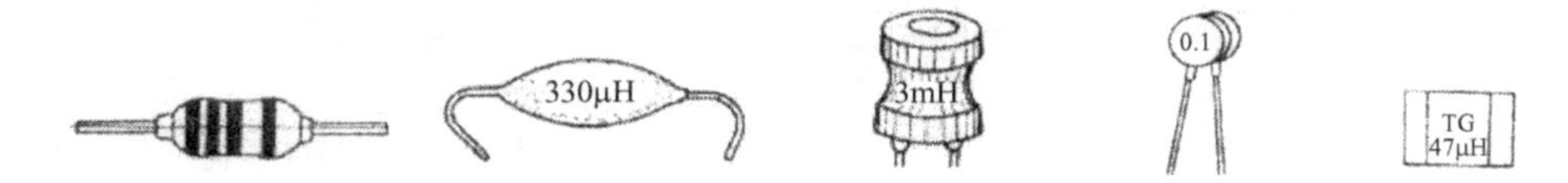

图 3-22　小型固定电感器

这种电感器具有体积小、重量轻、机械强度高、防潮性能好和安装方便等优点，可用于滤波、振荡、延迟、陷波等电子线路中。

(2) 电感线圈

电感线圈可根据电感量的大小及对分布参数的要求用漆包线或纱包线自行绕制，有单层、多层、间绕、蜂房等多种绕法。单层线圈的电感量为几微亨至几十微亨，当电感量要求大于 300μH 时，要采用多层线圈绕制。间绕和蜂房式绕法主要是为了降低电感线圈的分布电容，为了提高 Q 值，骨架常采用介质损耗小的陶瓷或聚苯乙烯材料。

3.2.5　变压器

变压器是电感器的一种，在某些场合变压器可称做电感。变压器主要由磁性材料、导电材料和绝缘材料构成。磁性材料主要为增加磁通量，可根据不同用途，选用硅钢片、铁氧体等。导电材料主要是高强度漆包线，大电流场合采用扁铜线绕制，在调谐用高频变压器中使用纱包线。绝缘材料为线圈的骨架、层间绝缘材料及浸渍材料(绝缘漆)等。

变压器的种类很多，根据线圈之间的耦合材料不同，可分为空心变压器、磁心变压器和铁心变压器；根据用途可分为电源变压器、音频变压器、耦合变压器、自耦变压器、隔离变压器及脉冲变压器等；根据工作频率的不同可将其分为高频变压器、中频变压器、低频变压器。

1. 高频变压器

高频变压器主要有半导体收音机中的天线线圈和黑白电视机中的天线阻抗变换器。如图 3-23所示为中短波收音机使用的天线线圈。

收音机中的天线线圈也称为磁性天线，是由两个相邻又相互独立的绕组套在同一根磁棒上构成的，线圈一般用单股或多股纱(漆)包线绕制。中波磁棒采用锰锌铁氧体材料，外表呈黑色；短波磁棒采用镍锌铁氧体材料，外表呈棕色。

2. 中频变压器

中频变压器也称“中周”，是超外差收音机和黑白电视机中主要的选频元件，直接影响着收音机的灵敏度、选择性、电视机的伴音及图像等技术指标，调节其磁心，改变线圈的电感量，即可改变上述指标。图 3-24 所示为收音机使用的中频变压器。中频变压器一般与电容器组成谐振回路，共同调谐于一个频率，如调幅收音机中频频率为 465kHz、调频收音机中频频率为 10.7 MHz、电视机伴音中放频率为 6.5 MHz、图像中放频率为 38 MHz。

中频变压器又分单调谐式和双调谐式两种，在电路中还担负着耦合信号的重任。

收音机中的中频变压器分为调频和调幅两种；黑白电视机中的中频变压器分为图像部分

和伴音部分。不同规格、不同型号的中频变压器不能直接互换使用。

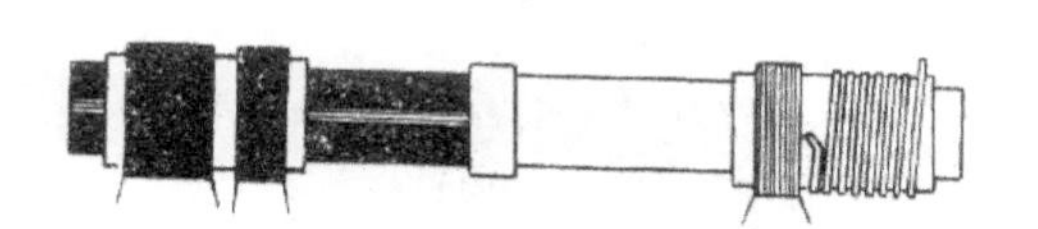

图 3-23 高频变压器

图 3-24 中频变压器

3. 低频变压器

工作频率在几十赫兹至几十千赫兹的变压器称为低频变压器，用来传送信号电压和信号功率，还可实现电路间的阻抗匹配，并对直流电具有隔离作用。按照用途又分为音频变压器（输入变压器、输出变压器）、电源变压器和级间耦合变压器。

（1）输入变压器

在半导体收音机电路中，音频推动级和功率放大级之间常用变压器耦合，这一变压器称为输入变压器，起信号耦合、传输作用，也称为推动变压器。按推动方式不同（单端电路、推挽电路），输入变压器有单端输入式和推挽输入式两种。

（2）输出变压器

输出变压器接在功率放大器的输出电路和扬声器之间，其工作频率范围很宽（几十赫兹至几十千赫兹），主要起信号传输和阻抗匹配作用。输出变压器也分为单端输出式和推挽输出式两种。

（3）级间耦合变压器

级间耦合变压器接在两级音频放大器之间，将前级放大电路的输出信号传送至后一级，并做适当的阻抗变换。

（4）电源变压器

电子产品用交流市电作为电源时，通常必须把交流市电（220V）用变压器转换为高低不同的电压，以供用电设备使用。电源变压器分升压变压器和降压变压器两种，降压变压器在电子设备中使用较为普遍。如家用电器、稳压电源等。如图 3-25 所示。

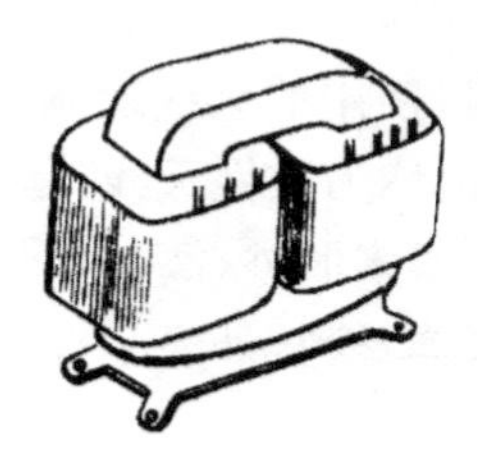

图 3-25 电源变压器

电源变压器常用两种铁心（导磁材料），一种是用硅钢片交叠而成的“E”型铁心，该铁心成本低，磁阻较大，效率低。另一种是用冷轧硅钢带对插而成的“C”型铁心，该铁心磁阻较小，效率较高。电源变压器初级线圈的抽头是为满足 220V 和 110V 电网电压的需要，次级可有多个绕组，输出不同的电压和功率。

3.2.6 小型单相电源变压器的设计与制作工艺

电子产品中所用的电源变压器大多为降压变压器，它的设计是根据电路对电压和功率的要求，将 220V 的电压降到电路所需要的电压并保证功率要求。由电源变压器的组成来看，设计变压器的关键是通过变压器的功率确定铁心的截面积，根据变压器输入、输出电压及各绕组的带负载能力确定匝数与线径，最后经过窗口的核算确定铁心的型号。图 3-26 所示为小型电源变压器常用的铁心，图中，$a\times b$ 为铁心截面积，$c\times h$ 为窗口面积。

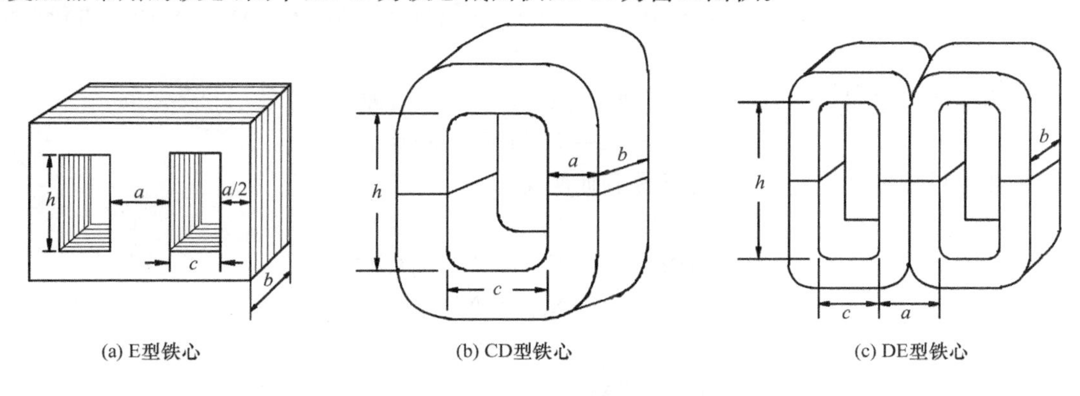

图 3-26　变压器铁心

现以 CD 型铁心为例介绍电源变压器的设计与制作过程。若已知电源变压器的功率及输出电压，可通过查表的办法来设计，附录 D 及附录 E 给出了部分 CD 型Ⅰ级铁心电源变压器设计数据和部分铜漆包线规格及安全载流量。

1．设计步骤

(1) 计算次级输出总功率 P_2

$$P_2 = I_{21}U_{21} + I_{22}U_{22} + I_{23}U_{23} + \cdots + I_{2i}U_{2i}(\text{W})$$

式中，I_{2i} 为次级各绕组电流；U_{2i} 为次级各绕组电压。

(2) 计算初级的功率、电流

将变压器的效率考虑进去，则初级的功率、电流为

$$P_1 = \frac{P_2}{\eta}(\text{W}),\quad I_1 = \frac{P_1}{U_1}(\text{A})$$

式中，η 为变压器的效率，一般为 0.8～0.9。

(3) 选择铁心截面积

对于频率为 50Hz 的电源变压器，应用公式来选择铁心截面积

$$S_c = 0.5 \sim 0.6\sqrt{P_0}(\text{cm}^2)(\text{CD 型})$$

$$S_c = \sqrt{P_0}(\text{cm}^2)(\text{E 型})$$

式中，P_0 为变压器的平均功率，$P_0 = \dfrac{P_1 + P_2}{2}(\text{W})$；$S_c$ 为铁心截面积，而标准铁心截面积 $S_c = ab(\text{cm}^2)$，CD 型和 E 型铁心的 a，b 值可按变压器手册查找。

(4) 计算初级、次级各绕组的匝数

为了计算各绕组的匝数，首先应知道在已选定的铁心上每伏的匝数，根据电磁感应定律可知

$$U = 4.44NBS_cf \times 10^{-4}$$

对于220V、频率为50Hz的交流电，其每伏匝数为

$$N_0 = \frac{4.5 \times 10}{BS_c} \text{（匝/伏）}$$

式中，B为硅钢片的磁感应强度，单位为特斯拉(T)。冷轧硅钢片B可达$1.6 \sim 1.8$T，优质硅钢片B取$1 \sim 1.2$T，一般硅钢片B取$0.7 \sim 0.8$T。E型铁心的B取$0.07 \sim 0.1$T，CD型铁心的B取$1.2 \sim 1.6$T。

因为导线有电阻，次级的每伏匝数要提高$5\% \sim 10\%$，即

$$N_0' = (1 + 5\%)N_0 \text{（匝/伏）}$$

每伏匝数也可根据选定的S_c由变压器手册查找。

初级 $N_1 = N_0 U_1$（匝）

次级 $N_{21} = N_0' U_{21}$（匝）

$N_{22} = N_0' U_{22}$（匝）

$\vdots$

(5) 根据通过各绕组的电流确定导线的线径

通常的方法是查导线的规格表，若没有手册，也可利用计算法确定铜导线的线径。小功率电源变压器的导线允许流过的电流密度$J = 2.5 \sim 3\ \text{A/mm}^2$。已知流过线圈的电流$I$后，由$I/J$就可确定导线的截面积，又因导线截面积等于$\pi d^2/4$($d$为导线直径)，因此

$$d = 1.13\sqrt{I/J}$$

当$J = 2.5\ \text{A/mm}^2$时，导线的直径为

$$d = 0.72\sqrt{I}\text{(mm)}$$

各绕组的导线直径由上式算出后，再从表中选取标准线规，即$d_{标准} \geqslant d$。

(6) 核算窗口

铁心的截面积确定后，a，b值即被确定，同时c值也被确定，因为相同的a，b只对应一个c值，核算窗口是用来确定h值。窗口的面积需要多大才能装下所有的线圈、绝缘层、漆包线与漆包线之间的间隙、漆包线与绝缘层之间的间隙呢?这个计算过程非常复杂，在一般要求工艺不高的场合，要利用经验计算。

铁心窗口面积 $S_0 = c\,h\text{(mm}^2\text{)}$

线圈铜线所占净面积

$$S = q_1 N_1 + q_2 N_2 + q_3 N_3 + \cdots + q_i N_i \text{(mm}^2\text{)}$$

式中，q_i为各绕组导线净面积(不含绝缘皮)，$q_i = \frac{\pi d^2}{4}$；N_i为各绕组匝数。

导线净面积与窗口面积应满足一比例关系，即

$$K = S/S_0$$

式中，K是考虑绕组排线时存在的间隙和各种绝缘层的系数，K一般取$0.3 \sim 0.4$。因此，变压器铜线所占净面积只能是铁心窗口面积的三分之一左右，否则有绕不下的可能。

(7) 画出加工工艺图

如图3-27所示，绘图时应注意以下几点。

① 工艺图上要标明各绕组的线径、匝数及电流电压。

② 标明每个线圈的号码、位置与要求。

③ 铁心、铜导线、绝缘材料等均按国家标准型号选取。

④ 选用CD型铁心时，两个线圈的体积最好相等，功率不要相差太大；而且初级绕组要分别绕在两个线圈的最里层，匝数最好相等，否则就会产生漏磁大、效率低、振动大等问题，这在工艺图上要清楚地标出。

⑤ 需要加屏蔽的线圈要画出屏蔽标志，并标明引线号码及位置。在技术要求中要说明屏蔽材料及屏蔽方法。

⑥ 有关绕制中的其他注意事项，可在技术要求中注明。

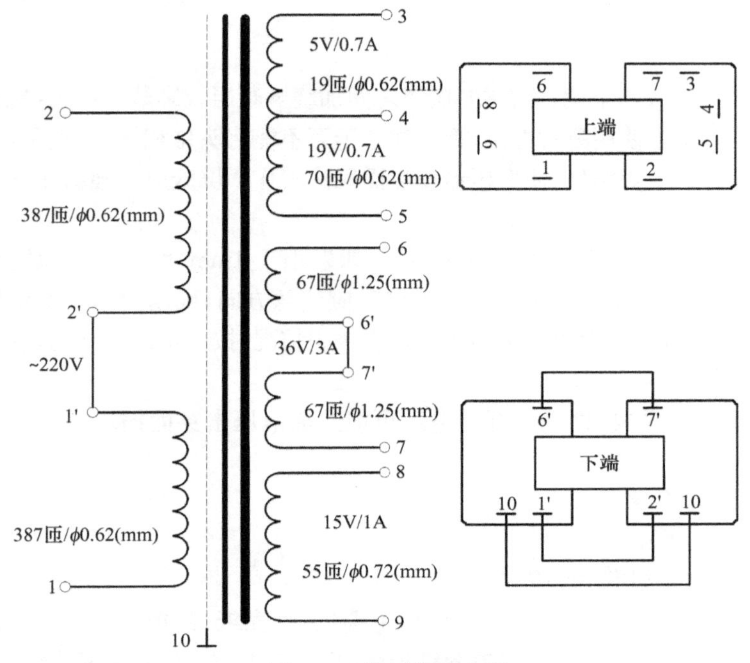

图 3-27　变压器工艺图

(8) 写清技术要求

变压器在制作加工时的一些要求，主要内容为：

① 选用的铁心型号一定要在技术要求中注明，如CD20×40×50一级铁心。

② 所选用漆包线的类型，若各绕组选用的类型不同，应分别注明，如选用QZ型或QQ型高强度漆包线。

③ 层间、绕组间绝缘的制作，如选用B级绝缘，层与层之间用0.08mm厚的电缆纸，绕组之间用一层0.8mm厚的电缆纸，一层0.1mm厚的黄蜡绸；绝缘耐热等级见表3-9。

④ 屏蔽层的材料及要求，如用0.02mm厚铝箔作为屏蔽，中间留2mm距离，不能短接。

⑤ 浸漆前的测试标准，如空载电流 $I_0 \leqslant 100$mA，次级空载电压高于额定电压5%。

⑥ 浸漆、烘干绝缘等级，如按B级标准浸漆烘干。

表 3-9　绝缘耐热等级

级别代号	Y	A	E	B	F	H	C
最高温度(℃)	90	105	120	130	155	180	>200

2. 制作工艺

(1) 骨架

通过骨架使线圈成形并固定，并以此作为线圈与铁心的绝缘之用。骨架可用红钢纸或1mm

左右的环氧树脂板黏接而成。与CD型铁心配套用的已有成形骨架(或底筒),使用时外包一两层黄蜡绸即可。自制骨架时应注意内腔尺寸稍大于铁心截面,骨架高度略小于窗口高度。

(2) 绕制

通常把初级绕在最里层,次级绕在外层,有些小型E型铁心变压器也常把初、次级分上、下两段分绕。CD型铁心变压器为使初、次级耦合效果好,总是将初级分绕在两个绕组中,使其匝数相同。绕制中要使漆包线排列整齐、紧密,不可将导线打结或损伤漆皮,绕制时应在骨架中嵌入比铁心稍大的木心。

(3) 屏蔽

为了减小初级对次级的干扰,可在初、次级之间加绕屏蔽层。屏蔽层可用导线单独绕满一层或用铜箔绕制一圈。不论使用哪种办法,都要注意千万不能将头尾相接,特别是用铜箔绕制时更应注意。否则将成为一个短路环,使变压器发热而无法工作。屏蔽层单独引线,使用时接地。

(4) 引线

一般直径超过1mm的漆包线可以直接引出,如果小于1mm,可通过其他硬线、软线或焊片等引出,防止变压器使用中将引线折断。引出线时应注意方向,根据使用情况可以单面、双面引出,但一定要从铁心的位置上引出。引出线应根据绕组情况,按一定规律排列,以便于使用。

(5) 绝缘

变压器的绝缘十分重要,处理不好通电后可能造成电压击穿而损坏。应加的绝缘有:

① 层间绝缘;

② 不同绕组间的绝缘;

③ 绕组与铁心间的绝缘;

④ 引出线与本层绕组间的绝缘。

变压器常用的绝缘材料有电容纸、电话纸、电缆纸、青壳纸、钢板纸、黄蜡布、黄蜡绸、聚酯薄膜、绝缘漆等。普通低压绕组可用一般电容纸绝缘,高压绕组应采用聚酯薄膜等耐高压材料。

(6) 装配

装配CD型铁心时,注意铁心是否配对,方向是否一致,铁心截面是否有杂物,装配后将铁心用钢带固定。E型铁心装配时应使叠片交错安装,并使磁路气隙尽量减小。

总之,装配过程中应使铁心接触面间隙尽量小,否则空载电流将增加较大,影响变压器的正常运行。此外,还应注意避免铁心与线圈导线接触,防止铁心绝缘破坏,造成对地短路或铁心带电。

(7) 浸漆

为了提高变压器的防潮性能,防止电压击穿,变压器应浸漆处理。最好采用真空浸漆,以提高变压器的绝缘电阻。浸漆可将线圈单独浸,也可装配铁心后整体浸漆,浸漆前后均应烘干处理。

(8) 端封

线圈两端一般都凹凸不平,并裸露着线圈,这不仅影响美观,而且长时间运行还易发生绕组间的电击穿。因此,可将线圈两端以环氧树脂端封,即可解决上述两种隐患。

(9) 标字

为方便使用,应在所有引线处用文字或数字标明各引线电压、电流或绕组代号。

3. 电源变压器的主要技术参数

电源变压器的技术参数是其性能的反映,也是设计、生产、检验、使用的主要依据。

(1) 功率容量

变压器的功率包括输入功率与输出功率，输出功率是用户感兴趣的，输入功率与变压器效率有关。在电源变压器设计中，功率是确定铁心尺寸的主要依据。

(2) 功率因数

变压器的输入功率与其伏安容量之比称为功率因数 $\cos\phi$。变压器的功率因数与磁化电流有关，磁化电流在初级电流中所占的比例越大，功率因数越低。

(3) 效率

变压器输出功率与输入功率之比称为效率，即

$$\eta=\frac{P_2}{P_1}=\frac{P_2}{P_2+P_m+P_c}$$

式中，P_m 为线圈铜损(W)；P_c 为铁心磁损 (W)。

3.3 半导体分立器件

半导体分立器件包括晶体二极管、晶体三极管及半导体特殊器件。虽然集成电路飞速发展，并在不少领域取代了晶体管。但是晶体管有其自身的特点，分立器件仍是电子产品中不可缺少的器件。

3.3.1 命名与分类

1. 国产半导体分立器件命名

国产半导体分立器件由 5 个部分组成，前 3 个部分的符号意义见表 3-10。第 4 部分用数字表示器件序号，第 5 部分用汉语拼音字母表示规格号。

表 3-10 国产半导体分立器件命名

第一部分		第二部分		第三部分			
用数字表示器件的电极数目		用汉语拼音字母表示器件的材料与极性		用汉语拼音字母表示器件的类型			
符号	意义	符号	意义	符号	意义	符号	意义
2	二极管	A	N 型，锗材料	P	普通管	S	隧道管
		B	P 型，锗材料	Z	整流管	U	光电管
		C	N 型，硅材料	L	整流堆	N	阻尼管
		D	P 型，硅材料	W	稳压管	Y	体效应管
		E	化合物	K	开关管	EF	发光管
3	三极管	A	PNP 型，锗材料	X	低频小功率管	T	晶闸管
		B	NPN 型，锗材料	D	低频大功率管	V	微波管
		C	PNP 型，硅材料	G	高频小功率管	B	雪崩管
		D	NPN 型，硅材料	A	高频大功率管	J	阶跃恢复管
		E	化合物	K	开关管	U	光电管
				CS	场效应管	BT	特殊器件
				FH	复合管	JG	激光器件

注：场效应管、半导体特殊器件、复合管、PIN 型管、激光器件的命名只有第三、四、五部分。

示例

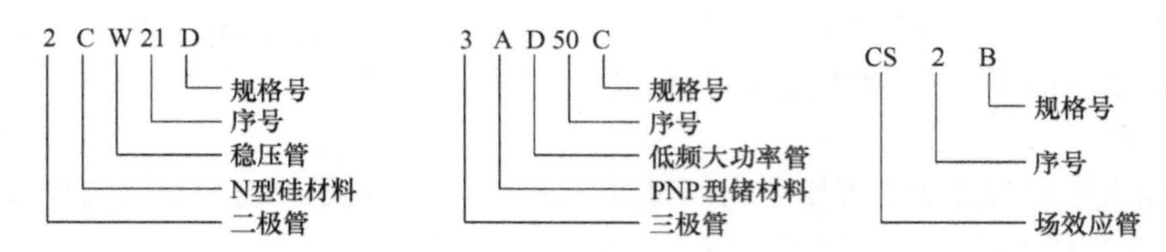

2. 分类

半导体分立器件种类很多,分类方式有多种。按半导体材料可分为硅管与锗管;按极性可分为N型与P型,PNP型与NPN型;按结构及制造工艺可分为扩散型、合金型与平面型;按电流容量可分为小功率管、中功率管与大功率管;按工作频率可分为低频管、高频管与超高频管;按封装结构可分为金属封装、塑料封装、玻璃钢壳封装、表面封装与陶瓷封装;按功能和用途可分为低噪声放大晶体管、中高频放大晶体管、低频放大晶体管、开关晶体管、达林顿晶体管、带阻尼晶体管、微波晶体管、光敏晶体管与磁敏晶体管等多种类型。表3-11是按晶体管特点进行的分类。

表3-11　半导体分立器件分类

<table>
<tr><td rowspan="4">半导体二极管</td><td>普通二极管</td><td colspan="2">整流二极管、检波二极管、稳压二极管、恒流二极管、开关二极管等</td></tr>
<tr><td>特殊二极管</td><td colspan="2">微波二极管、变容二极管 SBD、雪崩管、TD 管、PIN 管、TVP 管等</td></tr>
<tr><td>敏感二极管</td><td colspan="2">光敏、温敏、压敏、磁敏等</td></tr>
<tr><td>发光二极管</td><td colspan="2">采用砷化镓、磷化镓、镓铝砷等材料</td></tr>
<tr><td rowspan="3">双极型晶体管</td><td rowspan="2">锗　管</td><td colspan="2">高频小功率(合金型、扩散型)</td></tr>
<tr><td colspan="2">低频大功率(合金型、扩散型)</td></tr>
<tr><td>硅　管</td><td colspan="2">低频大功率管、大功率高反压管(扩散型、扩散台面型、外延型)
高频小功率管、超高频小功率管、高速开关管(外延平面工艺)
低噪声管、微波低噪声管、超β管(外延平面工艺、薄外延、纯化技术)
高频大功率管、微波功率管(外延平面型、覆盖式、网状结构、复合型)
专用器件:单结晶体管、可编程单结晶体管</td></tr>
<tr><td rowspan="4">晶闸管</td><td>单向晶闸管</td><td colspan="2">普通晶闸管、高频(快速)晶闸管</td></tr>
<tr><td>双向晶闸管</td><td colspan="2"></td></tr>
<tr><td>可关断晶闸管</td><td colspan="2"></td></tr>
<tr><td>特殊晶闸管</td><td colspan="2">正(反)向阻断管、逆导管等</td></tr>
<tr><td rowspan="5">场效应晶体管</td><td rowspan="3">结　型</td><td rowspan="2">硅管</td><td>N沟道(外延平面型)、P沟道(双扩散型)</td></tr>
<tr><td>隐埋栅、V沟道(微波大功率)</td></tr>
<tr><td>砷化镓</td><td>肖特基势垒栅(微波低噪声、微波大功率)</td></tr>
<tr><td rowspan="2">MOS(硅)</td><td>耗尽型</td><td>N沟道、P沟道</td></tr>
<tr><td>增强型</td><td>N沟道、P沟道</td></tr>
</table>

3. 进口半导体器件的命名

目前市场上半导体器件除国产外,还有大量来自日本、韩国、美国和欧洲等国家的产品。在众多的产品中,各国都有一套自己的型号命名方法。如果掌握它们的命名特点后,就可灵活地选用其产品。下面介绍常用的几个国家、地区生产的晶体管命名方法。

(1) 日本半导体分立器件型号命名方法

日本晶体管型号均按日本工业标准JIS—C—7012规定的日本半导体分立器件型号命名方法命名。日本半导体分立器件型号由5个部分组成,这5个基本部分的符号及意义见表3-12。

表 3-12　日本半导体分立器件型号命名方法

第一部分		第二部分		第三部分		第四部分		第五部分	
用数字表示器件有效电极数目		日本电子工业协会(JEIA)注册标志		用字母表示器件的材料、极性和类型		器件在日本电子工业协会(JEIA)登记号		同一型号的改进型产品标志	
符号	意义	符号	意义	符号	意义	符号	意义	符号	意义
0	光电二极管或三极管及其组合管	S	已在日本电子工业协会(JEIA)注册的半导体器件	A B C D F G J K M	PNP 高频晶体管 NPN 低频晶体管 PNP 高频晶体管 NPN 低频晶体管 P 控制晶闸管 N 基极单结晶体管 P 沟道场效应管 N 沟道场效应管 双向晶闸管	多位数字	该器件在日本电子工业协会(JEIA)登记号,性能相同而厂家不同,生产的器件使用同一个登记号	A B C D ⋮	表示这一器件是原型号的改进型产品
1	二极管								
2	三极管								
3	具有 4 个有效电极器件								
$n-1$	具有 n 个有效电极器件								

示例

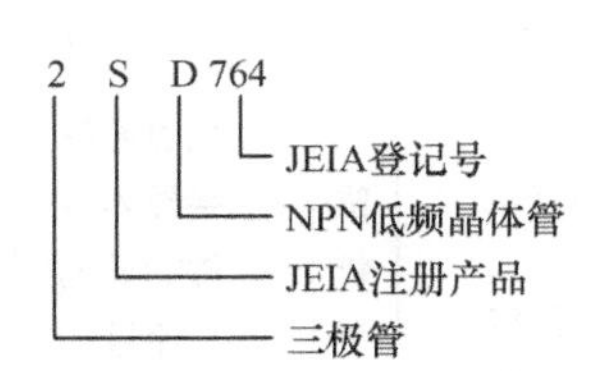

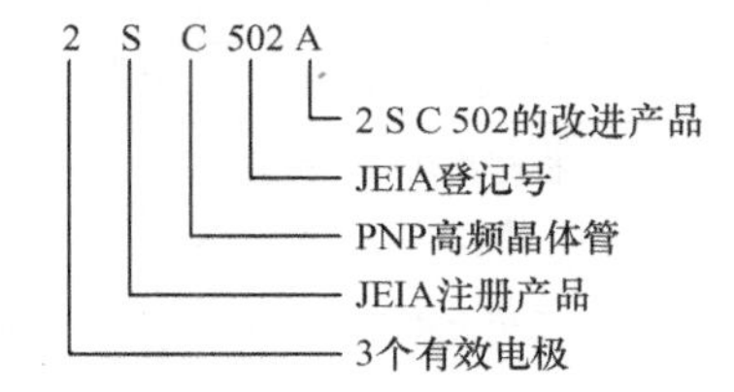

(2) 美国半导体分立器件型号命名方法

美国电子工业协会(EIA)的半导体分立器件型号命名方法规定,半导体分立器件型号由 5 部分组成,第一部分为前缀,第五部分为后缀,中间三部分为型号的基本部分。这 5 部分的符号及意义见表 3-13。

表 3-13　美国半导体分立器件型号命名方法

第一部分		第二部分		第三部分		第四部分		第五部分	
用符号标示器件类别		用数字表示 PN 结数目		美国电子工业协会(EIA)注册标志		美国电子工业协会(EIA)登记号		用字母表示器件分挡	
符号	意义	符号	意义	符号	意义	符号	意义	符号	意义
JAN 或 J	军用品	1 2 3 n	二极管 三极管 3 个 PN 结器件 n 个 PN 结器件	N	该器件已在美国电子工业协会(EIA)注册登记	多位数字	该器件在美国电子工业协会(EIA)登记号	A B C D	同一型号器件的不同挡别
无	非军用品								

示例

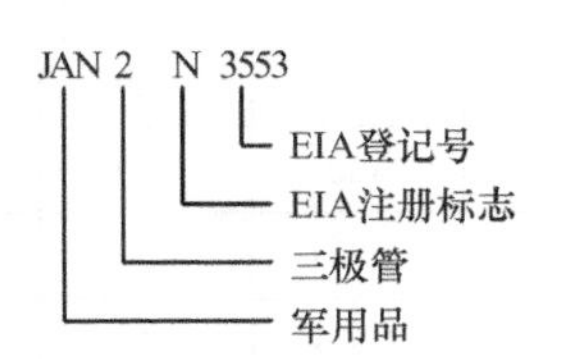

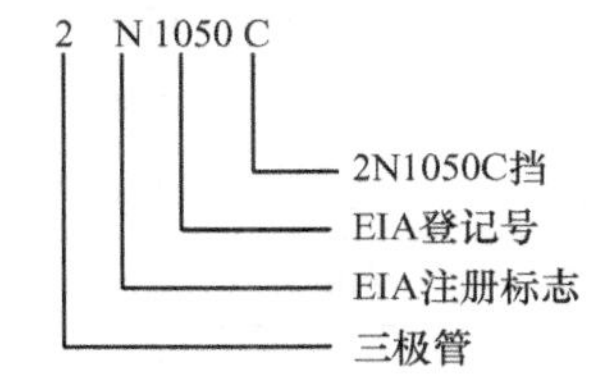

(3) 欧洲半导体分立器件型号命名方法

欧洲国家大都使用国际电子联合会的标准半导体分立器件型号命名方法对晶体管型号命

名，其命名法由 4 个基本部分组成，见表 3-14。

示例

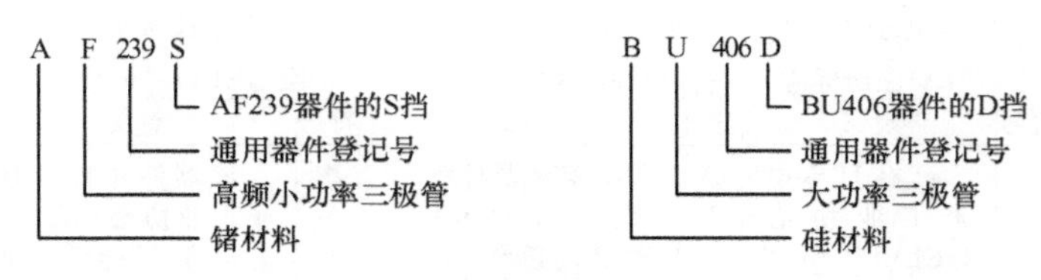

表 3-14　欧洲半导体分立器件型号命名方法

第一部分		第二部分				第三部分		第四部分	
用字母表示器件使用的材料		用字母表示器件的类型与主要特性				用数字或字母表示登记号		用字母表示同一器件分挡	
符号	意义	符号	意义	符号	意义	符号	意义	符号	意义
A	锗材料	A	检波二极管、开关二极管、混频二极管	M	封闭磁路中的霍尔元件	三位数字	代表通用半导体器件的登记序号	A B C D E ⋮	表示同一型号的半导体器件按某一参数进行分挡的标志
		B	变容二极管	P	光敏器件				
B	硅材料	C	低频小功率三极管 (R_{tj}>15℃/W)	Q	发光器件				
		D	低频大功率三极管 (R_{tj}≤15℃/W)	R	小功率晶闸管 (R_{tj}>15℃/W)				
C	砷化镓材料	E	隧道二极管	S	小功率开关管 (R_{tj}>15℃/W)				
		F	高频小功率三极管 (R_{tj}>15℃/W)	T	大功率晶闸管 (R_{tj}>15℃/W)	一个字母两个数字	代表专用半导体器件的登记序号		
D	锑化铟材料	G	复合器件及其他器件	U	大功率开关管 (R_{tj}>15℃/W)				
		H	磁敏二极管	X	倍增二极管				
R	复合材料	K	开放磁路中的霍尔元件	Y	整流二极管				
		L	高频大功率三极管 (R_{tj}≤15℃/W)	Z	稳压二极管				

另外，市场上多见韩国三星电子公司的晶体管，它是以 4 位数字来表示型号的，常见的晶体管见表 3-15。

表 3-15　三星电子公司产品型号

型 号	极性	功率(mW)	f_T(MHz)	用途	型 号	极性	功率(mW)	f_T(MHz)	用途
9011	NPN	400	150	高放	9016	NPN	400	500	超高频
9012	PNP	625	150	功放	9018	NPN	400	500	超高频
9013	NPN	625	140	功放	8050	NPN	1000	100	功放
9014	NPN	450	80	低放	8550	PNP	1000	100	功放
9015	PNP	450	80	低放					

3.3.2 常用半导体器件

1. 半导体二极管

半导体二极管也称晶体二极管(简称二极管),它是由一个 PN 结加上电极引线和密封壳做成的器件。二极管按其用途不同可分为整流二极管、检波二极管、稳压二极管、开关二极管、发光二极管等。按照结构工艺不同,二极管可分为点接触型和面接触型两种。点接触型二极管 PN 结的接触面积小,难以通过较大的电流,但因其结电容较小,可以工作在较高的频率下。点接触型二极管可用于检波、变频、开关及小电流的整流电路中。面接触型二极管 PN 结的接触面积大,可通过较大的电流,适用于大电流整流电路或数字电路中用做开关管。因其结电容较大,故工作频率较低。

(1) 二极管的主要参数

二极管的型号不同,参数也不一样,使用场合也不相同。二极管的参数指标使用时可查阅晶体管手册。

① 最大整流电流(I_F):最大整流电流也叫直流电流,是指二极管长期工作时所允许的最大正向平均电流,该电流的大小与二极管的种类有关,电流差别较大,小的十几毫安,大的几千安培,是由 PN 结的面积和散热条件决定的。

② 反向电流(I_R):反向电流也叫反向漏电流,是指二极管加反向电压、未被击穿时的反向电流值,该电流越小,二极管的单向导电性能越好。

③ 最大反向耐压(U_{RM}):最大反向耐压也叫超大反向工作电压,是指二极管工作时所承受的最高反向电压,超过该值二极管可能被反向击穿。

④ 最高工作频率(f_M):是指二极管工作频率的最大值,主要由 PN 结电容的大小决定。

(2) 常用二极管

① 检波管:是利用二极管的非线性将调制在高频信号上的低频信号检测出来的一种二极管。常用于检波、鉴频和限幅。

② 整流管:利用二极管的单向导电性,将交流电变为直流电。整流管分为大功率、中功率及小功率。

③ 稳压管:也叫做齐纳二极管,工作在反向击穿状态,是利用二极管的反向击穿特性稳定电路电压。使用时要串接电阻,防止大电流烧坏二极管。

④ 开关管:利用二极管的单向导电性,在电路中充当电子开关。开关管应具有良好的高频特性,常用于高频电路和数字电路中。

⑤ 发光二极管:由于使用了特殊材料(磷化镓等),当有一定电流通过时,二极管会发光,将电能转变为光能,它同样具有单向导电性。

⑥ 光敏二极管:是一种能将光能转变为电能的敏感元件,有普通光敏二极管、红外光敏二极管和视觉光敏二极管。主要用于各种控制电路。

⑦ 变容二极管:是利用 PN 结之间的电容随外加反向电压的改变而变化的原理,采用特殊工艺制成的半导体器件。一般在高频调谐电路中用做可变电容器。

⑧ 双向触发二极管:该二极管只有导通与截止两种状态,外加正、负电压均可,一旦导通后,只有外加电压降为零时,才会变为截止状态。常在控制电路中用于调光、调速、触发晶闸管(可控硅)、构成过压保护电路等。

部分二极管的电路符号如图 3-28 所示。

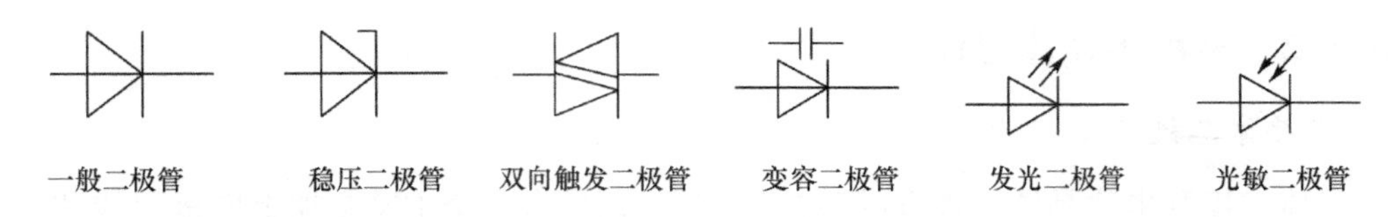

图 3-28　部分二极管电路符号

2. 晶闸管

晶闸管也称可控硅，其显著特点是不仅能在高电压、大电流的条件下工作，而且工作过程还可以控制，常用于可控整流、无触点开关、变频调速等自动控制方面。

（1）晶闸管主要参数

① 正向平均电流（I_T）：在规定条件下，晶闸管正常工作时，A，K（或 T1，T2）极间所允许通过电流的平均值。

② 正向转折电压（U_{BO}）：是指在额定结温为 100℃，门极 G 开路的条件下，阳极 A 与阴极 K 之间加正弦波正向电压，使其由关断状态转为导通状态所对应的峰值电压。

③ 正向阻断峰值电压（U_{FRM}）：是指晶闸管在控制极开路及正向阻断条件下，可以重复加在晶闸管上的正向电压的峰值，其值为正向转折电压减去 100V 后的电压值。

④ 反向击穿电压 U_{VBR}：是指在额定结温下，晶闸管阳极与阴极之间施加正弦半波反向电压，当其反向漏电电流急剧增加时所对应的峰值电压。

⑤ 反向阻断峰值电压（U_{RRM}）：是指在控制极断路和额定结温下，可以重复加在主器件上的反向电压峰值，其值为反击穿电压减去 100V 后的电压值。

⑥ 维持电流（I_H）：是指维持晶闸管导通的最小电流。

⑦ 触发电压（U_{GT}）：在一定条件下，使晶闸管导通所需要的最小门极电压。

⑧ 触发电流（I_{GT}）：在一定条件下，使晶闸管导通所需要的最小门极电流。

（2）普通晶闸管（SCR）

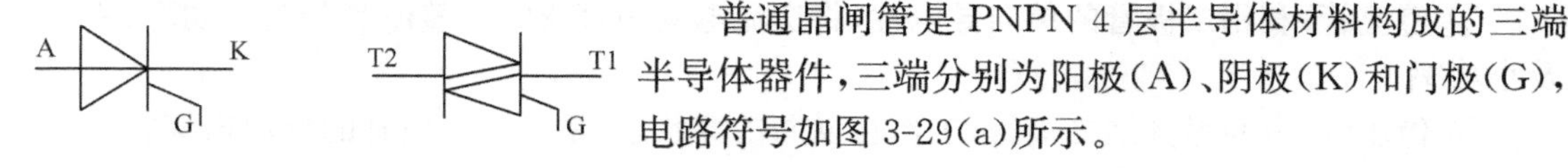

(a) 普通晶闸管　　(b) 双向晶闸管

图 3-29　晶闸管电路符号

普通晶闸管是 PNPN 4 层半导体材料构成的三端半导体器件，三端分别为阳极（A）、阴极（K）和门极（G），电路符号如图 3-29（a）所示。

普通晶闸管具有单向导电性，只有当晶闸管正接（阳极接正电源，阴极接负电源），门极有正向触发电压时，晶闸管才导通，呈现低阻状态。一旦导通后，即使撤掉触发电压，只要阳极和阴极之间保持正向电压，晶闸管继续维持导通状态。只有把电源撤掉或阳极、阴极之间电压极性发生变化时，普通晶闸管才由低阻导通状态转为高阻阻断状态。它的导通与阻断相当于开关的闭合和断开，利用它可以制成无触点电子开关。

（3）双向晶闸管（TRIAC）

双向晶闸管是由 NPNPN 5 层半导体材料制成的，它也有 3 个电极，分别为主电极 T1、主电极 T2 和门极 G。电路符号如图 3-29（b）所示。

双向晶闸管可以两个方向导通，导通的方向是由门极 G 和主电极 T1（或 T2）相对于另一主电极 T2（或 T）电压极性而定的。

当门极 G 和主电极 T1 相对于主电极 T2 的电压为正，或门极 G 和主电极 T2 相对于主电极 T1 的电压为负时，双向晶闸管的导通方向从 T1 至 T2；当门极 G 和主电极 T2 相对于主电极 T1 的电压为正，或门极 G 和主电极 T1 相对于主电极 T2 的电压为负时，双向晶闸管的导通方向从 T2 至 T1。无论触发电压的极性如何，必须满足触发电流的要求，才能使其导通。一旦导通，即使撤掉触发电压，也能继续维持导通状态。只有当主电极 T1，T2 电流减小到维持电流以下或 T1，T2 间电压极性改变，且无触发电压时，双向晶闸管才阻断。

除普通晶闸管和双向晶闸管外，还有门极关断晶闸管、光控晶闸管、温控晶闸管等。

3. 晶体三极管

三极管是应用最广泛的器件之一，由两个 PN 结和 3 个电极组成，它对电信号有放大和开关等作用。三极管的种类很多，按制造材料分为锗管和硅管；按结构分为 PNP 型和 NPN 型；按工作频率分，低频管的工作频率在 3MHz 以下，高频管的工作频率可达几百兆赫，甚至更高。

(1) 主要参数

① 电流放大系数：用来表示晶体管的放大能力。有直流放大系数和交流放大系数之分。

直流放大系数(h_{FE})：是指在共发射极电路无交流信号输入时，晶体管集电极电流 I_C 与基极电流 I_B 的比值，一般用 h_{FE}或 $\bar{\beta}$ 表示。直流放大系数也经常用色点标注在晶体管的顶部，色点所代表的放大倍数见表 3-16。

表 3-16 色点代表的放大倍数

色点	棕	红	橙	黄	绿	蓝	紫	灰	白	黑
h_{FE}	0～15	15～25	25～40	40～55	55～80	80～120	120～180	180～270	270～400	400 以上

交流放大系数 h_{Fe}：是指在交流状态下，集电极电流变化量 ΔI_C 与基极电流变化量 ΔI_B 的比值，一般用 h_{Fe}或 β 表示。

β 和 h_{FE}两者关系密切，在低频时，两者较为接近，也可相等。但两者的含义是有区别的，在很多场合，β 并不等同于 h_{FE}，甚至相差很大，切勿将它们混淆。

② 耗散功率(P_M)：晶体管参数变化不超过规定允许值时的最大集电极耗散功率。

③ 特征频率(f_T)：是指 β 值降为 1 时晶体管的工作频率。

④ 最高振荡频率(f_M)：是指功率增益降为 1 时晶体管的工作频率。

⑤ 集电极最大电流(I_{CM})：是指集电极所允许通过的最大电流。

⑥ 最大反向电压：是指晶体管工作时所允许施加的最高工作电压。分为集电极-发射极反向击穿电压(U_{CEO})、集电极-基极反向击穿电压(U_{CBO})、发射极-基极反向击穿电压(U_{EBO})。

⑦ 集电极-基极反向电流(I_{CBO})：是发射结开路时，集电极与基极之间的反向电流。I_{CBO}对温度较敏感，该值越小，晶体管的温度特性越好。

⑧ 集电极-发射极反向击穿电流(I_{CEO})：是指基极开路时，集电极与发射极之间的反向漏电流，也称为穿透电流，该值越小，说明晶体管的性能越好。

(2) 常用晶体三极管

① 功率管：按其功率的不同分为大功率、中功率及小功率，又因其工作频率的不同分为高频管和低频管。功率管主要用于信号的功率放大。电路符号如图 3-30(a)所示。

② 开关管：开关晶体管是一种饱和与截止状态变换速度较快的晶体管，广泛用于各种脉冲电路、开关数字电路。电路符号如图 3-30(a)所示。

③ 光敏三极管：是具有放大能力的光—电转换三极管，常用于各种光控电路，电路符号如

图 3-30(b)所示。

④ 达林顿管：也称为复合晶体管，该管具有较大的电流放大系数及较高的输入阻抗。小功率达林顿管主要用于高增益放大电路或继电器驱动电路，大功率达林顿管主要用于音频功率放大、电源稳压、大电流驱动、开关控制等电路。电路符号如图 3-30(c)所示。

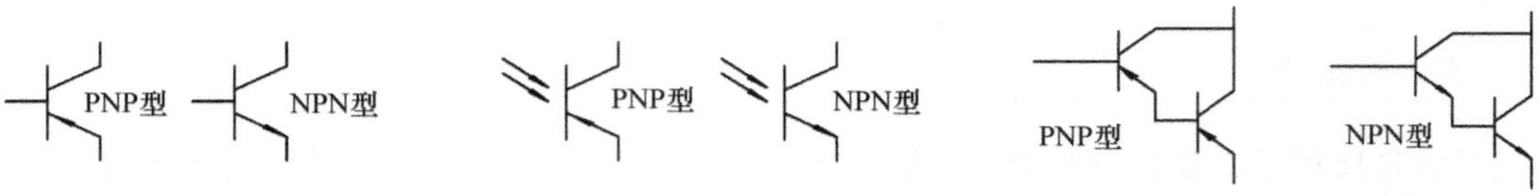

PNP型 NPN型 PNP型 NPN型 PNP型 NPN型

(a) 普通三极管 (b) 光敏三极管 (c) 达林顿管

图 3-30 部分晶体管电路符号

(3) 晶体管的选用

选用晶体管是一个很复杂的问题，它要根据电路的特点、晶体管在电路中的作用、工作环境与周围元器件的关系等多种因素进行选取，是一个综合设计问题。

① 选用的晶体管切勿使工作时的电压、电流、功率超过手册中规定的极限值，应根据设计原则选取一定的余量，以免烧坏管子。

② 对于大功率管，特别是外延型高频功率管，使用中的二次击穿会使功率管损坏。为了防止二次击穿，就必须大大降低管子的使用功率和电压，其安全工作区应由厂商提供，或由使用者进行一些必要的检测。

③ 选择晶体管的频率，应符合设计电路中的工作频率范围。

④ 根据设计电路的特殊要求，如稳定性、可靠性、穿透电流、放大倍数等，均应进行合理选择。

3.4 集成电路

集成电路就是将许多电阻、电容、晶体二极管、三极管等元器件，利用半导体工艺制作在一块极小的硅单晶片上，并连接成能完成特定功能的电子线路，这种新器件打破了电路的传统观念，实现了材料、元件、电路三位一体的功能。集成电路在体积、重量、耗电、寿命、可靠性及电性能指标方面，远远优于晶体管分立元件组成的电路，因而在电子设备、仪器仪表、计算机及家用电器中得到了广泛的应用。

3.4.1 集成电路的分类

集成电路的品种相当多，按其功能不同可分为模拟集成电路和数字集成电路两大类。前者用来产生、放大和处理各种模拟电信号，后者则用来产生、放大和处理各种数字电信号。

按其制作工艺不同，可分为半导体集成电路、膜集成电路和混合集成电路 3 类。半导体集成电路是采用半导体工艺技术，在硅基片上制作包括电阻、电容、晶体二极管、三极管等元器件，并具有某种电路功能的集成电路。膜集成电路是在玻璃或陶瓷片等绝缘物体上，以“膜”的形式制作电阻、电容等无源元件。根据膜的厚薄不同，膜集成电路可分为厚膜集成电路(膜厚 1～10μm)和薄膜集成电路(膜厚 1μm 以下)两种。

按集成度高低不同，可分为小规模集成电路、中规模集成电路、大规模集成电路和超大规模集成电路4类。

3.4.2 集成电路的命名

集成电路的品种、型号浩如烟海，难以计数，面对世界上如此飞速发展的电子产业，国际上对集成电路的型号命名无统一标准。各厂商或公司都按自己的一套命名方法来生产。这给识别集成电路型号带来了极大的困难，因此，在选择集成电路时要以相应产品手册为准。

我国集成电路型号的命名采用与国际接轨的准则，共由5部分组成，各部分的含义见表3-17。

表3-17 国产半导体集成电路命名

第零部分		第一部分		第二部分	第三部分		第四部分	
用字母表示器件符合国家标准		用字母表示器件类型		用数字表示器件的系列和品种代号	用字母表示器件的工作温度范围(℃)		用字母表示器件的封装	
符号	意义	符号	意义		符号	意义	符号	意义
C	中国制造	T	TTL	与国际接轨	C	0～70	W	陶瓷扁平
		H	HTL		E	−40～85	B	塑料扁平
		E	ECL		R	−55～85	F	全封闭扁平
		C	CMOS		M	−55～125	D	陶瓷直插
		F	线性放大器				P	塑料直插
		D	音响、电视电路				J	黑陶瓷直插
		W	稳压器				K	金属菱形
		J	接口电路				T	金属圆形
		B	非线性电路					
		M	存储器					
		μ	微型机电路					

示例

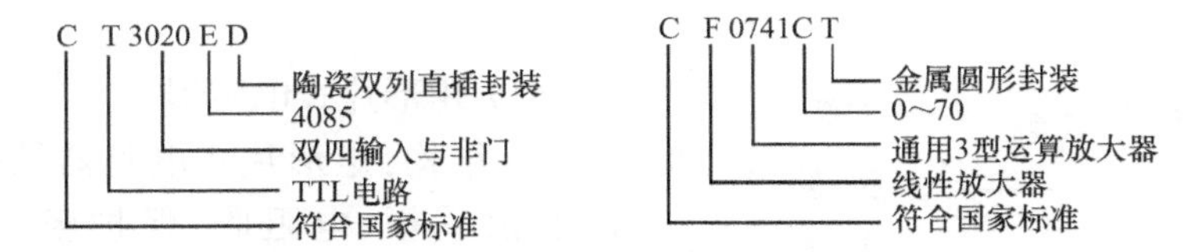

国外不同的集成电路制造厂家或公司，对产品有各自的型号命名方法，所使用的符号和数字都有特定的含义。大都用自己公司名称的缩写字母或者用公司的产品代号放在型号的开头，作为公司的标志，表示该公司的集成电路产品。从产品型号上可大致反映出该产品在制造工艺、性能、封装、等级等方面的基本特性和要求。例如，日本东芝公司产品型号用字母T开头，三菱公司产品型号用字母M开头，美国摩托罗拉公司产品型号用字母MC开头。对于此类集成电路，只要知道了该集成电路是哪个国家哪个公司的产品，按相应的集成电路手册查找即可。

3.5 表面安装元器件

随着电子技术的飞速发展及电子工艺制造技术的不断提高，电子元器件逐渐向体积小型化、制造安装自动化方向发展，从而出现了表面安装元件(SMC)和表面安装器件(SMD)，又称贴片式元器件。这种元器件是无引线或短引线的新型微小型元器件，在安装时不需要在印制板上打孔，而是直接安装在印制板表面上，采用这种元器件焊装的电路具有密度高、可靠性高、抗震性好、高频特性好（因减小了引线分布特性影响，降低了寄生电容和电感，增强了抗电磁干扰和射频干扰的能力）、便于自动化生产、使产品降低成本等优点。

3.5.1 表面安装元器件的分类

表面安装元器件按外形可分为矩形、圆柱形和异形 3 种，按元器件功能可分为无源元件（电阻、电容等）、有源元件（晶体管、集成电路等）和机电类 3 类。各种无源、有源和机电类表面安装元器件分类见表 3-18。

表 3-18 各种无源、有源和机电类元器件的分类

种 类	矩 形		圆 柱 形
无源元件	电阻器	厚膜电阻器、薄膜电阻器、敏感电阻器	碳膜、金属膜电阻
	电容器	陶瓷电容、云母电容、薄膜电容、电解电容、微调电容	陶瓷电容、钽电解电容
	电感器	线绕电感器、叠层电感器、可变电感器	线绕电感器
	电位器	电位器、微调电位器	
	敏感元件	热敏电阻器、压敏电阻器	
有源元件	二极管	塑封整流、稳压、开关、齐纳、变容二极管	玻璃封装二极管
	晶体管	塑封晶体管、三极管、塑封场效应管	
	集成电路	扁平封装、芯片载体	
机电元件	开关、连接器、继电器、薄型微电机		

3.5.2 表面安装元件

1. 电阻器

表面安装电阻器属于表面安装的无源元件，一般按两种方式进行分类。按特性及材料分类，有厚膜电阻器、薄膜电阻器、大功率线绕电阻器。按外形结构分类，有矩形片式电阻器、圆柱形电阻器、异形电阻器。

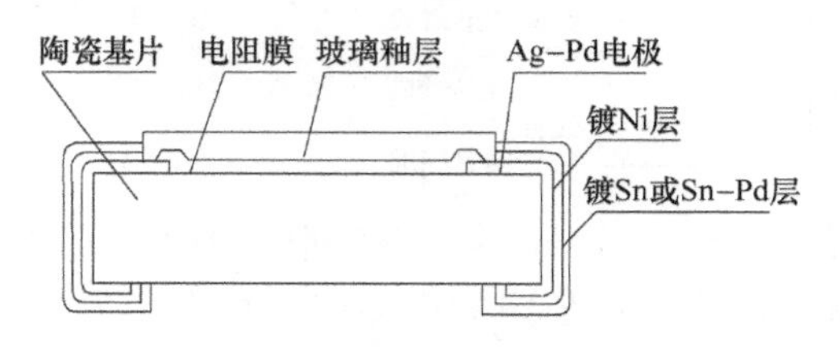

图 3-31 矩形片式电阻器的结构

（1）矩形片式电阻器

① 结构：矩形片式电阻器结构如图 3-31 所示，它由基板、电阻膜、保护膜、电极 4 大部分组成。

基板：基板大都采用 Al_2O_3 陶瓷制成，它必须具有良好的电绝缘性，还应在高温下具有良好的导热性、电性能和机械强度等。

电阻膜：电阻膜采用二氧化钌（RuO_2）电阻浆料印制在陶瓷基板上，经烧结而成。由于 RuO_2 成本比较高，近年来又采用了一些低成本的电阻浆料来降低成本，如碳化物系（WC－W）和 Cu 系材料等。

保护膜：保护膜一般是用低熔点的玻璃浆料覆盖在电阻膜上经烧结而成的，它主要保护电阻体和使电阻体表面具有绝缘性。

电极：为了使电阻器具有良好的可焊性和可靠性，电极一般采用 3 层结构，内层电极是连接电阻体的内部电极，应选择与电阻膜接触电阻小、与陶瓷基板结合力强的材料。一般用

Ag-Pd合金印刷、烧制而成。中间层电极是镀镍(Ni)层,又称阻挡层,主要作用是防止内电极脱落。外层电极为可焊层,它应具有良好的可焊性,一般采用铅锡合金(Sn-Pb)。

② 形状和尺寸。矩形片式电阻器的外形尺寸如图 3-32 所示,片式电阻器实用中多以形状尺寸(长×宽)来命名,图中给出的是(1/4)W 电阻的尺寸,常用不同瓦数的片式电阻的尺寸见表 3-19。

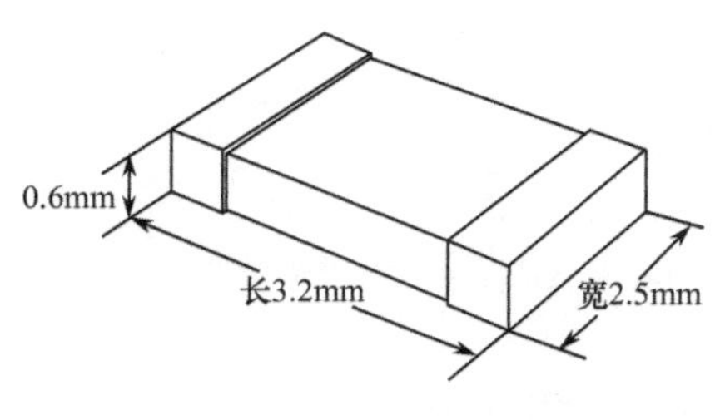

图 3-32　矩形片式电阻器外形尺寸

表 3-19　片式电阻功率表

型　　号	外形尺寸/mm(长×宽)	功率/W
1608	1.6×0.8	(1/16)W
3216	3.2×1.6	(1/8)W
3225	3.2×2.5	(1/4)W
4532	4.5×3.2	(1/2)W

③ 型号标识。矩形片式电阻的命名方法与所有片式元件一样,目前尚没有统一标准,各生产厂商自成系统,下面介绍两种常见的命名:国内 RI11 型矩形片式电阻器与美国电子工业协会(EIA)系列的命名方法。

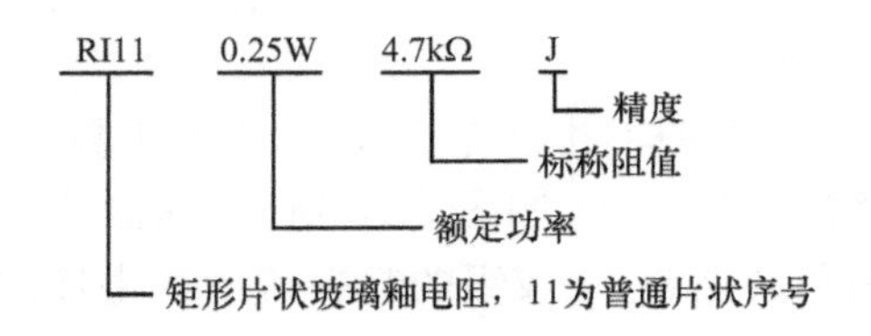

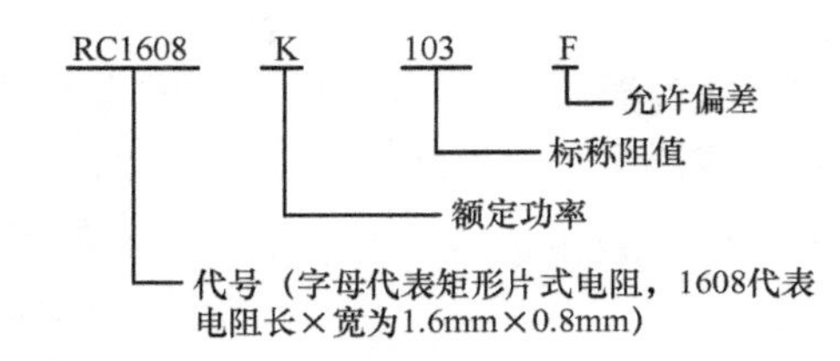

(2) 圆柱形电阻器

圆柱形电阻器是由带引线电阻去掉引线演变而来的,电阻体是在高铝陶瓷基体上涂金属膜或碳膜,在两端压上金属帽电极,在电阻体上采用刻螺纹槽的方法调整电阻值,并在表面涂上耐热漆密封,最后在上面涂上色码标志。结构外形如图 3-33所示,目前常用的圆柱形电阻器额定功率有 1/10W,1/8W,1/4W 3 种,对应的尺寸(直径×长)分别是 ϕ2mm×2.0mm,ϕ1.5mm×3.5mm,ϕ2.2mm×5.9mm,电阻的标注一般用色码法,与圆柱形带引线电阻一样。圆柱形电阻与矩形电阻相比,其高频特性较差,但噪声较小。

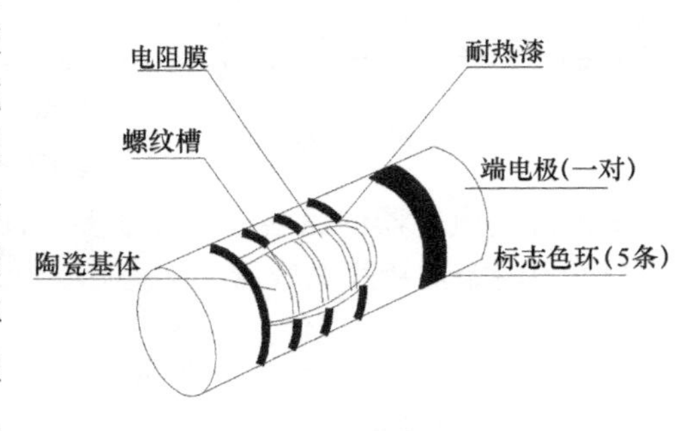

图 3-33　圆柱形电阻器结构

2. 电位器

片式电位器结构如图 3-34 所示,它包括片状的、圆柱形的或其他无引线扁平结构的各类电位器。主要采用玻璃釉作为电阻体材料,其特点是:体积小,一般为 4mm×5mm×2.5mm;重量轻,仅 0.1～0.2g;高频特性好,使用频率可超过 100MHz;阻值范围宽,10～100Ω;温度系数小;额定功率一般有 1/2W、1/10W、1/8W、1/5W、1/4W 和 1/2W 6 种;最大电刷电流 100mA。

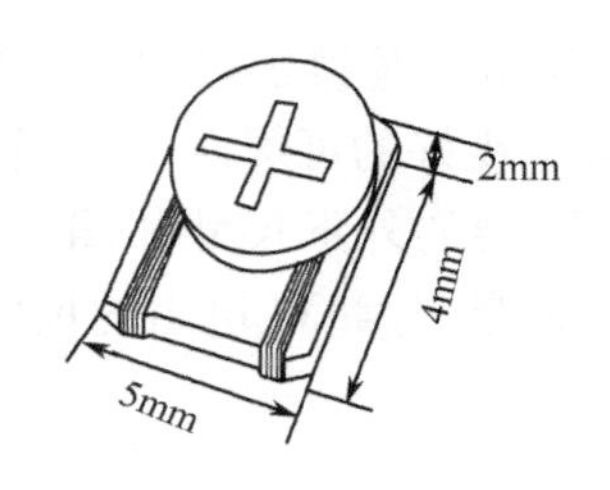

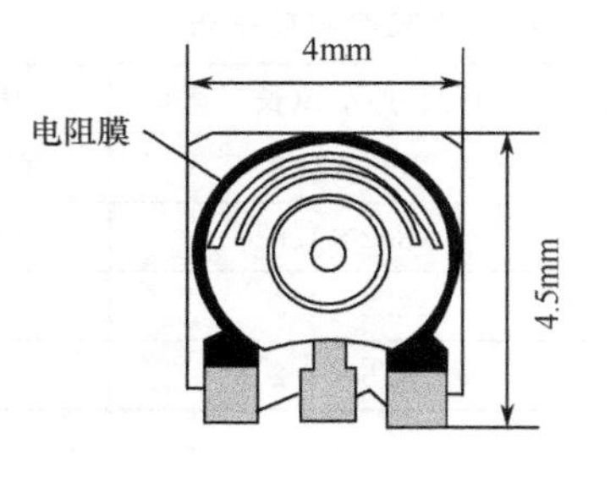

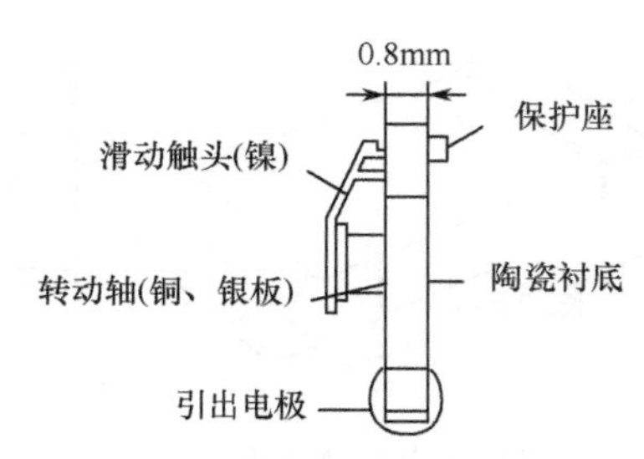

图 3-34　片式电位器结构

3. 电容器

表面安装电容器简称片式电容器，目前生产和应用比较多的主要有两种：陶瓷系列（瓷介）电容器和钽电容器。其中，瓷介电容器的占有量约为80%以上。

瓷介电容器又分矩形和圆柱形两种，圆柱形是单层结构，生产量比较少，矩形少数为单层，大多数为多层叠层结构，如图 3-35 所示，在制作时将作为内电极材料的白金、钯或银的浆料印制在生坯陶瓷膜上，经叠层烧结后，再涂覆外电极。内电极一般采用交替层叠的形式，根据电容量的需要，少则二、三层，多则数十层。它以并联方式与两端面的外电极连接，分成左右两个外电极端。外电极的结构与片式电阻器一样，也采用 3 层结构。

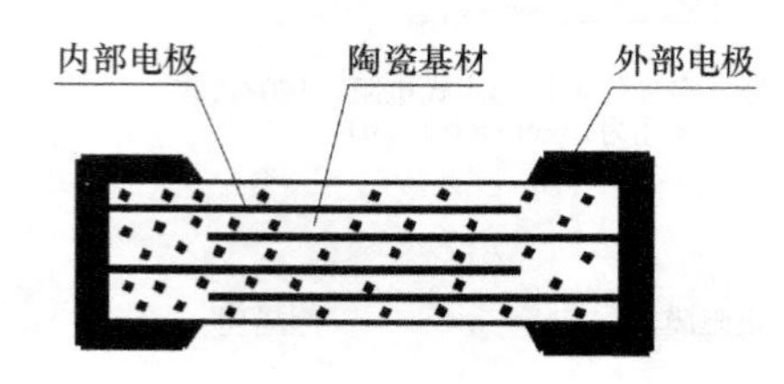

图 3-35　片式电容器结构

矩形片式电容器的命名方法有很多种，比较常见的有：

(1) 国内矩形片式电容器

CC3225	CH	331	K	101	WT
代号	温度系数	容量	误差	耐压	包装

(2) 美国 Presidio 公司系列

CC1210	NOP	151	J	2T
代号	温度系数	容量	误差	耐压

在命名方法中，代号中的字母表示矩形片式陶瓷电容器，4 位数字表示电容器的长和宽，它的形状、尺寸和矩形片式电阻器基本一样。

温度系数是由电容器所用的介质决定的，介质材料主要有 3 种：NOP，X7R，Z6U。NOP 的主要成分是氧化钛（TiO_2）构成的非铁电材料，其线性特征受温度的影响很小，电气性能比较稳定，一般用于要求较高的电路中。

容量的命名与普通电容的命名方法一样，如 331 表示 330pF，2P2 表示 2.2pF。

误差部分字母的含义是：C 为±0.25pF，D 为±0.5pF，F 为±1%，J 为±5%，K 为±10%，M 为±20%。

电容器的耐压一般有 50V，100V，200V，300V，500V，1000V 等几种。

4. 电感器

(1)线绕型

这是一种小型的通用电感，是在一般线绕电感的基础上改进的，如图 3-36 所示，电感量是由铁氧体线圈架的导磁率和线圈的圈数决定的。它的优点是电感量范围宽、精度高。缺点是这种电感是开磁型的结构，易漏磁，体积比较大。线绕型片式电感器的典型产品参数见表 3-20。

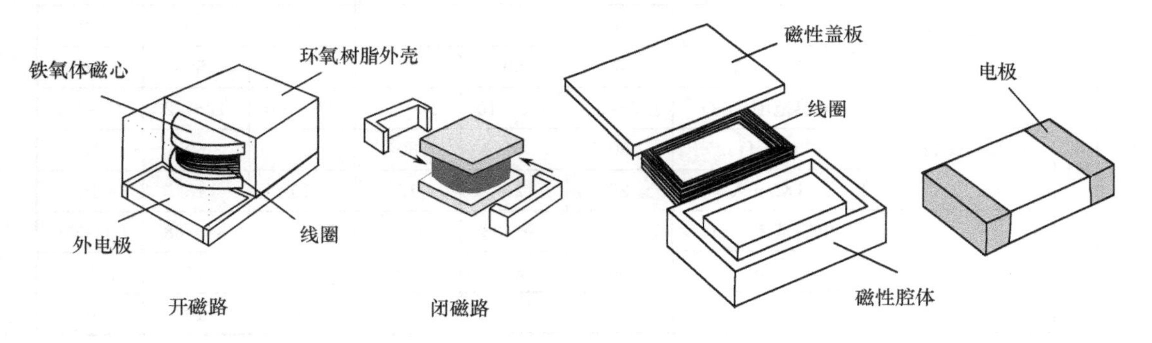

(a)工字形结构的示意图　　(b)腔体结构的示意图

图 3-36　线绕型片式电感器结构

表 3-20　线绕型片式电感器典型参数

型　　号	电感值(μH)	允许偏差(%)	Q 值	固有谐振频率/(MHz)	额定电流(mA)	备　　注
LQN5N100K	10	±10	40(min)	33	270	$R_{DC}\Omega$
LQN5N330K	30	±10	40(min)	11	200	
LQN5N101K	100	±10	40(min)	7.0	150	
LQN5N331K	330	±10	40(min)	3.6	90	
43CSCROL	1～470					
502531	1～1000	±3～±5			150～300	
NL	0.1～1000		40～70		10～30	

(2)叠层型电感

它是由铁氧体浆料和导电浆料相间形成叠层结构，经烧结形成的，其结构如图 3-37 所示。其结构特点是闭路磁路，所以它具有没有漏磁、耐热性好、可靠性高、体积小等特点，适用于高密度的表面组装，但是它的 Q 值较低，电感量也比较小。常用叠层型片式电感器的尺寸及特性见表 3-21。

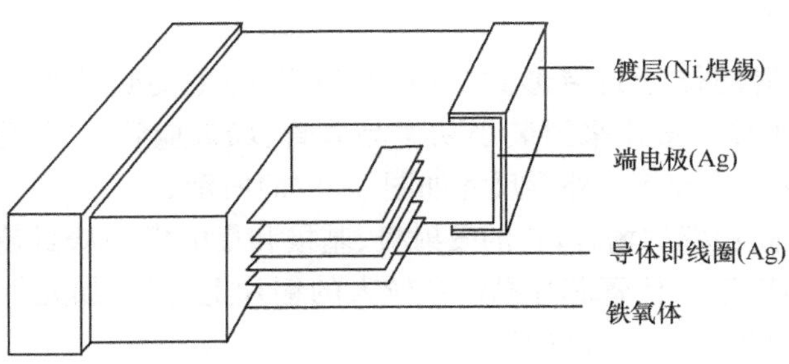

图 3-37　叠层型片式电感器结构

表 3-21　叠层型片式电感器的尺寸与特性

尺寸(长×宽)(mm×mm)			3.2×1.6		3.2×2.5		4.5×3.2	
厚度(mm)			0.6	1.1	1.1	2.5	1.1	2.2
材料	D (f—Q 峰值，100MHz)	电感范围(μH)	0.05～0.33	0.39～1.2	1.5～3.3	3.9～12	1.5～3.3	3.9～12
		Q(ref)	30	20	40	40	40	40
		DC/mA	100	100	100	100	100	50
	A(10MHz)	电感范围(μH)	0.15～1.2	1.5～4.7	5.6～10	12～47	5.6～10	12～47
		Q(ref)	30	40	50	50	50	50
		DC/mA	100	50	50	50	50	50
	E(5MHz)	电感范围(μH)	1.2～2.7	3.3～10	12～22	27～100	12～22	27～100
		Q(ref)	50	50	60	60	60	60
		DC/mA	25	25	15	10	15	10
	C(1MHz)	电感范围(μH)	1.0～8.2	10～33	39～68	82～330	39～68	80～330
		Q(ref)	50	50	50	50	50	50
		DC/mA	10	10	10	10	10	10

3.5.3　表面安装器件

表面安装器件主要有半导体晶体二极管、三极管、场效应管、各种集成电路及特种半导体器件，如光敏、压敏、磁敏等器件。它们与普通插焊元器件相比主要是封装上的区别。

1. 表面安装二极管

表面安装二极管有圆柱形和矩形片式两种封装形式。

(1) 圆柱形封装

这种封装结构是将二极管芯片装入有内部电极的玻璃管内，两端装上金属帽作为正负极。目前常用的圆柱形封装尺寸有 ϕ1.5mm × 3.5mm 和 ϕ2.7mm × 5.2mm 两种。功耗一般在 350～1000mW 之间，正负极用色环来标注。

(2) 矩形片式封装

矩形片式二极管的封装如图 3-38 所示。

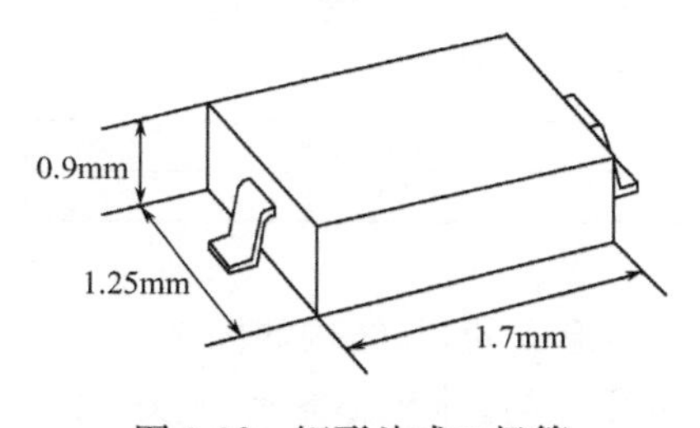

图 3-38　矩形片式二极管

2. 表面安装三极管

三极管主要用塑料晶体管封装形式(SOT)，SOT 的主要封装形式有 SOT23，SOT89，SOT252 等，其中，SOT23 一般用来封装小功率晶体管、场效应管、二极管和带电阻网络的复合晶体管，功耗为 150～300mW。外形尺寸如图 3-39(a)所示。

SOT89 适用于较高功率的场合，它的发射极、基极和集电极是从封装的一侧引出，封装底面有散热片和集电极连接，晶体管芯片黏贴在较大的铜片上，以增加元件的散热能力，它的功耗为 300mW～2W。外形如图 3-39(b)所示。

SOT252 一般用来封装大功率器件、达林顿晶体管、高反压晶体管，功耗为 2～50W。

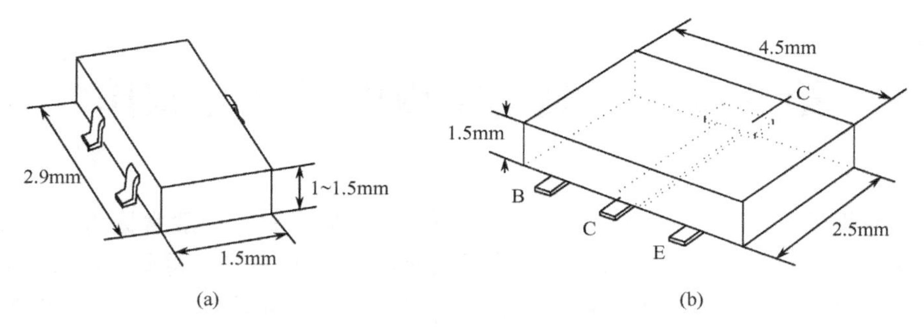

图 3-39　表面安装三极管

3. 表面安装集成电路

表面贴装集成电路有多种封装形式，有小外形封装集成电路(SOP)、塑料有引线芯片载体(PLCC)、方形扁平封装芯片载体(QFP)等多种。

(1) 小外形封装集成电路(SOP)

这种集成电路的引线在封装体的两侧，引线的形状有翼形、J形、I形，如图 3-40 所示。其中，翼形引线的焊接比较容易，生产、测试也比较方便，但占用 PCB 的面积大。J 形引线就能节省较多的 PCB 面积，从而可以提高装配密度。SOP 常用的引线间距有 1.27，1.0 和 0.76mm，引线数为 8～56 条。

图 3-40　SOP 的 3 种引线形式

(2) 塑料有引线芯片载体(PLCC)

PLCC 的形状有正方形和长方形两种，引线在封装体的四周并且采用向下弯曲的"J"形引线，如图 3-41 所示，采用这种封装比较省 PCB 的面积，但检测比较困难，这种封装一般用在计算机、专用集成电路(ASIC)、门阵列电路等处。

(3) 方形扁平封装芯片载体(QFP)

QFP 封装也有正方形和长方形两种，如图 3-42 所示，其引线用合金制成，引线间距有 1.27，1.0，0.8，0.65，0.5，0.4，0.3mm 等多种，引线形状有翼形、J 形、I 形，引线数常用的有 44～160条。

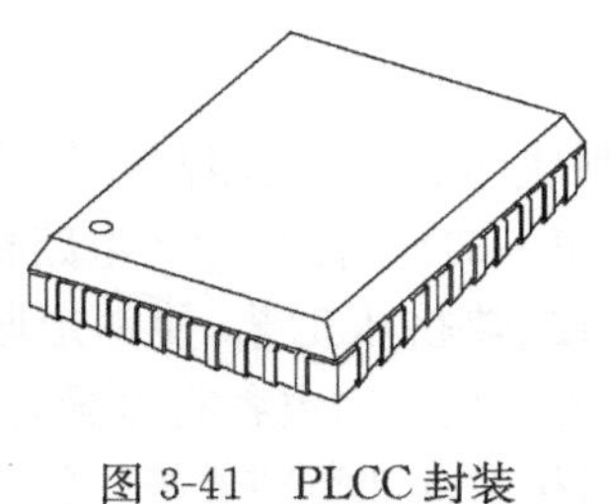

图 3-41　PLCC 封装

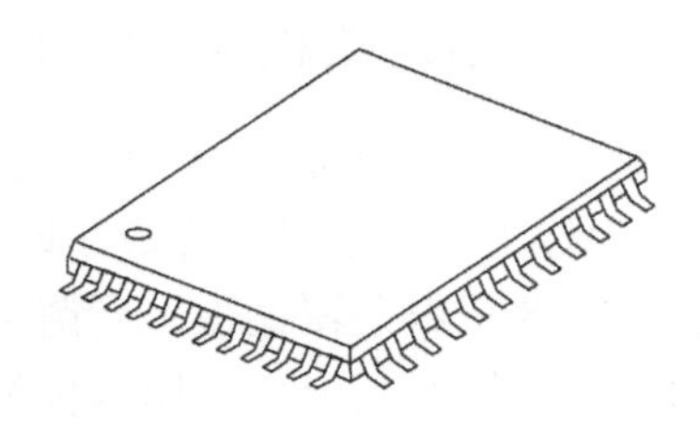

图 3-42　QFP 封装

第4章　印制电路板的设计与制作

印制电路板(PCB,Printed Circuit Board)也称为印刷电路板,一般常称为印制板或PCB。它是由绝缘基板、印制导线、焊盘和印制元件组成的,是电子设备中的重要组成部分,被广泛地用于家用电器、仪器仪表、计算机等各种电子设备中。它可以实现电路中各个元器件之间的电气连接或电气绝缘,可提供电路中各种元器件的固定、装配的机械支撑,为元器件插装、检查、维修提供识别字符和图形。由于同类印制板具有良好的一致性,可以采用标准化设计,有利于装备生产的自动化,保证了产品的质量,提高了劳动生产率,降低了成本。

随着电子产品向小型化、轻量化、薄型化、多功能和高可靠性的方向发展,对印制电路板的设计提出了越来越高的要求。从过去的单面板发展到双面板、多层板、挠性板,其精度、布线密度和可靠性不断提高。不断发展的印制电路板制作技术使电子产品设计、装配走向了标准化、规模化、机械化和自动化的时代。掌握印制电路板的基本设计方法和制作工艺,了解生产过程是学习电子工艺技术的基本要求。

4.1　印制电路板基础知识

印制电路板最早使用的是单面纸基覆铜板,自从半导体晶体管出现以来,对印制电路板的需求量急剧上升。特别是集成电路的迅速发展及其广泛应用,使电子设备的体积越来越小,电路布线密度及难度越来越大,对覆铜板的要求越来越高。覆铜板也由原来的单面纸基覆铜板发展到环氧覆铜板、聚四氟乙烯覆铜板和聚酰亚胺柔性覆铜板。新型覆铜板的出现,使印制电路板不断更新,结构和质量不断提高。目前,计算机辅助设计(CAD)印制电路板的应用软件已经普及推广,在专业化的印制板生产厂家中,新的设计方法和工艺不断出现,机械化、自动化生产已经完全取代了手工操作。

印制电路板设计通常有两种方式:一种是人工设计,另一种是计算机辅助设计。无论采用哪种方式,都必须符合原理图的电气连接和产品电气性能、机械性能的要求,符合相应的国家标准要求。

4.1.1　印制电路板的材料及分类

在绝缘基材的覆铜板上,按预定设计,用印制的方法制成印制线路、印制元件或两者组合而成的电路,称为印制电路。完成了印制电路或印制线路加工的板,称为印制电路板。制造印制电路板的主要材料是覆铜板。所谓覆铜板,就是经过黏接、热挤压工艺,使一定厚度的铜箔牢固地附着在绝缘基板上。所用基板材料及厚度不同,铜箔与黏合剂也各有差异,制造出来的覆铜板在性能上就有很大差别。板材通常按增强材料类别和黏合剂类别或板材特性分类。常用的增强材料有纸、玻璃布、玻璃毡等。黏合剂有酚醛、环氧树脂、聚四氟乙烯和聚酰亚胺等。在设计选用时,应根据产品的电气特性和机械特性及使用环境,选用不同种类的覆铜板。同时,应满足国家(部)标准。

1. 覆铜板的种类

(1) 酚醛纸基覆铜箔层压板

酚醛纸基覆铜箔层压板是由绝缘浸渍纸或棉纤维浸以酚醛树脂，两面为无碱玻璃布，在其一面或两面覆以电解紫铜箔，经热压而成的板状纸品。此种层压板的缺点是机械强度低、易吸水和耐高温性能差(一般不超过 100℃)，但由于价格低廉，广泛用于低档民用电器产品中。

(2) 环氧纸基覆铜箔层压板

环氧纸基覆铜箔层压板与酚醛纸基覆铜箔层压板不同的是，它所使用的黏合剂为环氧树脂，性能优于酚醛纸基覆铜板。由于环氧树脂的黏结能力强，电绝缘性能好，又耐化学溶剂和油类腐蚀，机械强度、耐高温和潮湿性较好，但价格高于酚醛纸板。广泛应用于工作环境较好的仪器、仪表及中档民用电器中。

(3) 环氧玻璃布覆铜箔层压板

此种覆铜箔板是由玻璃布浸以双氰胺固化剂的环氧树脂，并覆以电解紫铜，经热压而成的。这种覆铜板基板的透明度好，耐高温和潮湿性优于环氧纸基覆铜板，具有较好的冲剪、钻孔等机械加工性能。被用于电子工业、军用设备、计算机等高档电器中。

(4) 聚四氟乙烯玻璃布覆铜箔层压板

此种覆铜板具有优良的介电性能和化学稳定性，介电常数低，介质损耗低，是一种耐高温、高绝缘的新型材料。应用于微波、高频、家用电器、航空航天、导弹、雷达等产品中。

(5) 聚酰亚胺柔性覆铜板

其基材是软性塑料(聚酯、聚酰亚胺、聚四氟乙烯薄膜等)，厚度约 0.25～1mm。在其一面或两面覆以导电层以形成印制电路系统。使用时将其弯成适合形状，用于内部空间紧凑的场合。如硬盘的磁头电路和数码相机的控制电路。

2. 覆铜板的非电技术标准

覆铜板质量的优劣直接影响印制板的质量。衡量覆铜板质量的主要非电技术标准有以下几项。

① 抗剥强度：使单位宽度的铜箔剥离基板所需的最小力(单位为 kg/mm)，用这个指标来衡量铜箔与基板之间的结合强度。此项指标主要取决于黏合剂的性能及制造工艺。

② 翘曲度：单位长度的扭曲值，这是衡量覆铜板相对于平面的不平度指标，取决于基板材料和厚度。

③ 抗弯强度：覆铜板所承受弯曲的能力。以单位面积所受的力来计算(单位为 Pa)。这项指标取决于覆铜板的基板材料和厚度，在确定印制板厚度时应考虑这项指标。

④ 耐浸焊性：将覆铜板置入一定温度的熔融焊锡中停留一段时间(一般为 10s)后铜箔所承受的抗剥能力。一般要求铜板不起泡、不分层。如果浸焊性能差，印制板在经过多次焊接时，可能使焊盘及导线脱落。此项指标对电路板的质量影响很大，主要取决于绝缘基板材和黏合剂。

除上述几项指标外，衡量覆铜板的技术指标还有表面平滑度、光滑度、坑深、介电性能、表面电阻、耐氰化物等，其相关指标可参考相关手册。

3. 印制电路板分类

印制电路板的种类很多，一般情况下可按印制导线和机械特性划分。

(1) 按印制电路的分布划分

① 单面印制板。只在绝缘基板的一面覆铜,另一面没有覆铜的电路板。单面板只能在覆铜的一面布线,另一面放置元器件。它具有不需打过孔、成本低的优点,但因其只能单面布线,使实际的设计工作往往比双面板或多层板困难得多。它适用于电性能要求不高的收音机、电视机、仪器仪表等。

② 双面印制板。在绝缘基板的顶层和底层两面都有覆铜,中间为绝缘层。双面板两面都可以布线,一般需要由金属化孔连通。双面板可用于比较复杂的电路,但设计工作并不一定比单面板困难,因此被广泛采用,是现在最常见的一种印制电路板。它适用于电性能要求较高的通信设备、计算机和电子仪器等产品。由于双面印制电路的布线密度高,某种程度上可减小设备的体积。

③ 多层印制板。多层板是指具有 3 层或 3 层以上导电图形和绝缘材料层压合而成的印制板,包含了多个工作层面。它是在双面板的基础上增加了内部电源层、内部接地层及多个中间布线层。当电路更加复杂,双面板已经无法实现理想的布线时,采用多层板就可以很好地解决这一困扰。多层板可以使集成电路的电气性能更合理,使整机小型化程度更高。

(2) 按机械特性划分

① 刚性板。具有一定的机械强度,用它装成的部件具有一定的抗弯能力,在使用时处于平展状态。主要在一般电子设备中使用。酚醛树脂、环氧树脂、聚四氟乙烯等覆铜板都属刚性板。

② 柔性板,也叫挠性板。柔性板是以软质绝缘材料(如聚酰亚胺或聚酯薄膜)为基材而制成的,铜箔与普通印制板相同,使用黏合力强、耐折叠的黏合剂压制在基材上。表面用涂有黏合剂的薄膜覆盖,防止电路和外界接触引起短路和绝缘性下降,并能起到加固作用。使用时可以弯曲,减小使用空间。

③ 刚挠(柔)结合板。采用刚性基材和挠性基材结合组成的印制电路板,刚性部分用来固定元器件作为机械支撑,挠性部分折叠弯曲灵活,可省去插座等元件。

4.1.2 印制电路板设计前的准备

印制电路板作为电子设备中一个重要的组装部件,是整机工艺设计中的重要一环。设计质量不仅关系到元器件在焊接装配、调试中是否方便,而且直接影响到整机的技术性能。

印制电路板设计不像电路原理图设计那样需要严谨的理论和精确的计算,但在设计中应遵守一定的规范和原则。印制电路设计主要是排版设计,设计前应对电路原理及相关资料进行分析,熟悉原理图中出现的每一个元器件,掌握每个元器件的外形尺寸、封装形式、引脚的排列顺序、功能及形状,确定哪些元器件因发热而需要安装散热装置,哪些元器件装在板上,哪些装在板外;找出线路中可能产生的干扰,以及易受外界干扰的敏感器件;确定覆铜板材及印制板的种类;了解印制板的工作环境等。

1. 覆铜板板材、板厚、形状及尺寸的确定

(1) 选择板材

在设计选用时,应根据产品的电气特性和机械特性及使用环境选用不同的覆铜板。主要依据是:电路中有无发热元器件(如大功率元器件)及电路的工作频率;结构要求印制电路板在电器中的放置方式(垂直或水平)及板上有无质量较重的器件;是否工作在潮湿、高温的环境中。覆铜板的选用将直接影响电器的性能及使用寿命。

(2) 印制板厚度的确定

在选择板的厚度时，主要根据印制板尺寸和所选元器件的重量及使用条件等因素确定。如果印制板的尺寸过大和所选元器件过重时，应适当增加印制板的厚度，如印制板连接采用直接式插座连接时，板厚一般选 1.5mm。在国家标准中，覆铜板的厚度有系列标准值，选用时应尽量采用标准厚度值。

(3) 印制板形状的确定

印制板的形状通常与整机结构和内部空间有关，一般采用长宽比例不太悬殊的长方形，可简化成形加工。若采用异形板，将会增加制板难度和加工成本。

(4) 印制板尺寸的确定

印制板尺寸的确定要考虑到整机的内部结构和印制板上元器件的数量、尺寸及安装排列方式，板上元器件的排列彼此间应留存一定的间隔，特别在高压电路中，要注意留存足够的安全间距，在考虑元器件所占面积时，要注意发热元器件需安装散热器的尺寸，在确定印制板的净面积后，还应向外扩出 5～10mm(单边)，以便于印制板在整机安装中固定。

2. 选择对外连接方式

印制电路板是整机中的一个组成部分，因此，存在印制板与印制板间、印制板与板外元器件之间的连接问题。要根据整机结构选择连接方式，总的原则是：连接可靠，安装调试维修方便。

(1) 焊接方式

① 导线焊接：如图 4-1 所示是一种操作简单，价格低廉且可靠性高的一种连接方式，连接时不需任何接插件，只需用导线将印制板上的对外连接点与板外元器件或其他部件直接焊牢即可。

其优点是成本低、可靠性高，可避免因接触不良而造成的故障。缺点是维修调试不方便。一般适用于对外引线较少的场合，如收音机中的喇叭、电池盒等。

焊接时应注意：印制板的对外焊接导线的焊盘应尽可能在印制板边缘，并按统一尺寸排列，以利于焊接与维修；为提高导线与板上焊盘的机械强度，引线应通过印制板上的穿线孔，再从印制板的元件面穿过焊盘；将导线排列或捆扎整齐，通过线卡或其他紧固件将导线与印制板固定，避免导线移动而折断。

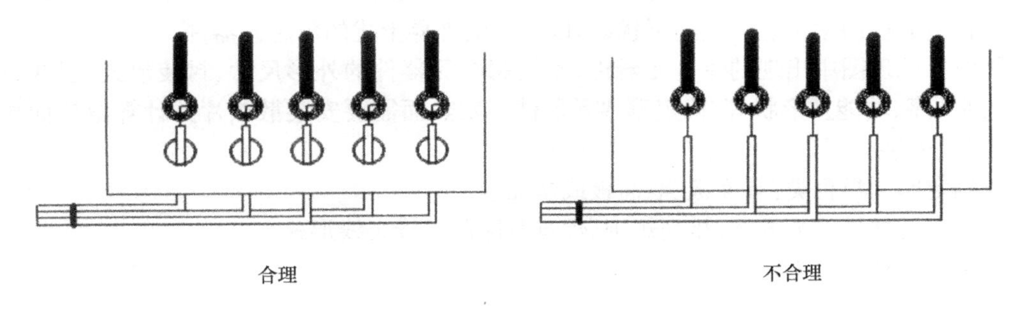

图 4-1　线路板对外导线焊接

② 排线焊接：如图 4-2 所示。两块印制板之间采用排线连接，既可靠又不易出现连接错误，且两块印制板的相对位置不受限制。

③ 印制板之间直接焊接：如图 4-3 所示。此方式常用于两块印制板之间为 90°夹角的连接，连接后成为一个整体印制板部件。

图 4-2　印制板间排线焊接

图 4-3　印制板间直接焊接

(2) 插接器连接方式

在较复杂的电子仪器设备中，为了安装调试方便，经常采用插接器的连接方式。如图 4-4 所示，这是在电子设备中经常采用的连接方式，这种连接是将印制板边缘按照插座的尺寸、接点数、接点距离、定位孔的位置进行设计做出印制板插头，使其与专用印制板插座相配。

这种连接方式的优点是可保证批量产品的质量，调试、维修方便。缺点是因为触点多，所以可靠性比较差。在印制板制作时，为提高性能，插头部分根据需要可进行覆涂金属处理。

适用于印制板对外连接的插头、插座的种类很多，其中常用的几种为矩形连接器、口型连接器、圆形连接器等。如图 4-5 所示。一块印制电路板根据需要可有一种或多种连接方式。

图 4-4　插接器连接

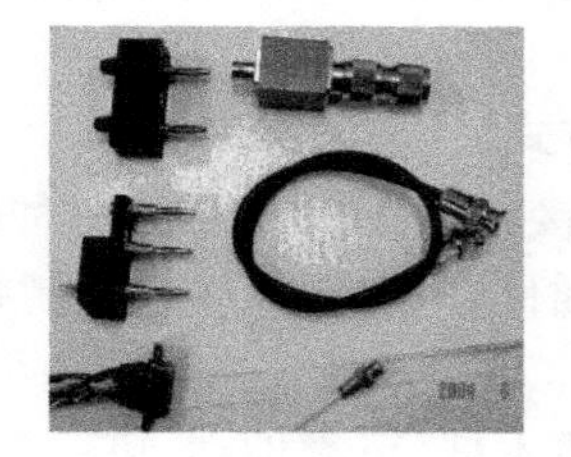

图 4-5　插接器

3. 电路原理及性能分析

任何电路都存在着自身及外界的干扰，这些干扰对电路的正常工作将造成一定的影响。设计前必须对电路原理进行认真的分析，并了解电路的性能及工作环境，充分考虑可能出现的各种干扰，提出抑制方案。通过对原理图的分析应明确以下几点。

① 找出原理图中可能产生的干扰源，以及易受外界干扰的敏感元器件。

② 熟悉原理图中出现的每个元器件，掌握每个元器件的外形尺寸、封装形式、引线方式、引脚排列顺序、功能及形状等，确定哪些元器件因发热而需要安装散热片并计算散热面积，确定元器件的安装位置。

③ 确定印制板种类：单面板、双面板或多面板。

④ 确定元器件安装方式、排列规则、焊盘及印制导线布线形式。

⑤ 确定对外连接方式。

4.2　印制电路板的排版设计

一台性能优良的仪器，除选择高质量的元器件和合理的电路外，印制电路板的组件布局和电气连线方式及正确的结构设计是决定仪器能否正常工作的一个关键问题。对同一种组件和参数的电路，由于元件布局设计和电气连线方式（方向）的不同会产生不同的结果。因而，必须把如何正确设计印制电路板和正确选择布线方向及整体仪器的工艺结构三方面联合起来考虑。合理的工艺结构，既可消除因布线不当而产生的干扰，同时便于生产中的安装、调试与检修等。

排版设计不是单纯将元器件通过印制导线依照原理图简单连接起来，而是要采取一定的抗干扰措施，遵守一定的设计原则。在设计中考虑的最重要因素是可靠性高，调试维修方便。但是这些因素并非印制电路本身固有的，而是通过合理的印制电路设计，正确地选择制作材料和采用先进的制造技术，整个系统才具有这些性能。

4.2.1 印制电路板的设计原则

目前电子设备仍然以印制电路板为主要装配方式。实践证明，即使电路原理图设计正确，印制电路板设计不当，也会对电子设备的可靠性产生不利影响。例如，如果印制板两条细平行线靠得很近，则会形成信号波形的延迟，在传输线的终端形成反射噪声，影响设备正常工作。这里将介绍印制电路设计与布局的一般原则，力求使设计者掌握印制电路板设计的基础知识，使排版设计更合理。

1. 按照信号流向及功能布局

在整机电路布局时，将整个电路按功能划分成若干个电路单元，按照电信号的流动，逐次安排功能电路单元在印制板上的位置，使布局便于信号流通，并尽可能使信号流向保持一致。

2. 特殊元器件的布局

所谓特殊元器件是指那些从电、热、磁、机械强度等方面对整机性能产生影响的元器件。元器件在印制板上布局时，要根据元器件确定印制板的尺寸。在确定 PCB 尺寸后，再确定特殊元器件的位置。最后，根据电路的功能单元，对电路的全部元器件进行布局。

在确定特殊元器件的位置时要遵守以下几项原则。

① 高频元器件之间的连线应尽可能缩短，以减少它们的分布参数和相互间的电磁干扰，易受干扰的元器件之间不能矩离太近。

② 对某些电位差较高的元器件或导线，应加大它们之间的距离，以免放电引出意外短路。带高压的元器件应尽量布置在调试时手不易触及的地方。

③ 重量较大的元器件，安装时应加支架固定，或应装在整机的机箱底板上。对一些发热元器件应考虑散热方法，热敏元件应远离发热元件。

④ 对可调元器件的布局应考虑整机的结构要求，其位置布设应方便调整。

⑤ 在印制板上应留出定位孔及固定支架所占用的位置。

根据电路的功能单元，对电路的全部元器件进行布局时，要符合以下原则：

① 按照电路的流程安排各个功能电路单元的位置，使布局便于信号流通，并使信号尽可能保持方向一致；

② 以每个功能电路的核心元器件为中心，围绕它来进行布局；

③ 在高频下工作的电路，要考虑元器件之间的分布参数。

3. 布线的原则

① 印制导线的宽度要满足电流的要求且布设应尽可能短，在高频产品中更应如此。

② 印制导线的拐弯应成圆角。直角或尖角在高频电路和布线密度高的情况下会影响电气性能。

③ 高频电路应采用岛形焊盘，并采用大面积接地布线。

④ 当双面板布线时，两面的导线宜相互垂直、斜交或弯曲走线，避免相互平行，以减小寄生耦合。

⑤ 电路中的输入及输出印制导线应尽量避免相邻平行，以免发生干扰，在这些导线之间最好加接地线。

⑥ 充分考虑可能产生的干扰，并同时采取相应的抑制措施。良好的布线方案是仪器可靠工作的重要保证。

4.2.2 印制电路板干扰的产生及抑制

干扰现象在电器设备的调试和使用中经常出现，其原因是多方面的，除外界因素造成干扰外，印制板布线不合理、元器件安装位置不当等都可能产生干扰。如果这些干扰在排版设计时不给予重视并加以解决的话，将会使设计失败，电器设备不能正常工作。因此，在印制板排版设计时，就应对可能出现的干扰及抑制方法加以讨论。

1. 地线干扰的产生及抑制

任何电路都存在一个自身的接地点（不一定是真正的大地），电路中接地点在电位的概念中表示零电位，其他电位均相对这一点而言。但是在印制电路中，印制板上的地线并不能保证是绝对零电位，而往往存在一定数值，虽然电位可能很小，但是由于电路的放大作用，这小小的电位就可能产生影响电路性能的干扰。

为克服地线干扰，在印制电路设计中，应尽量避免不同回路电流同时流经某一段共用地线，特别是在高频电路和大电流电路中，更要注意地线的接法。在印制电路的地线设计中，首先要处理好各级的内部接地，同级电路的几个接地点要尽量集中（称一点接地），以避免其他回路的交流信号窜入本级，或本级中的交流信号窜到其他回路中。

在处理好同级电路接地后，在设计整个印制板上的地线时，防止各级电流的干扰的主要方法有以下几种。

（1）正确选择接地方式

在高增益、高灵敏度电路中，可采用一点接地法来消除地线干扰。如一块印制板上有几个电路（或几级电路）时，各电子电路（各极）地线应分别设置（并联分路），并分别通过各处地线汇集到电路板的总接地点上，如图 4-6(a)所示。这只是理论上的接法，在实际设计时，印制电路的地线一般设计在印制板的边缘，并较一般印制导线宽，各级电路采取就近并联接地。

（2）将数字电路地与模拟电路地分开

在一块印制板上，如同时有模拟电路和数字电路，两种电路的地线应完全分开，供电也要完全分开，以抑制它们相互干扰。

（3）尽量加粗接地线

若接地线很细，接地点电位则随电流的变化而变化，致使电子设备的定时信号电平不稳，抗噪声性能变坏。因此，应将接地线尽量加粗，使它能通过三倍于印制电路板的允许电流。

(4) 大面积覆盖接地

在高频电路中，设计时应尽量扩大印制板上的地线面积，以减少地线中的感抗，从而削弱在地线上产生的高频信号，同时，大面积接地还可对电场干扰起到屏蔽作用。如图 4-6(b)所示。

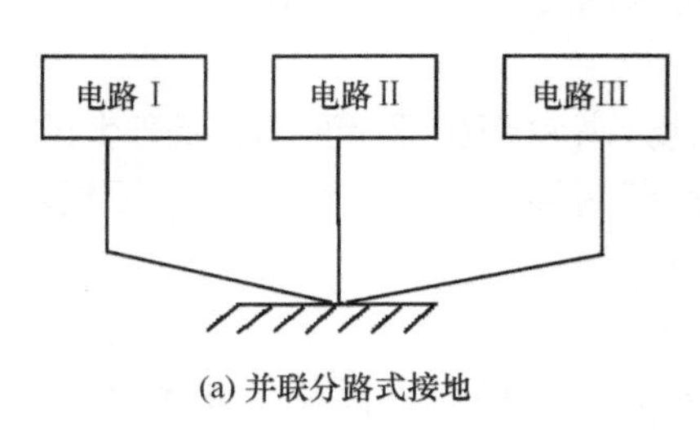

(a) 并联分路式接地

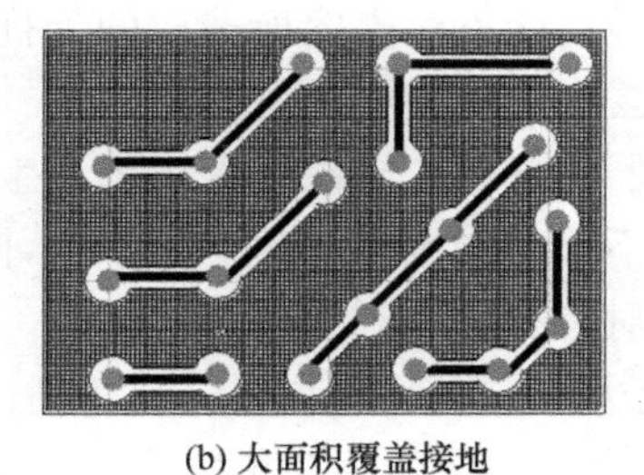
(b) 大面积覆盖接地

图 4-6　各种接地形式

2. 电源干扰及抑制

任何电子设备(电子产品)都需电源供电，并且绝大多数直流电源是由交流电通过变压、整流、稳压后供电的。供电电源的质量会直接影响整机的技术指标。而供电质量除了电源电路原理设计是否合理外，电源电路的工艺布线和印制板设计不合理都会产生干扰，这里主要包含交流电源的干扰和直流电源电路产生的电场对其他电路造成的干扰。所以，印制电路布线时，交直流回路不能彼此相连，电源线不要平行大环形走线；电源线与信号线不要靠得太近，并避免平行。必要时，可以将供电电源的输出端和用电器之间加滤波器。图 4-7 所示就是由于布线不合理，致使交直流回路彼此相连，造成交流信号对直流产生干扰，从而使质量下降的例子。

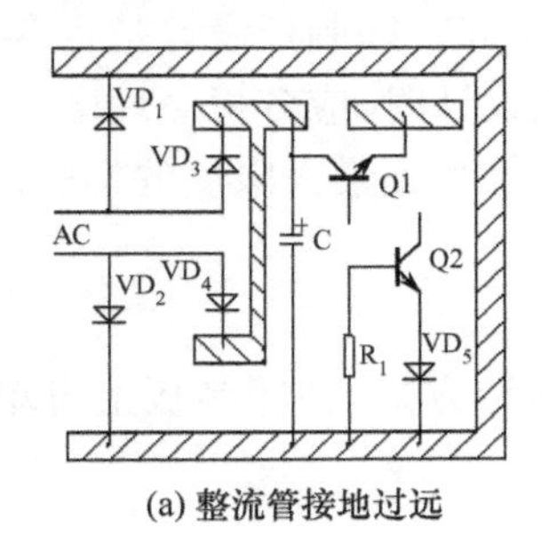

(a) 整流管接地过远

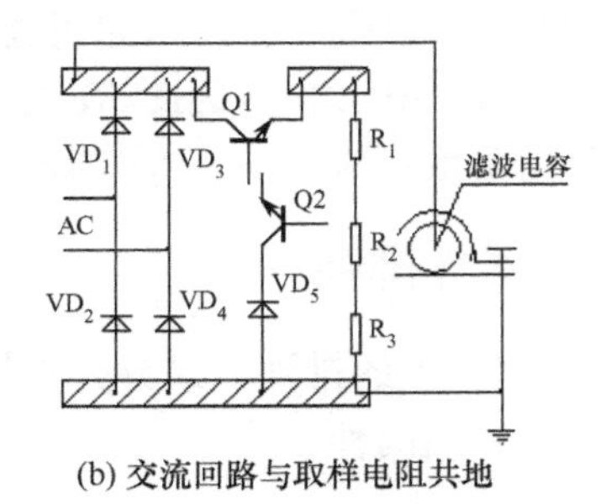

(b) 交流回路与取样电阻共地

图 4-7　电器布线不合理引起的干扰

3. 电磁场的干扰及抑制方法

印制板的特点是使元器件安装紧凑，连接密集，但是如果设计不当，这一特点也会给整机带来麻烦，如分布参数造成干扰、元器件的磁场干扰等。电磁干扰除了外界因素(如空间电磁波)造成以外，印制板布线不合理、元器件安装位置不恰当等，都可能引起干扰。这些干扰因素如果在排版设计中事先予以重视的话，则完全可以避免。电磁场干扰的产生主要有以下几种。

(1) 印制导线间的寄生耦合

两条相距很近的平行导线，它们之间的分布参数可以等效为相互耦合的电感和电容，当其中一条导线中流过信号时，另一条导线内也会产生感应信号，感应信号的大小与原始信号的频率及功率有关。感应信号就是干扰源。为了抑制这种干扰，排版时要分析原理图，区别强弱信号线，使弱信号线尽量短，并避免与其他信号线平行靠近，不同回路的信号线要尽量避免相互平行，布设双面板上的两面印制线要相互垂直，尽量做到不平行布设。这些措施可以减少分布参数造成的干扰。对某些信号线密集平行，无法摆脱较强信号干扰的情况下，可采用屏蔽线将弱信号屏蔽以抑制干扰。使用高频电缆直接输送信号时，电缆的屏蔽层应一端接地。为了减少印制导线之间寄生电容所造成的干扰，可通过对印制线屏蔽进行抑制。

（2）磁性元器件相互间干扰

扬声器、电磁铁、永磁性仪表等产生的恒定磁场，高频变压器、继电器等产生的交变磁场。这些磁场不仅对周围元器件产生干扰，同时对周围印制导线也会产生影响。根据不同情况采取的抑制对策有：

① 减少磁力线对印制导线的切割；

② 两个磁元件的相互位置应使两个元件磁场方向相互垂直，以减少彼此间的耦合；

③ 对干扰源进行磁屏蔽，屏蔽罩应良好接地。

4. 热干扰及抑制

电器中因为有大功率器件的存在，在工作时表面温度较高，这样在电路中就有热源存在，这也是印制电路中产生干扰的主要原因。比如，晶体管是一种温度敏感器件，特别是锗材料半导体器件，更易受环境的影响而使之工作点漂移，从而造成整个电路的电性能发生变化，因此，在排版设计时，应根据原理图，首先区别哪些是发热元件，哪些是温度敏感元件，要使温度敏感元件远离发热元件。另外在排版设计时，将热源（如功耗大的电阻及功率器件）安装在板外通风处，不能将它们紧贴印制板安装，以防发热元件对周围元器件产生热传导或辐射。如必须安装在印制板上时，要配以足够大的散热片，防止温升过高。

电子仪器的干扰问题较为复杂，它可能由多种因素引起。印制板设计是否合理，是关系到整机是否存在干扰的原因之一，因此，在进行印制板排版设计时，应分析原理图，尽量找出可能产生干扰的因素，采取相应措施，使印制板可能产生的干扰得到最大限度的抑制。

4.2.3 元器件排列方式

元器件在印制板上的排列方式分为不规则与规则两种方式，在印制板上可单独采用一种方式，也可以同时采用两种方式。

1. 不规则排列

元器件不规则排列也称随机排列，如图 4-8(a)所示。即元器件轴线方向彼此不一致，排列顺序无一定规则。这种方式排列元器件，看起来杂乱无章，但由于元器件不受位置与方向的限制，因而印制导线布设方便，可以减少和缩短元器件的连接，这对于减少印制板的分布参数、抑制干扰特别对高频电路极为有利，这种排列方式常在立式安装中采用。

2. 规则排列

元器件轴线方向排列一致，并与板的四边垂直或平行，如图 4-8(b)所示。这种方式排列元器件，可使印制板元器件排列规范、整齐、美观，方便装焊、调试，易于生产和维修。但由于元器件排列要受一定方向和位置的限制，因而印制板上的导线布设可能复杂一些，印制导线也会

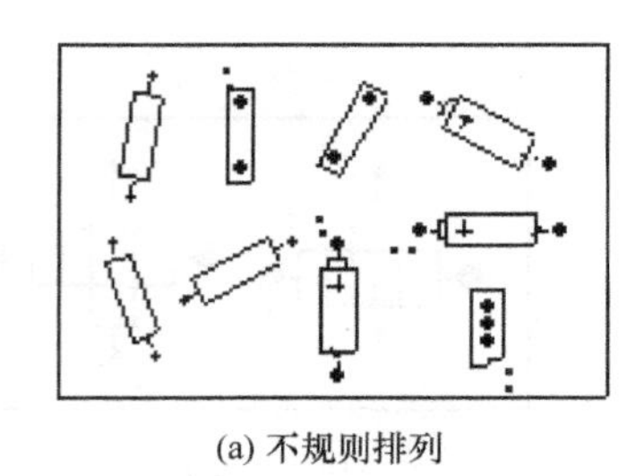

(a) 不规则排列

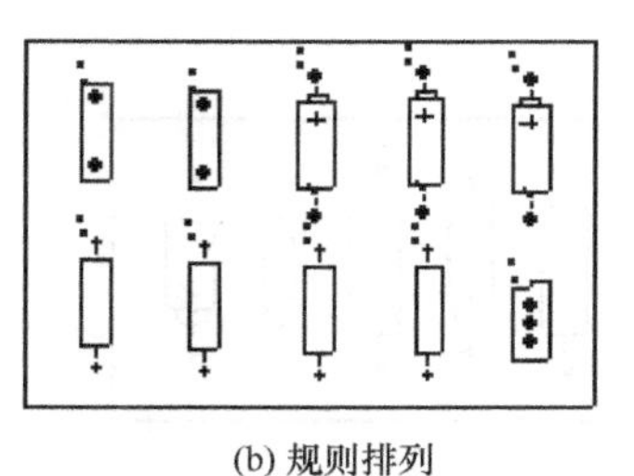

(b) 规则排列

图 4-8　元器件排列格式

相应增加。这种排列方式常用于板面较大、元器件种类相对较少而数量较高的低频电路中。元器件卧式安装时一般均以规则排列为主。

3. 元器件的安装方式

元器件在印制板上的安装方式有立式、卧式两种，如图 4-9 所示。卧式安装是指元器件的轴线方向与印制板平行；立式则与印制板面垂直，两种方式特性各异。

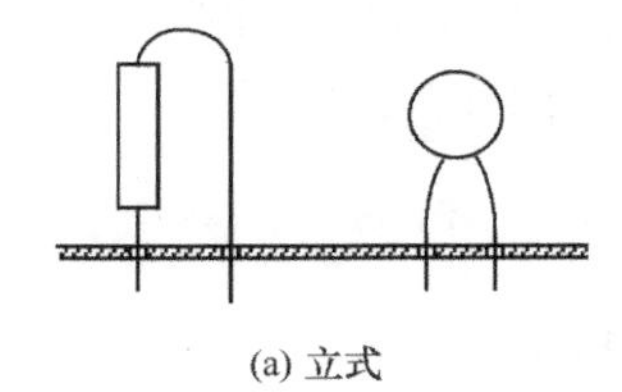

(a) 立式

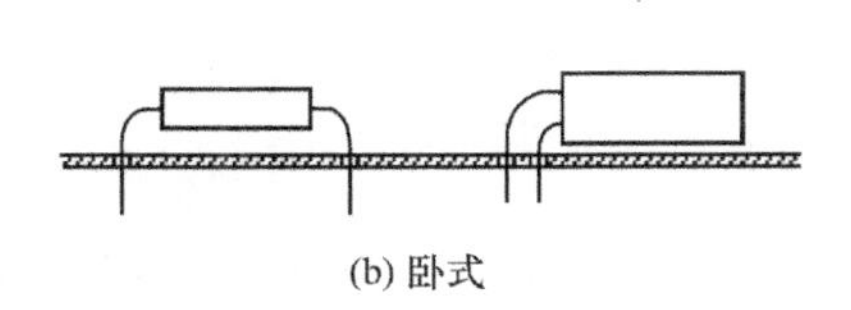

(b) 卧式

图 4-9　元器件安装方式

(1) 立式安装

元器件占用面积小，单位容纳元器件数量多，适合要求元器件排列紧凑密集的产品，如半导体收音机和小型便携式仪器。元器件过大、过重不宜采用立式安装，否则，整机的机械强度变差，抗震能力减弱，元器件容易倒伏造成相互碰接，降低电路的可靠性。

(2) 卧式安装

元器件卧式安装具有机械稳定性好、排列整齐等优点。卧式安装由于元器件跨距大，两焊点间走线方便，对印制导线的布设十分有利。对于较大元器件，装焊时应采取固定措施。

4. 元器件布设原则

元器件的布设在印制板的排版设计中至关重要，它决定板面的整齐、美观程度和印制导线的长短与数量，对整机的可靠性也能起到一定作用。元器件在印制电路布设中应遵循以下原则。

① 元器件在整个板面上应布设均匀，疏密一致。

② 元器件不要布满整个板面，板的四周要留有一定余量(5～10mm)，余量大小应根据印制电路板的大小及固定的方式决定。

③ 元器件应布设在板的一面，且每个元器件引出脚应单独占用一个焊盘。

④ 元器件的布设不能上下交叉，如图 4-10 所示。相邻元器件之间要保持一定间距，不得过小或碰接。相邻元器件如电位差较高，则应留有安全间隙，一般环境中安全间隙电压为 200V/mm。

⑤ 元器件安装高度应尽量低，过高则安全性差，易倒伏或与相邻元器件碰接。

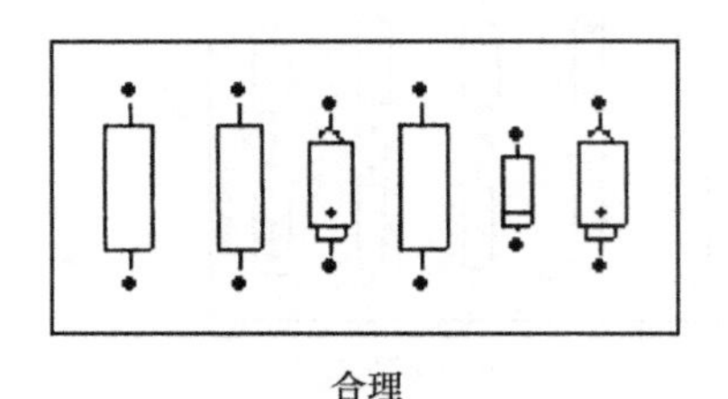

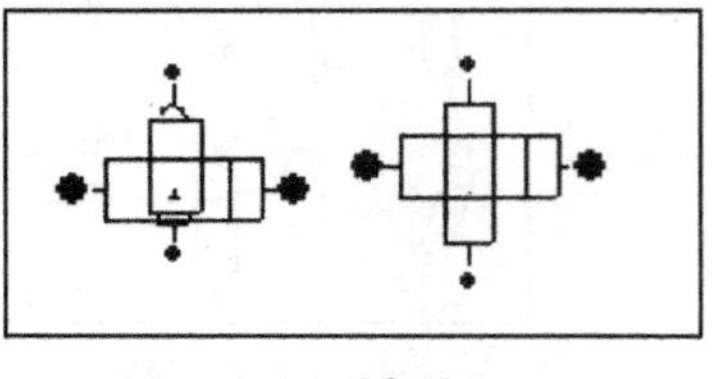

图 4-10 元器件布设

⑥ 根据印制电路板在整机中的安装状态确定元器件的轴向位置。规则排列的元器件，应使元器件轴线方向在整机内处于竖立状态，从而提高元器件在板上的稳定性，如图 4-11 所示。

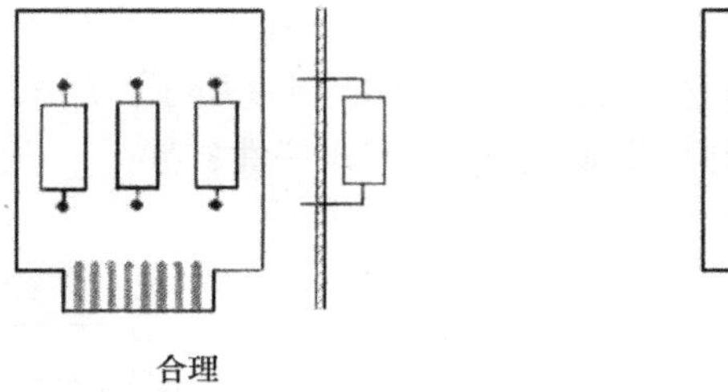

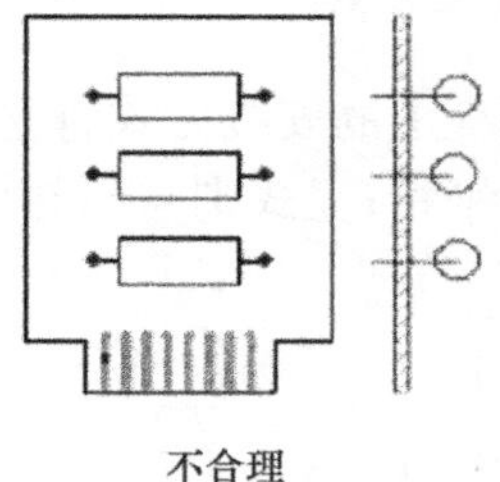

图 4-11 较大元器件布设方向

⑦ 元器件两端跨距应稍大于元器件的轴向尺寸，如图 4-12 所示。弯引脚时不要齐根弯折，应留出一定距离（至少 2mm），以免损坏元器件。

图 4-12 元器件安装

4.2.4 焊盘及孔的设计

焊盘，也叫连接盘，是由引线及其周围的铜箔组成的。在印制电路中起到固定元器件和连接印制导线的作用。特别是金属化孔的双面印制板，连接盘要使两面印制导线联通。焊盘的尺寸、形状将直接影响焊点的外观与质量。

1. 焊盘的尺寸

连接盘的尺寸与钻孔设备、钻孔孔径、最小孔环宽度有关。为了便于加工和保持连接盘与基板之间有一定的黏附强度，应尽可能增大连接盘的尺寸。但是，对于布线密度高的印制电路板，若其连接盘的尺寸过大，就得减少导线宽度与间距。例如，引线中心距离为 2.5mm（或 2.54mm）的双列直插式集成电路的连接盘，当连接盘之间要通过一条 0.3～0.4mm 宽的印制导线时，连接盘的尺寸为 ϕ1.5～1.6mm，如果通过两条或三条印制导线时，连接盘的尺寸也不能小于 ϕ1.3mm，一般连接盘的环宽不小于 0.3mm。表 4-1 列出了建议使用的不同钻孔直径所对应的最小连接盘直径。

表 4-1　钻孔直径与最小连接盘直径

钻孔直径(mm)		0.4	0.5	0.6	0.8	0.9	1.0	1.3	1.6	2.0
最小连接盘直径(mm)	Ⅰ级	1.2	1.2	1.3	1.5	1.5	2.0	2.5	2.5	3.0
	Ⅱ级	1.3	1.3	1.5	2.0	2.0	2.5	3.0	3.5	4.0

在单面板上，焊盘的外径一般可取比引线孔径大1.3mm以上，即焊盘直径为D，引线孔径为d，应有：$D \geqslant d+1.3\text{mm}$。

2. 焊盘的形状

(1) 岛形焊盘

如图4-13(a)所示。焊盘与焊盘之间的连线合为一体，犹如水上小岛，故称为岛形焊盘。岛形焊盘常用于元器件的不规则排列，特别是当元器件采用立式安装时更为普遍。这种焊盘适合于元器件密集固定，可大量减少印制导线的长度与数量，在一定程度上能抑制分布参数对电路造成的影响。此外，焊盘与印制导线合为一体后，铜箔的面积加大，可增加印制导线的抗剥强度。

(2) 圆形焊盘

由图4-13(b)可见，焊盘与引线孔是同心圆。其外径一般为2～3倍孔径。设计时，如板面允许，应尽可能增大连接盘的尺寸，以方便加工制造和增强抗剥能力。

(3) 方形焊盘

如图4-13(c)所示。当印制板上元器件体积大、数量少且印制线路简单时，多采用方形焊盘。这种形式的焊盘设计制作简单，精度要求低，容易制作。手工制作常采用这种方式。

(4) 椭圆焊盘

这种焊盘既有足够的面积以增强抗剥能力，又在一个方向上尺寸较小，利于中间走线。常用于双列直插式器件，如图4-13(d)所示。

(5) 泪滴式焊盘

这种焊盘与印制导线过渡圆滑，在高频电路中有利于减少传输损耗，提高传输速率，如图4-13(e)所示。

(6) 钳形(开口)焊盘

如图4-13(f)所示，钳形焊盘上钳形开口的作用是为了保证在波峰后，使焊盘孔不被焊锡封死，其钳形开口应小于外圆的1/4。

(7) 多边形焊盘和异形焊盘

如图4-13 (g)所示。矩形和多边形焊盘一般用于区别某些焊盘外径接近而孔径不同的焊盘。

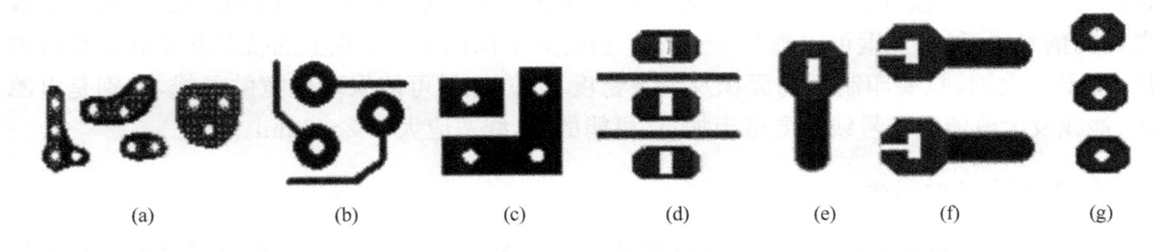

图4-13　各式焊盘

3. 孔的设计

印制电路板上孔的种类主要有：引线孔、过孔、安装孔和定位孔。

(1) 引线孔

引线孔即焊盘孔，有金属化和非金属化之分。引线孔有电气连接和机械固定双重作用。引线孔过小，元器件引脚安装困难，焊锡不能润湿金属孔；引线孔过大，容易形成气泡等焊接缺陷。若元器件引线直径为 d_1，引线孔直径为 d，则有

$$d_1+0.2<d\leqslant d_1+0.4(\mathrm{mm})$$

(2) 过孔

也称连接孔。过孔均为金属化孔，主要用于不同层间的电气连接。一般电路过孔直径可取 0.6～0.8mm，高密度板可减少到 0.4mm，甚至用盲孔方式，即过孔完全用金属填充。孔的最小极限受制板技术和设备条件的制约。

(3) 安装孔

安装孔用于大型元器件和印制板的固定，安装孔的位置应便于装配。

(4) 定位孔

定位孔主要用于印制板的加工和测试定位，可用安装孔代替，也常用于印制板的安装定位，一般采用三孔定位方式，孔径根据装配工艺确定。

4.2.5 印制导线设计

印制导线用于连接各个焊点，是印制电路板最重要的部分，印制电路板设计都是围绕如何布置导线来进行的。因此在设计时，除了要考虑印制导线的机械、电气因素外，还要考虑干扰小、布线美观等问题。

1. 印制导线的宽度

在印制电路板中，印制导线的主要作用是连接焊盘和承载电流，它的宽度主要由铜箔与绝缘基板之间的黏附强度和流过导线的电流决定，导线宽度应以能满足电气性能要求而又便于生产为宜，它的最小值以承受的电流大小而定，但最小不宜小于 0.2mm。在高密度、高精度的印制线路中，导线宽度和间距一般可取 0.3mm。单面板实验表明，当铜箔厚度为 50μm、导线宽度为 1～1.5mm、通过 2A 电流时，温度升高小于 3℃，由于印制导线具有一定的电阻，当电流通过时，要产生热量和一定的压降，因此，选用合适宽度的印制导线是很重要的，一般选用 1～1.5mm宽度导线就可能满足设计要求而不致引起温升过高。根据经验值，印制导线的载流量可按 $20\mathrm{A/mm^2}$（电流/导线截面积）计算，即当铜箔厚度为 0.05mm 时，1mm 宽的印制导线允许通过 1A 电流，因此可以确定，导线宽度的毫米数值等于负载电流的安培数。对于集成电路的信号线，导线宽度可以选 0.2～1mm，但是为了保证导线在板上的抗剥强度和工作可靠性，线不宜太细，只要印制板的面积及线条密度允许，应尽可能采取较宽的导线，特别是电源线、地线及大电流的信号线更要适当加宽，可能的话，线宽应大于 2～3mm。

2. 印制导线的间距

印制导线之间的距离将直接影响电路的电气性能，导线之间间距的确定必须能满足电气安全要求，同时考虑导线之间的绝缘强度、相邻导线之间的峰值电压、电容耦合参数等。而且

为了便于操作和生产，间距也应尽量宽些。最小间距至少要能适合承受的电压。这个电压一般包括工作电压、附加波动电压及其他原因引起的峰值电压。

当频率不同时，间距相同的印制导线，其绝缘强度也不同。频率越高时，相对绝缘强度就会下降。导线间距越小，分布电容就越大，电路稳定性就越差。

在布线密度较低时，信号线的间距可适当地加大，对高、低电平悬殊的信号线应尽可能地短且加大间距。因此，设计者在考虑电压时应把这种因素考虑进去。表 4-2 给出的间距、电压参考值在一般设计中是安全的。

表 4-2　印制导线间距最大允许工作电压

导线间距(mm)	0.5	1	1.5	2	3
工作电压(V)	100	200	300	500	700

3. 印制导线走向与形状

印制电路板布线是按照原理图要求的，将元器件通过印制导线连接成电路，在布线时，“走通”是最起码的要求，“走好”是经验和技巧的表现。由于印制导线本身可能承受附加的机械应力，以及局部高电压引起的放电作用，在实际设计时，要根据具体电路选择下列准则。优先选用的和避免采用的导线形状如图 4-14 所示。

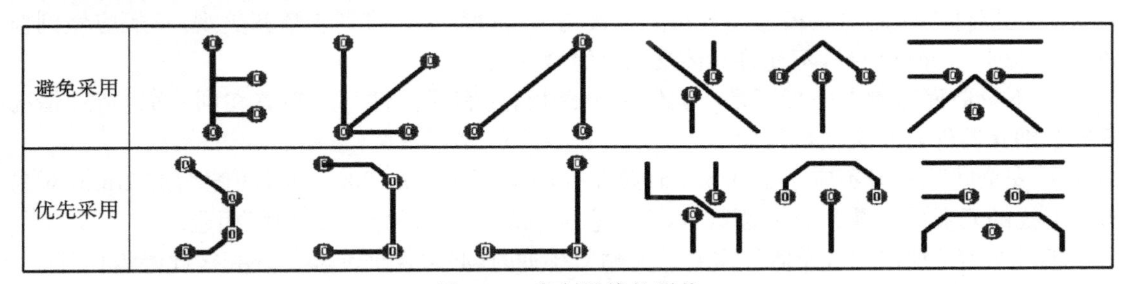

图 4-14　印制导线的形状

4. 印制导线的屏蔽与接地

印制导线的公共地线应尽量布置在印制线路板的边缘。在高频电路中，印制线路板上应尽可能多地保留铜箔做地线，最好形成环路或网状，这样不但屏蔽效果好，还可减小分布电容。多层印制线路板可采取其中若干层做屏蔽层，电源层、地线层均可视为屏蔽层，一般地线层和电源层设计在多层印制线路板的内层，信号线设计在内层和外层。

5. 跨接线的使用

在单面的印制线路板设计中，有些线路无法连接时，常会用到跨接线(也称飞线)，跨接线常是随意的，有长有短，这会给生产上带来不便。放置跨接线时，其种类越少越好，通常情况下只设 6mm，8mm，10mm 3 种，超出此范围的会给生产带来不便。

4.2.6　草图设计

所谓草图，是指制作照相底图(也称黑白图)的依据，它是在坐标纸上绘制的。要求图中的焊盘位置、焊盘间距、焊盘间的相互连接、印制导线的走向及板的大小等均应按印制板的实际尺寸或按一定比例绘制出来。通常在原理图中为了便于电路分析及更好地反映各单元电路之间的关系，元器件用电路符号表示，不考虑元器件的尺寸形状、引脚的排列顺序，只为便于电路原理的理解，会有很多线交叉，这些交叉线若没有节点为非电气连接点，允许在电路原理图中出现。但是在印制电路板上，非电气连接的导线交叉是不允许的，如图 4-15 所示。在设计印制电路草图时，不必考虑原理图中电路符号的位置，为使印制导线不交叉可采用跨接导线（飞线）。

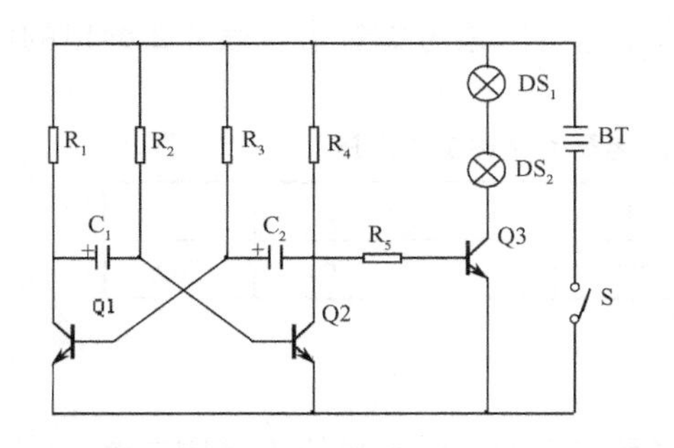

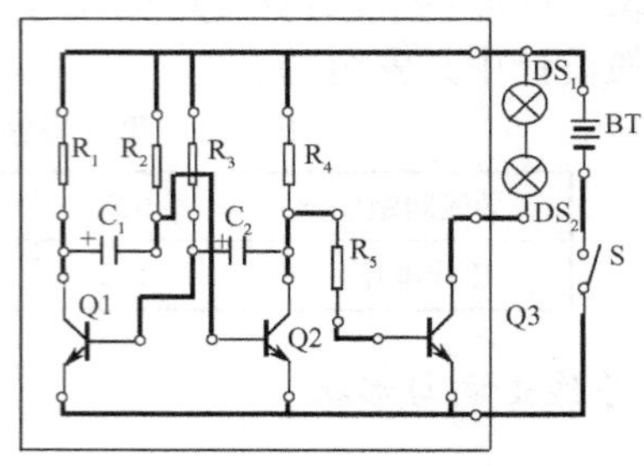

图 4-15　原理图及单面不交叉图

1. 草图设计原则

① 元器件在印制电路板上的分布应尽量均匀，密度一致，排列应整齐美观，一般应做到横平竖直排列，不允许斜排，不允许立体交叉和重叠排列。

② 不论单面印制电路板还是双面印制电路板，所有元器件都应布置在同一面，特殊情况下的个别元器件可布置在焊接面。

③ 安全间隙一般不应小于 0.5mm，元器件的电压每增加 200V 时，间隙增加 1mm，对易于受干扰的元器件加装金属屏蔽罩时，应注意屏蔽罩不得与元器件或引线相碰。

④ 在特殊的情况下，元器件需要并排贴紧排列时，必须保证元器件外壳彼此绝缘良好。

⑤ 对于面积大的印制电路板，应采取边框加固或用加强筋加固的措施。

⑥ 元器件在印制电路板的安装高度要合理。对发热元器件、易热损坏的元器件或双面印制电路板元器件，元器件的外壳应与印制电路板有一定的距离，不允许紧贴印制电路板安装，同一种元器件的安装高度应一致。

2. 草图设计的步骤

印制电路板草图设计通常先绘制单线不交叉图，在图中将具有一定直径的焊盘和一定宽度的直线分别用一个点和一根单线条表示。在单线不交叉图基本完成后，即可绘制正式的排版草图，此图要求板面尺寸、焊盘的尺寸与位置、印制导线宽度、连接与布设、板上各孔的尺寸位置等均需与实际板面相同并明确标注出来，同时应在图中注明印制板的各项技术要求，图的比例可根据印制电路板上图形的密度和精度要求而定，可以采用 1∶1，2∶1，4∶1 等比例绘制。草图绘制的步骤如下。

① 按草图尺寸选取网格纸或坐标纸，在纸上按草图尺寸画出板面外形尺寸；并在边框尺寸下面留出一定空间，用于标准技术要求的说明。如图 4-16(a)所示。

② 在单线不交叉图上均匀、整齐地排列元器件，并用铅笔画出各元器件的外形轮廓，元器件的外形轮廓应与实物相对应，如图 4-16(b)所示，使用较多的小型元器件可不画轮廓。

③ 确定并标出各焊盘位置，有精度要求的焊盘要严格按尺寸标出，布置焊盘的位置时，不

要考虑焊盘的间距是否整齐一致，而要根据元器件的大小形状确定，保证元器件在装配后分布均匀，排列整齐，疏密适中，如图 4-16(c)所示。

④ 为简便起见，勾画印制导线，只需要用细线标明导线走向及路径即可，不需按导线的实际宽度画出，但应考虑导线间距离，如图 4-16(d)所示。

⑤ 将铅笔绘制的单线不交叉图反复核对无误后，再用铅笔重描焊点和印制导线，元器件用细实线表示，如图 4-16(e)所示。

⑥ 标注焊盘尺寸及线宽，注明印制板的技术要求。如图 4-16(f)所示。

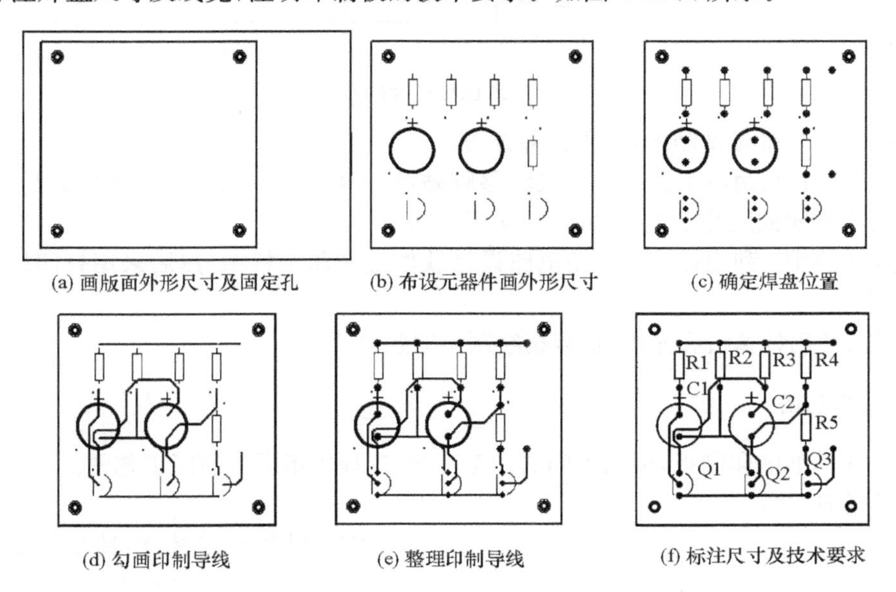

(a) 画版面外形尺寸及固定孔　(b) 布设元器件画外形尺寸　(c) 确定焊盘位置

(d) 勾画印制导线　(e) 整理印制导线　(f) 标注尺寸及技术要求

图 4-16　草图绘制过程

⑦ 对于双面印制板设计，还应考虑以下几点：

● 元器件应布设板的一面(TOP 面)，主要印制导线布设在元件面(BOT 面)，两面印制导线避免平行布设，应尽量相互垂直，以减少干扰；

● 两面印制导线最好分别画在两面，如在一面绘制，应用两种颜色以示区别，并注明在哪一面；

● 印制板两面的对应焊盘和需要连接印制导线的通孔要严格地一一对应。可采用扎针穿孔法将一面的焊盘中心引到另一面；

● 在绘制元器件面的导线时，注意避免元器件外壳和屏蔽罩可能产生短路的地方。

3. 制板底图绘制

制板底图绘制也称为黑白图绘制。它是依据预先设计的布线草图绘制而成的，是为生产提供照相使用的黑白底图。印制电路板面设计完成后，在投产制造时必须将黑白图转换成符合生产要求的 1∶1 原版底片。所以说，黑白图的绘制质量将直接影响印制板的生产质量。获取原版底片与设计手段有关，图 4-17 所示是目前经常使用的几种方法示意图。

由图可见，除光绘可直接获得原版底片外，采用其他方式时都需要通过照相制版获得整版底片。

① 手工绘图：手工绘图就是用墨汁在白铜板纸上绘制照相底图，其方法简单、绘制灵活。

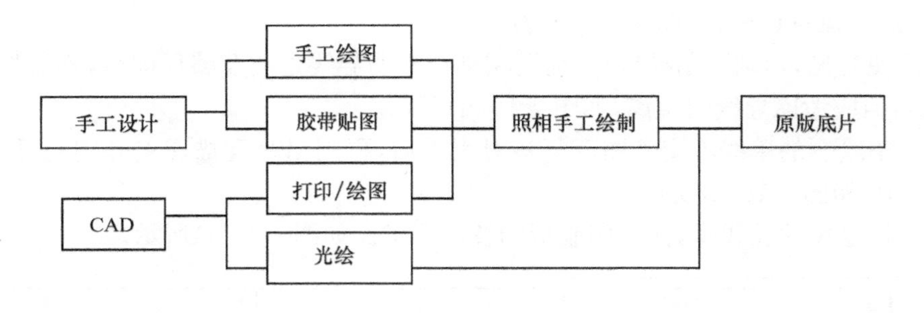

图 4-17 制取原版底片的几种方法

在新产品研制或小批量试制中，常用这种方法。

② 手工贴图：利用不干胶带和干式转移胶黏盘可直接在覆铜板上黏贴焊盘和导线，也可以在透明或半透明的胶片上直接贴制 1∶1 黑白图。

③ 计算机绘图：利用计算机辅助电路设计软件设计印制板图，然后采用打印机或绘图机绘制黑白图。

④ 光绘：使用计算机和光绘机，直接绘制出原版底片。

4. 制版工艺图

制作一块标准的印制板，根据不同的加工工序，应提供不同的制版工艺图。

(1) 机械加工图

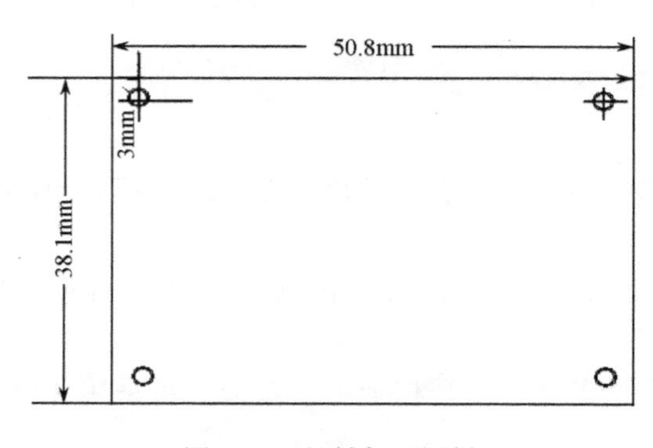

图 4-18 机械加工图样

它是供制造工具、模具及加工孔及外形(包括钳工装配)用的图纸。图上应注明印制板的尺寸、孔位和孔径及形位公差、使用材料、工艺要求等。如图 4-18所示是机械加工图样，采用 CAD 绘图，打印时选择机械层(Mech 层)。

(2) 线路图

为区别其他印制板制作工艺图，一般将导电图形和印制元件组成的图称为线路图。图 4-19 采用 CAD 绘图时，打印时选顶层打印(TOP 层)。

(3) 字符标记图(装配图)

为了装配和维修方便，常将元器件标记、图形或字符印制到板上，其原图称为字符标记图，因为常采用丝印方法，所以也称丝印图，图 4-19 包括丝印图形和字符，可通过制版照相或光绘获得底片。

(4) 阻焊图

采用机器焊接印制电路板时，为防止焊在非焊盘区桥接而在印制板焊点以外的区域印制一层阻止锡焊的涂层(绝缘耐锡焊涂料)或干膜，这种印制底图称为阻焊图，与印制板上全部焊点形状对应，略大于焊盘的图形构成。如图 4-20 所示，阻焊图可手工绘制，采用 CAD 时可自动生成标准阻焊图。

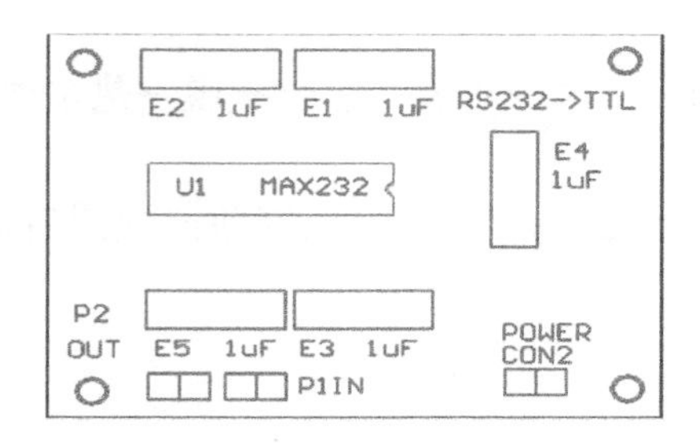

图 4-19 印制板丝印图

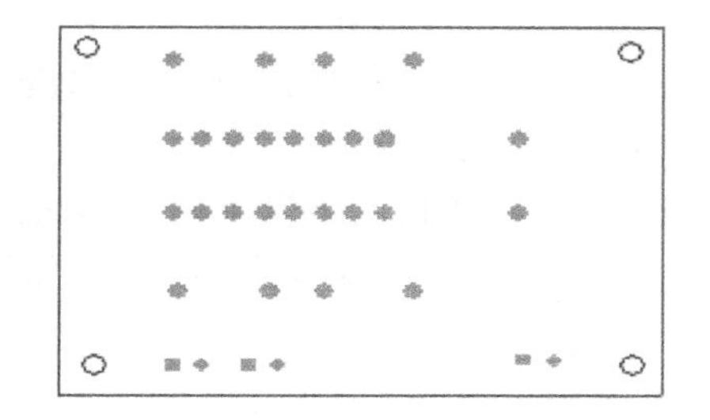
图 4-20 印制板阻焊图

4.3 印制电路板制造工艺

由于电子工业的发展，特别是微电子技术和集成电路的飞速发展，对印制板的制造工艺和精度也不断提出新要求。印制板种类从单面板、双面板发展到多层板和挠性板，印制板的线条越来越细，现在印制导线可做到 0.2mm 以下宽度的高密度印制板。但应用最广泛的还是单面印制板和双面印制板。

4.3.1 印制电路板制造过程的基本环节

印制电路板的制造工艺技术发展很快，不同类型和不同要求的印制电路板采取不同工艺，制作工艺基本上可以分为减成法和加成法两种。减成法工艺，就是在覆满铜箔的基板上按照设计要求，采用机械的或化学的方法除去不需要的铜箔部分来获得导电图形的方法。如丝网漏印法、光化学法、胶印法、图形电镀法。加成法工艺，就是在没有覆铜箔的层压板基材上采用某种方法敷设所需的导电图形，如丝网电镀法、黏贴法等。在生产工艺中用得较多的方法是减成法。其工艺流程如下：

1. 绘制照相底图

当电路图设计完成后，就要绘制照相底图，绘制照相底图是印制板生产厂家的第一道工序，可由设计者采用手绘或计算机辅助设计(CAD)完成，可按 1∶1，2∶1 或 4∶1 比例绘制，它是制作印制板的依据。

2. 底图胶片制版

底图胶片(原版底片)确定了印制电路板上要配置的图形。获得底图胶片有两种基本途径：一种是利用计算机辅助设计系统和激光绘图机直接绘制出来，另一种是先绘制黑白底图，再经过照相制版得到。

3. 图形转移

把照相底版制好后，将底版上的电路图形转移到覆铜板上，称为图形转移。具体方法有丝网漏印、光化学法(直接感光法和光敏干膜法)等。

4. 蚀刻钻孔

蚀刻在生产线上也称烂板。它是利用化学方法去除板上不需要的铜箔，留下组成图形的焊盘、印制导线与符号等。

蚀刻的流程是：预蚀刻→蚀刻→水洗→浸酸处理→水洗→干燥→去抗氧膜→热水洗→冷水洗→干燥。

钻孔是对印制板上的焊盘孔、安装孔、定位孔进行机械加工，可在蚀刻前或蚀刻后进行。除用台钻打孔以外，现在普遍采用程控钻床钻孔。

5. 孔壁金属化

双面印制板两面的导线或焊盘要连通时，可通过金属化孔实现，即把铜沉积在贯通两面导线或焊盘的孔壁上，使原来非金属的孔壁金属化。在双面和多层板电路中，这是一道必不可少的工序。

6. 金属涂覆

为提高印制电路的导电性、可焊性、耐磨性、装饰性，延长印制板的使用寿命，提高电气的可靠性，在印制板上的铜箔上涂覆一层金属便可达到目的。金属镀层的材料有：金、银、锡、铅锡合金等，方法有电镀和化学镀两种。

7. 涂助焊剂与阻焊剂

印制板经表面金属涂覆后，为方便自动焊接，可进行助焊和阻焊处理。

4.3.2 印制板加工技术要求

设计者将图纸(或设计图软盘)交给制板厂加工时需向对方提供附加技术说明，一般称技术要求。它一般写在加工图上，简单图也可以直接写到线路图或加工合同中。技术要求包括：

① 外形尺寸及误差；
② 板材、板厚；
③ 图纸比例；
④ 孔径及误差；
⑤ 镀层要求；
⑥ 涂层要求(阻焊层、助焊剂)。

4.3.3 印制板的生产流程

1. 单面印制板

单面板的生产流程为：覆铜板下料→表面去油处理→上胶→曝光→成形→表面涂覆→涂助焊剂→检验。

单面印制板的生产工艺简单，质量容易得到保证。但在进行焊接前还应进行检验，内容如下：

① 导线焊盘、字与符号是否清晰、无毛刺，是否有桥接或断路；
② 镀层是否牢固、光亮，是否喷涂助焊剂；
③ 焊盘孔是否按尺寸加工，有无漏打或打偏；
④ 板面及板上各加工的孔尺寸是否准确，特别是印制板插头部分；

⑤ 板厚是否合乎要求，板面是否平直无翘曲等。

2. 双面印制板生产流程

双面板与单面板生产的主要区别在于增加了孔金属化工艺，即实现了两面印制电路的电气连接。由于孔金属化工艺很多，相应双面板的制作工艺也有多种方法。概括分类可有先电镀后腐蚀和先腐蚀后电镀两大类。先电镀的有板面电镀法、图形电镀法、反镀漆膜法；先腐蚀的有堵孔法和漆膜法。现将常用的图形电镀工艺法做简单介绍：下料→钻孔→化学沉铜→擦去表面沉铜→电镀铜加厚→贴干膜→图形转移→二次电镀加厚→镀铅锡合金→去保护膜→涂覆金属→成形→热烙→印制阻焊剂与文字符号→检验。

3. 多层印制板的生产

多层板是在双面板的基础上发展起来的，在布线层数、布线密度、精度等方面都有了很大的提高。多层板的工艺设计比普通单、双面板要复杂得多，除了双面板的制造工艺外，还有内层板的加工、层定位、层压、黏合等特殊工艺。目前多层板的生产多集中在 4～6 层为主，如计算机主板、工控机 CPU 板等，在巨型机等领域内，有可达几十层的多层板。其工艺流程是：覆铜箔层板→冲定位孔→印制、蚀刻内层导电图形去除抗蚀膜→化学处理内层图形→压层→钻孔→孔金属化→外层抗蚀图形(贴干膜法)→图形电镀铜、铅锡合金→去抗蚀膜、蚀刻外形图形→插头部分退铅锡合金、插头镀金→热熔铅锡合金→加工外形→测试→印制阻焊剂文字符号→成品。

多层印制板的工艺较为复杂，即内层材料处理→定位孔加工→表面清洁处理→制内层走线及图形→腐蚀→层压前处理→外内层材料层压→孔加工→孔金属化→制外层图形→镀耐腐蚀可焊金属→去除感光胶→腐蚀→插头镀金→外形加工→热熔→涂焊剂→成品。

4. 挠性印制电路板

挠性印制电路板的制作过程基本与普通印制板相同，主要不同是压制覆盖层。

4.3.4 手工自制印制板

在样机尚未定型试制阶段或在科技创新活动中，往往需要制作少量的印制电路板供实验、调试使用。若按照正规加工工艺标准规程，送专业生产厂加工制造，不但费用高，而且加工时间较长。因此，掌握自制印制板加工方法很有必要。手工自制印制板的方法有漆图法、贴图法、铜箔黏贴法、热转印法等。下面简单介绍采用热转印法手工自制印制板，此方法简单易行，而且精度较高，其制作过程为：

① 用 Protel，OrCAD，Coreldraw 及其他制图软件，甚至可以用 Windows 的“图画”功能制作印制电路板图形。

② 用激光打印机将电路图打印在热转印纸上(没有可以用不干胶反印纸代替)。

③ 按照需要裁好覆铜板。

④ 用细砂纸磨平覆铜板及四周，将打印好的热转印纸覆盖在覆铜板上，送入照片塑封机(温度调到 180℃～200℃)来回压几次，使熔化的墨粉完全吸附在覆铜板上(也可用电熨斗往复熨烫也能实现)。

⑤ 覆铜板冷却后，揭去热转印纸，检查焊盘与导线是否有遗漏。如有，用稀稠适宜的调和

漆将图形和焊盘描好。

⑥ 在焊盘上打样冲眼，以冲眼定位钻焊盘孔。钻孔时注意钻床转数应取高速，钻头应刃磨锋利，进刀不宜过快，以免将铜箔挤出毛刺。

⑦ 将印好电路图的覆铜板放入浓度为28%～42%的三氯化铁水溶液（或双氧水＋盐酸＋水，比例为2∶1∶2混合液）。将板全部浸入溶液后，用排笔轻轻刷扫，待完全腐蚀后，取出用水清洗。

⑧ 将腐蚀液清洗干净后，用碎布摄去污粉后反复在板面上擦拭，去掉铜箔氧化膜，露出铜的光亮本色。冲洗晾干后，应立即涂助焊剂（可用已配好的松香酒精溶液）。

第5章　实习电子产品

无线电技术以其实用性和趣味性吸引了众多的爱好者，特别是一些规模小、实用性强的电子产品，更是初学者学习电子制作的热点。电子产品的制作是电子工艺训练中一项很重要的内容，它综合了电子工艺知识的各个方面，如电子元器件基础、电子线路的焊接装配工艺、印刷电路的设计与制造工艺及电子产品的调试与维修等，都将在电子产品的制作过程中得到充分的训练。本章主要介绍适合电子工艺训练的收音机电路，包括收音机的原理和焊装工艺。由分立元器件组成的晶体管外差式收音机，是一个比较适合进行工艺训练的产品。它的功能电路较多、元器件数量适中、种类较全，具有一定的代表性。通过制作电子产品，加深对电子工艺知识的理解，使学习者掌握该产品的工作原理及焊装工艺，并从具体的制作中在动手能力上得到训练。

5.1　晶体管超外差收音机

收音机的种类很多，按接收原理可分为直放式和超外差式收音机；按电路形式可分为晶体管收音机和集成电路收音机；按广播制式及接收波段可分为中波（MW）、短波（SW）调幅收音机，超短波调频（FM）收音机，以及调频/调幅（FM/AM）收音机；按声源性质可分为单声道和立体声收音机；按部颁标准，根据不同电、声参数，波段数及附加装置，又分为特级、一级、二级、三级和四级，如附录C所示分别相当于高、中、低3档的收音机。

超外差电路在无线电接收中应用非常广泛，而超外差收音机又是无线电接收的典型电路。收音机虽然小，可谓五脏俱全，它包含了无线电接收的各个功能电路。收音机、电视机、手机都采用外差电路接收信号，就连雷达接收机同样也采用外差电路，只是它们的工作频率不同，但接收原理是一样的。近年来由于科技的不断进步，新工艺、新技术、新器件的不断出现，收音机已朝着电路的集成化，电子调谐，数字显示，电脑控制及多功能、高指标、使用方便等方向发展。

5.1.1　谐振回路基础

对谐振电路的了解，有助于我们对电路工作原理的理解。谐振电路在电子电路中的应用相当普遍，谐振电路的主要任务是进行选频。在某一频率时，谐振电路有极大（或极小）的电抗，当频率稍有偏离时，电路的电抗就急剧下降（或急剧增加）。根据电路形式，谐振电路分为串联谐振和并联谐振。

1. 串联谐振回路

串联谐振电路也称为串联回路，是由电感L和电容C串联构成的，故又称LC串联回路，电路如图5-1所示。电路中R可看做电感线圈L的电阻，$u=\sqrt{2}U\sin\omega t$ 为信号源电压。

回路电流为信号电压有效值与电路总的阻抗之比。即

$$I=\frac{U}{Z}=\frac{U}{\sqrt{R^2+(X_L-X_C)^2}}=\frac{U}{\sqrt{R^2+\left(2\pi fL-\frac{1}{2\pi fC}\right)^2}} \tag{5-1}$$

从式(5-1)中可以看出，若信号源的频率为某一 f_0 时，刚好使得感抗与容抗相等，即

$$2\pi f_0 L=\frac{1}{2\pi f_0 C} \tag{5-2}$$

这时式(5-1)中分母 Z(串联回路的等效阻抗)变为纯电阻性质且最小，从而使电路中的电流最大，电路的这种状态就称为“谐振”。式(5-2)是电路发生谐振的条件，由此可得到谐振电路的谐振频率为

$$f_0=\frac{1}{2\pi\sqrt{LC}} \tag{5-3}$$

当电路发生谐振时，感抗与容抗相等，电路等效阻抗呈现纯阻性，此点所对应的频率就是固有谐振频率 f_0。此时电路中电流达到最大。回路电流与谐振频率的关系可用如图 5-2 所示的谐振曲线表示。

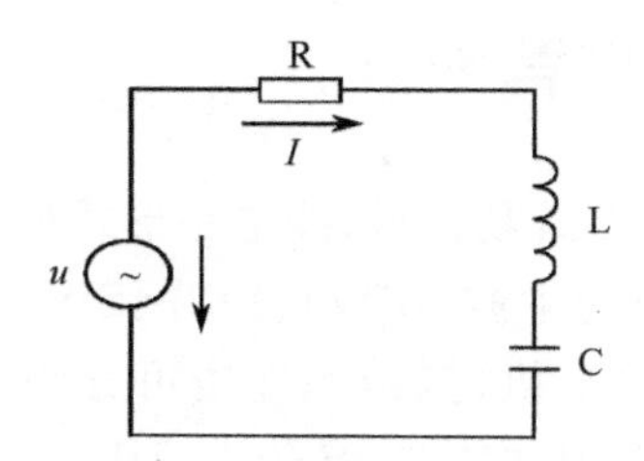

图 5-1　LC 串联回路

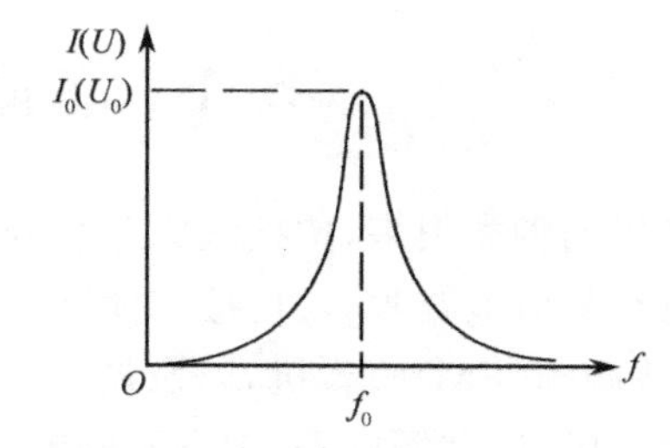

图 5-2　谐振曲线

由式(5-3)可以看出，谐振频率 f_0 与电路参数 L 和 C 有关，而与外加信号无关。也就是说，任何一个 LC 网络，只要电感 L 和电容 C 的数值确定后，这个电路就存在一个固有频率 f_0。至于电路是否会发生谐振，这要取决于外加信号的频率，如果外加信号的频率恰好等于电路固有频率，电路就会发生谐振；反之，电路就不会谐振(失谐)。在实际工作中，为了使某频率的信号产生谐振，可以通过调节电路电感 L 或电容 C 的参数，使电路的固有频率与该信号频率相等，从而达到谐振的目的。

2. 并联谐振回路

在实际电路中，还经常应用 LC 并联谐振电路，电路如图 5-3 所示。图中，$u=\sqrt{2}U\sin\omega t$ 为信号源电压，电阻 R 不是一个具体的电阻，它可能是电感线圈的电阻，也可能是电容的损耗电阻，或者是谐振电路等效负载电阻。

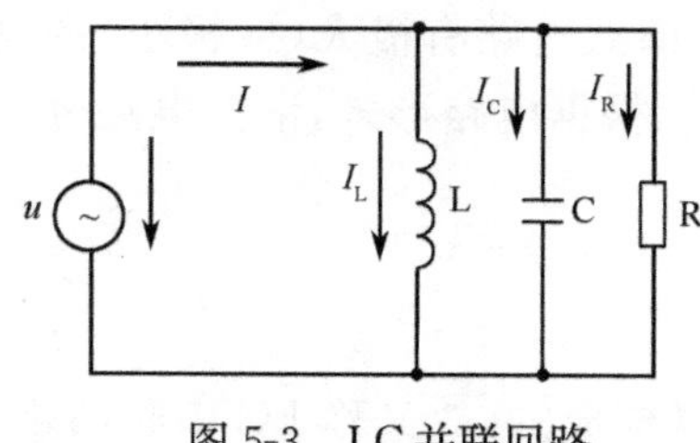

图 5-3　LC 并联回路

并联谐振电路的等效阻抗为

$$Z=\frac{\frac{1}{2\pi fC}(R+2\pi fL)}{\frac{1}{2\pi fC}+R+2\pi fL}$$

因为$R \ll 2\pi fL$，所以

$$Z \approx \frac{\frac{1}{2\pi fC} \times 2\pi fL}{R+(2\pi fL-\frac{1}{2\pi fC})}=\frac{L/C}{R+(2\pi fL-\frac{1}{2\pi fC})} \tag{5-4}$$

与串联谐振回路一样，若 LC 并联回路频率为某一 f_0 时，刚好使得感抗与容抗相等，即 $2\pi f_0 L=1/2\pi f_0 C$，满足了电路发生谐振的条件，此时回路等效阻抗变为纯阻性且为最大，因此，并联谐振电路两端电压也最大。谐振频率为 $f_0=1/2\pi\sqrt{LC}$。

并联谐振电路与串联谐振电路一样，谐振频率 f_0 与电路参数 L 和 C 有关，而与外加信号无关。也可用谐振曲线表示电路的选频能力，并联谐振曲线如图 5-2 所示。

3. 选频特性

(1) 串联谐振回路的选频特性

在 RLC 串联电路中，电阻 R 的大小对谐振曲线的形状影响很大。当电路谐振时，由于电抗 $X=X_L-X_C=0$，所以电路电流只决定于电阻的大小，电阻越小，谐振电流越大，谐振曲线的峰值越高，如图 5-4 所示。由图 5-4 可以明显地看出，当电路谐振曲线平坦时(即 R 较大)，对于频率 f_0 和 f_1，电路中产生的电流差别不大，也就是说，在 R 较大时，不仅电路中电流小，而且对不同频率的信号选择性也较差。当电路谐振曲线陡峭时(即 R 较小)，回路电流大，对不同频率的信号选择性较好。

谐振曲线越陡峭，电路选择有用信号的能力越强，滤除无用(干扰)信号的性能越好，即电路的选择性越好。为了衡量谐振电路的选频能力，一般用电路谐振时的感抗或容抗与高频损耗电阻 R 的比值来表征，称为谐振电路的品质因数，用 Q 来表示。即

$$Q=\frac{\text{谐振时的感抗(或容抗)}}{\text{谐振电路的电阻}}$$

即

$$Q=\frac{2\pi f_0 L}{R} \quad \text{或} \quad Q=\frac{1}{2\pi f_0 RC} \tag{5-5}$$

将式(5-3)代入式(5-5)得

$$Q=\frac{\sqrt{L/C}}{R} \tag{5-6}$$

式(5-6)直接给出了电阻R、电感L、电容C与Q值的关系。该式说明谐振电路选择性的好坏，不仅取决于电路中的电阻，而且与电感和电容都有关。若电感L、电容C为定值，电阻R越小，Q值就越大，电路的选择性就越好；反之，则电路的选择性越差，如图 5-4 所示。若电阻 R 为定值，L/C值越大，谐振曲线就越陡峭，Q 值就越高，选择性也越好；反之就越差，如图 5-5 所示。

(2) 并联谐振回路的选频特性

并联谐振回路的选频能力同样可用 Q 值(谐振电路的品质因数) 的高低来表示。回路谐振时阻抗为纯阻性，$Z_0 = L/RC$，且为最大，谐振电流 I_0 为最小。此时电感支路电流 I_L 或电容支路电流 I_C 是谐振电流 I_0 的 Q 倍。谐振电路电阻与电感支路或电容支路电抗的关系为

$$Z_0 = \frac{L}{RC} = Q \times 2\pi f_0 L = \frac{Q}{2\pi f_0 C}$$

所以有$Q=\frac{2\pi f_0 L}{R}=\frac{1}{2\pi f_0 RC}$，该式也就是品质因数的定义式。根据 $f_0=1/2\pi\sqrt{LC}$，同样可求得 $Q=\sqrt{L/C}/R$。

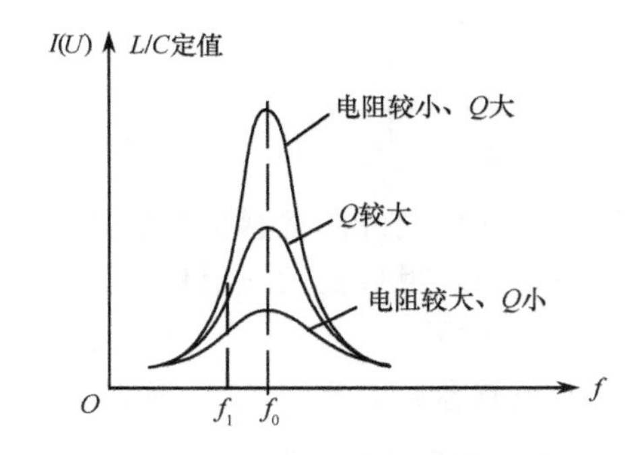

图 5-4　电阻值的大小对 Q 值的影响

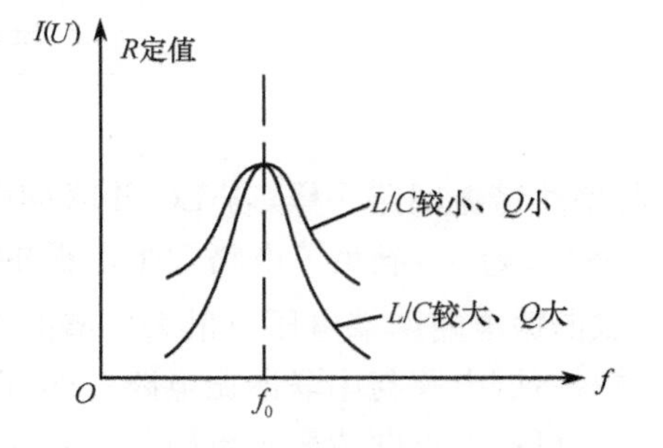

图 5-5　L/C 的大小对 Q 值的影响

并联回路与串联回路一样，选频特性不但与回路电阻 R 值有关，而且与 L/C 的比值有关。当 L/C 为定值，若电阻 R 值较大时，对不同频率的信号选择性较差；若电阻 R 值较小时，对不同频率的信号选择性较好。当电阻 R 为定值，若 L/C 较大，对不同频率的信号选择性较好；若 L/C 较小，对不同频率的信号选择性也较差。

(3) 通频带

虽然谐振曲线越陡峭，电路的选择性越好，但是，电台发射的载频调幅信号并不是单一频率，而是以载频 f_0 为中心、占有一定频带宽度的频谱。也就是说，收音机在接收广播信号时，应把广播信号的频谱全部接收下来，才不致引起频率失真。音频大约在 10kHz，为此广播电台发射的信号是以载频 f_0 为中心，左右各占 10kHz 的频谱，如图 5-6 所示。

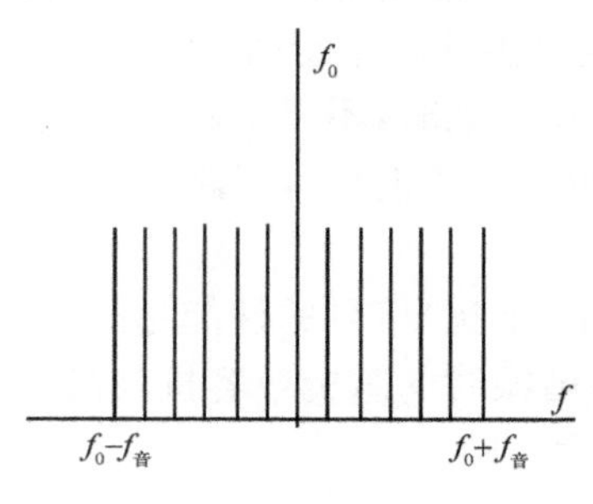

图 5-6　广播信号的频带

为了使收音机更好地还原音频信号，要求收音机对频谱内的信号具有相同的接收能力，也就是说，谐振曲线形状应是个矩形，如图 5-7 所示。这样只要在频带范围内的信号都在电路中产生很大的电流，而在频带外的信号全部被抑制。但实际的谐振曲线的形状不可能达到矩形，而是类似山峰状，矩形只是理想的谐振曲线。

在谐振电路中，当信号频率向谐振频率 f_0 两侧偏离时，电流(或电压) 从最大值 $I_0(U_0)$ 下降到 $0.707I_0(U_0)$ 所对应的频率范围，称为谐振电路的频带宽度，简称带宽，用字母 B 表示，如图 5-8 所示。从图中可以看到，电路的品质因数 Q 越大，谐振曲线越陡峭，带宽越窄。一般来讲，谐振电路的带宽应大于信号带宽，收音机才能得到较满意的收听效果。因此，为了保证一定的频带宽度，在调试电路时，就需要使 Q 值稍低些，使谐振曲线平坦一些。

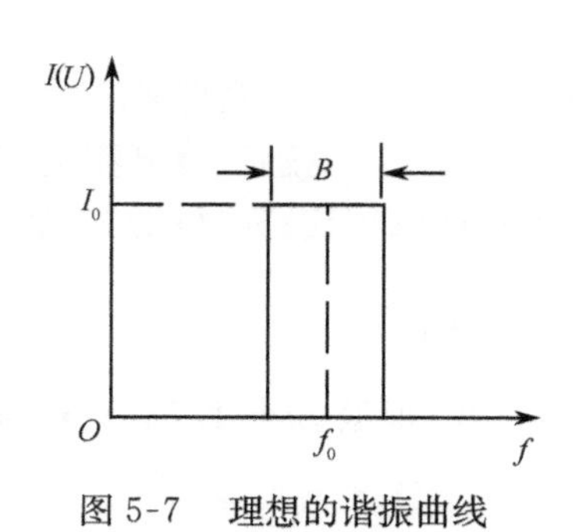

图 5-7　理想的谐振曲线

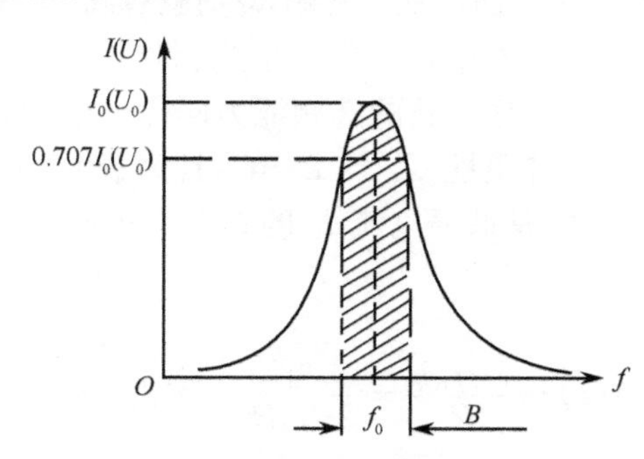

图 5-8　谐振曲线的通频带

通过以上介绍，了解到谐振电路的一些重要特征：

① 当信号频率等于回路的固有频率时，电路才发生谐振；

② 串联谐振时，回路阻抗最小，电流最大；

③ 并联谐振时，回路阻抗最大，电压最高；

④ 当信号频率偏离谐振频率时，电流（或电压）急剧衰减，表明回路具有选频能力。

5.1.2 电台广播信号的发射

中波收音机所接收的电台广播信号，是由两个频率的信号经调幅器合成的调幅波信号，高频信号的幅度按音频信号的频率变化，也就是把音频信号加载在高频信号上，高频信号的幅度被调制，所以称为调幅波，如图 5-9 所示。中、短波收音机都属于调幅收音机，接收的都是调幅波信号。

调幅波的高频成分称为载频信号，一般称为载频。它相当于运输工具，不同的电台有不同的载频频率，因为中波广播的频率范围为 535 ～ 1605kHz，所以中波电台的载频频率必须为 535 ～ 1605kHz。

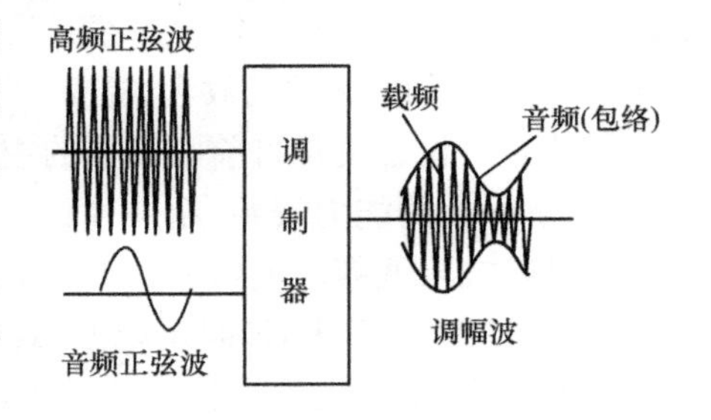

图 5-9 调幅波信号的合成

高频信号峰峰值所形成的波形曲线为音频信号，也称为包络线。可以把它比作货物。载频信号的任务就是运载音频信号。

为什么要将音频信号加在高频信号上发射呢？因为信号传播距离的远近，不仅与信号的频率有关，还与发射天线的长度有关。频率越高、发射天线越长，信号传播的距离越远。因为音频信号的频率比较低，为 20Hz ～ 20kHz，若使其传播的距离更远，达到一个中小城市的覆盖范围，所需天线长度为 15000m。传送广播信号的载频频率若为几十兆赫兹的话，所需天线长度只有几十米。所以远距离的无线通信，大都采用将低频信号加载在高频信号上向外发射。这一过程在广播电台完成如图 5-10 所示。

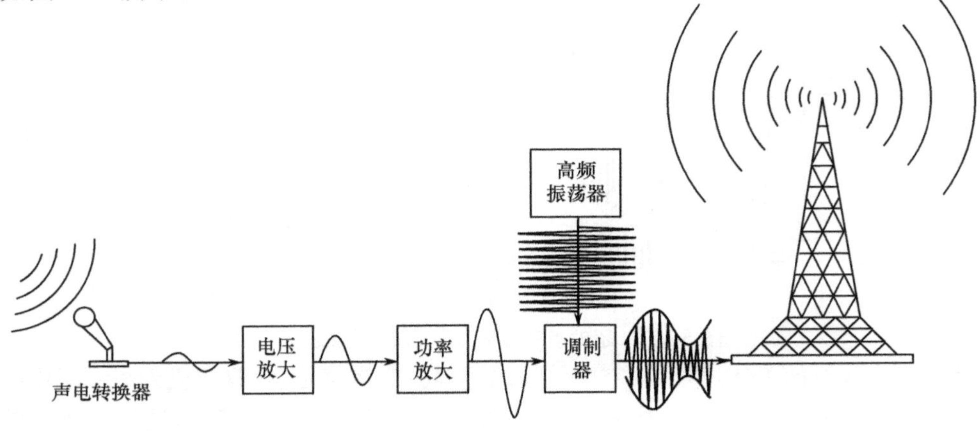

图 5-10 广播信号的发射

首先由声电转换器将播音员的声音变成电信号，经电压放大、功率放大送入调制器，调制由高频振荡器产生的高频信号，得到调幅波信号，由天线向外发射。用高频信号作为运载工具，把音频信号加载在高频信号上的过程称为调制。将高频调制信号中的音频信号还原的过程称为解调，收音机就是一个解调器。

5.1.3 中波收音机原理

中波广播是利用调幅波的形式进行信号传送的。调幅是用音频信号调制高频载波的振幅，调幅波的载频频率不变，其包络的频率和幅度是随音频调制信号的频率和振幅变化的。所以中波收音机又称为调幅收音机。中波收音机按对信号处理的方式不同，有直放式与外差式，由差频技术构成的收音机称为外差式收音机。

外差式是相对直接放大式而言的一种信号处理方式。直接放大式收音机在接收电台载频信号时，是将该电台的频率信号不经过变换直接放大送入检波级。而外差式收音机无论收听哪一个电台，是将接收到的电台载频信号经过变频器进行变换，产生一个频率为 465kHz 的信号，经放大后送入检波级。这个 465kHz 的信号即为差频信号，常被称为中频信号。中频信号只改变了载频频率，而代表音频的调制信号(包络线)不变，经中频放大器进行放大后，465kHz 信号幅度大大增加。由于有了中频放大器的放大，提高了外差电路的接收性能，这就是超外差式电路。

超外差式收音机是目前收音机的主流，它具有灵敏度高、选择性好的特点。但也存在一些缺点，如抗干扰的能力较差。超外差式收音机一般由输入电路、变频器(混频、本机振荡)、中频放大器、检波器、低频放大器和功率放大器组成。如图 5-11 所示是它的原理框图及各级电路的输出波形。波形 A,C,D,E 叫调幅波，其中的高频部分叫载频，由高频信号振幅所形成的波形叫调制频率(包络)，也就是我们常说的音频。在收音机对接收到的调幅波信号进行处理的过程中，音频信号的频率始终没有改变。

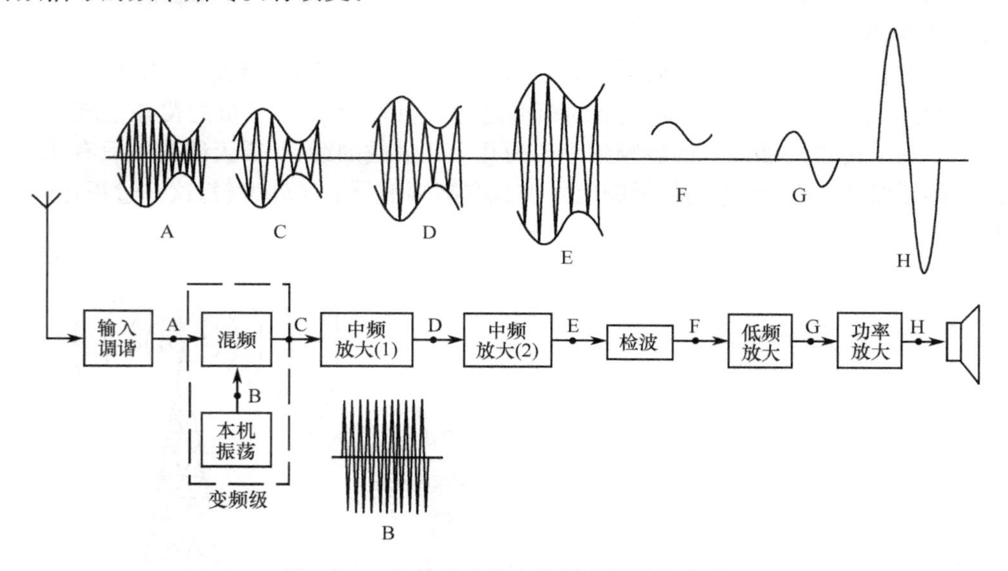

图 5-11 超外差式收音机原理框图及波形

超外差式收音机的工作过程是:空中传播的调幅波广播信号，在收音机天线线圈中感应出高频电动势，输入调谐电路中就产生感生电流。通过输入电路的串联谐振，选择出所需的电台信号，送到变频管的输入端，同时本机振荡信号也送到变频管的输入端。两种信号通过变频管进行混频，产生出两种频率信号的差频(即中频 465kHz 信号)。中频信号由变频器的选频电路选频后，送到中频放大器进行中频放大，然后通过检波器把音频信号“提炼”出来，送到低频放大器进行音频放大，去激励功率放大器，最后经过功率放大，使其具有足够的功率，推动扬声器发出声音。中波收音机电路原理如图 5-12 所示。

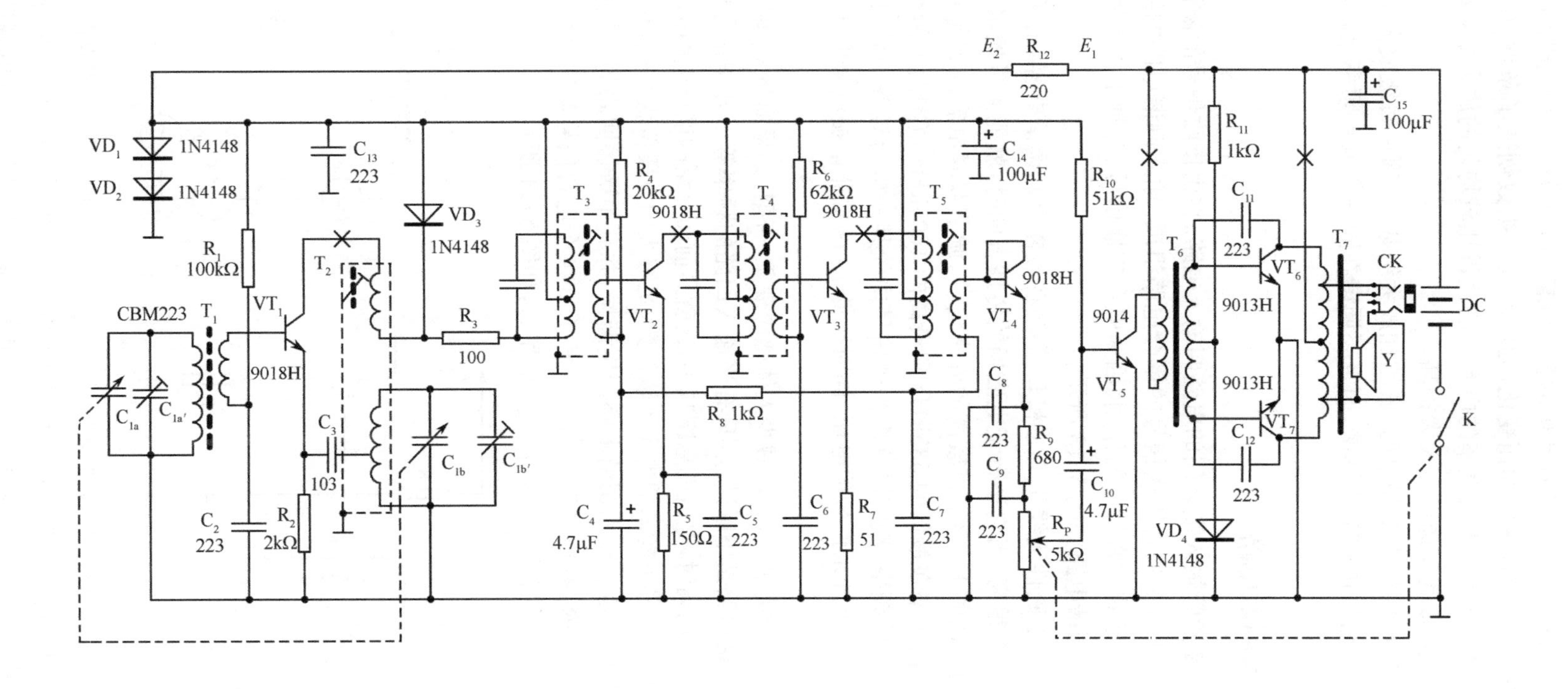

图5-12　中波收音机电路原理

由于采用了差频技术，提高了收音机的整机性能，465kHz 的中频信号不但比载频信号的频率低，且不随接收信号的频率影响而变化，为增加放大级数创造了条件。中频信号在中频放大器各级电路中被逐级放大，不同频率的电台均能获得比较均匀的放大量，又因中频放大级设有选频回路，使接收灵敏度和选择性大大提高。

直接放大式收音机因没有变频电路，若增加放大级数，必须在每级放大电路中设置调谐电路，每换一个电台时，各级电路都需调谐，而且要调谐在同一个电台频率上，这样将使电路变得极其复杂。

5.1.4 输入调谐电路

从接收天线到变频管输入端之间的电路叫输入电路。它由接收信号的磁性天线、选择信号的调谐电路（回路）和向变频管输送信号的耦合电路组成。输入调谐电路的结构虽然简单，但对收音机的接收质量起着非常重要的作用。因为电台广播信号、各种干扰信号都由这级电路输入到收音机中。输入调谐电路如图 5-13 所示。

输入调谐回路是由磁性天线 T_1（L_1 和 L_2 都绕在磁棒上）、调谐电容 C_{1a}，$C_{1a'}$ 组成的串联谐振电路。磁棒的导磁率很高，当它平行于电磁场的传播方向时，就能大量地聚集空间的磁力线，使绕在磁棒上的调谐线圈 L_1 感应出较高的外来信号。调节双联电容的容量从最大到最小，可以使调谐回路的谐振频率在最低的 535kHz 到最高的 1605kHz 范围内连续变化。调谐回路的作用就是调节其自身的频率，使它同许多外来信号中的某一电台频率一致，即产生谐振，从而大大提高 L_1 两端的这个外来信号的电压，同时压低 L_1 两端非谐振信号电压，以达到选择电台的目的。

天线调谐电路一端接地后，可以减少人体感应现象。否则，如果靠近 C_1 时，调谐电路的频率将有所改变。输入调谐电路是串联谐振，只有当输入回路的频率等于外来信号的频率时，电路中的电流最大，信号频率偏离时，电流就急剧减小，这就是前面介绍的谐振电路的选频作用。对输入电路有 3 个基本要求，即尽可能高的电压传输系数、足够大的波段覆盖系数和良好的选择性。

收音机接收电台就是使输入调谐电路产生谐振，并利用谐振回路的选频特性，调谐不同的电台。假设在接收频段内，有频率为 f_1，f_2，f_3 和 f_4 的 4 个电台信号都被磁性天线所接收，则天线线圈 L_1 就产生相应的感应电动势 e_1，e_2，e_3 和 e_4，如图 5-14 所示。

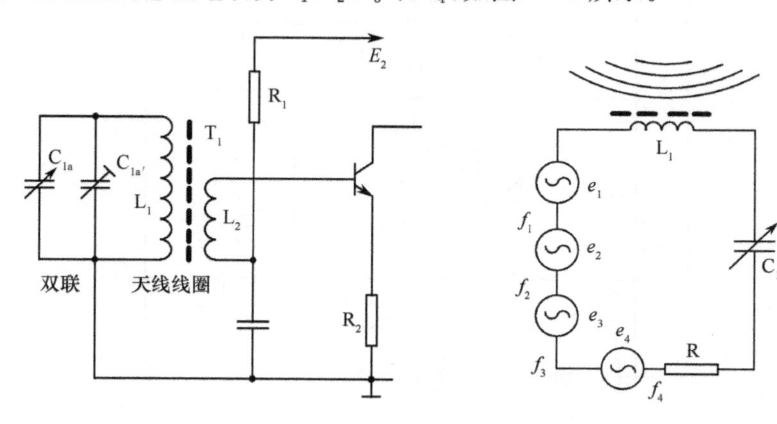

图 5-13　输入调谐电路　　　图 5-14　调谐电台

在输入电路中，L_1 是固定的，C_{1a} 是连续可变的。当旋转 C_{1a} 时，输入电路的固有频率就随着 C_{1a} 的变化而变化。如果要收听频率为 f_2 的电台广播，只要旋转可变电容器 C_{1a}，就能找到一个位置，使输入电路的固有频率与电台信号频率 f_2 相等，即输入电路调谐(谐振)在频率 f_2 上。这时，输入电路中 e_2 产生的电流值最大，而 e_1，e_3，e_4 因为失谐，电流值很小，从而就选择出频率为 f_2 的电台信号。同理，旋转 C_{1a} 也可以选择出接收波段内的其他电台信号。

5.1.5 变频级

变频级担负着把接收到的广播电台高频载波信号变为465kHz的中频载波信号的重要任务。其工作正常与否和指标优劣将直接影响后级电路和整机的性能，因此它是收音机的关键部分。

为了实现频率的变换，变频器一定要包括具有混频作用的非线性元件(即三极管)、产生等幅信号的振荡器、选择中频信号的选频负载等。变频级的工作原理是：当两个不同的频率信号加到三极管放大器上时，由于放大器非线性元件(三极管)的作用，其输出端会产生这两种频率信号及这两种频率信号的和频、倍频和差频等许多不同频率的信号，这时，如果在放大器的输出回路接入一个LC谐振回路，并使谐振回路调谐在差频(465kHz)上，则变频器就会输出这个差频信号，这个过程通常称为混频。

超外差式收音机基于这个原理，在机内设有变频器。变频器中的本机振荡器可以产生一个幅度不变的正弦波信号(简称本振信号)，接收不同频率的电台信号时，本振信号始终保持比电台信号高出一个465kHz的频率。例如，外来广播电台的信号为1000kHz，这时本振信号就应为1465kHz，经变频后产生的差频信号为 $1465-1000=465$kHz，这个差频通常叫中频。它是比高频信号低、比低频信号又高的信号，这种接收方式叫外差式。

超外差式收音机的变频级有两种电路形式：一种是本机振荡和混频由一个三极管来完成，称之为变频器；另一种是本机振荡和混频分别由两个三极管来完成，称之为混频器。无论采用哪种电路，都是利用三极管的非线性，将本机振荡信号与电台信号差出一个固定的中频信号。

1. 变频器

图5-15所示为收音机变频器典型电路。图中 VT_1 是变频管，它兼有振荡、混频两种作用。本机振荡电路由振荡变压器(简称中振) T_2、可变电容器 C_{1b}，$C_{1b'}$ 构成变压器反馈式振荡器，振荡频率主要决定于 L_4，C_{1b}，$C_{1b'}$。

本机振荡电路又是如何产生振荡的呢?

在收音机接通电源的瞬间，会有一个基极电流产生 I_b，由于 VT_1 的放大作用，就会有一个被放大的集电极电流 I_c，因电感中的电流不能突变，集电极电流的突然增大，使电感线圈 L_3 呈现较大的电抗，此时 L_3 两端将得到一个较高的电压，因变压器的电磁感应作用，在振荡变压器副端线圈 L_4 两端也将得到一个较高的电压，使由 L_4 与 C_1 组成的谐振电路自激振荡，其振荡频率由振荡源电路的电感、电容参数决定，这一切都在接通电源的瞬间完成。若不考虑反馈放大电路的话，收音机电源接通后，集电极电流逐渐增大并变成恒定电流，振荡变压器原端线圈 L_3 两端的电压也降到最低，振荡停止。

若想使振荡持续下去，必须有不断的外力。由于接通电源的瞬间振荡源电路产生振荡，同时此振荡信号经地线、电容 C_2、电感 L_2 加到 VT_1 的基极，又经电容 C_3 加到 VT_1 的发射极，被三极管放大，使振荡变压器原端 L_3 两端的电压再次发生变化，由变压器耦合再次激励振荡电路振荡，并将振荡信号再次放大，此过程循环往复进行，使本机振荡信号得以持续下去。

由于 C_2 对振荡信号如同短路，使 VT_1 基极交流接“地”，所以振荡电路是共基极方式。

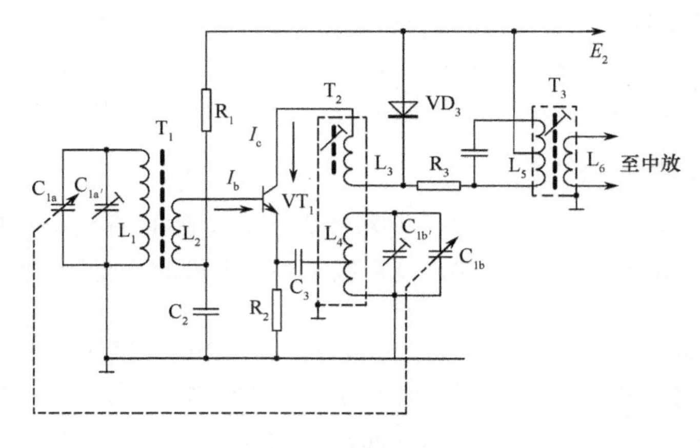

图 5-15　变频器电路

混频时，电台信号经 C_{1a}，$C_{1a'}$，L_1 谐振选频后，通过 L_1，L_2 的耦合送入 VT_1 基极，同时，本振信号通过 C_3 注入到 VT_1 发射极，两个信号在 VT_1 中混频后再放大，经圈数很少的 L_3（可视为对中频短路）送到选频负载 T_3，输出信号由中频变压器 T_3 的选频回路进行选频，得到差频信号，再通过中频变压器 T_3 耦合输送给中频放大级。由于 C_{1a}，C_{1b} 是同轴双联可变电容器，输入信号调谐频率改变，本机振荡频率也随之改变，从而保证本振频率始终高于输入信号一个中频，满足收音机对中频的要求。

电路中的 $C_{1a'}$，$C_{1b'}$ 为补偿电容，是为了保证振荡频率的跟踪（又叫统调）而设置的。C_2 为高频旁路电容，对高频信号相当于短路。C_3 为耦合电容。R_1，R_2 为 VT_1 的偏置电阻。

2. 混频器

在一些较高级的收音机里，通常用两只晶体管分别完成振荡和混频任务。混频器电路的特点是振荡管和混频管同时工作在最佳状态，振荡器与输入回路的“牵连”较少，因此电路工作稳定，噪声也小。电路如图 5-16 所示。

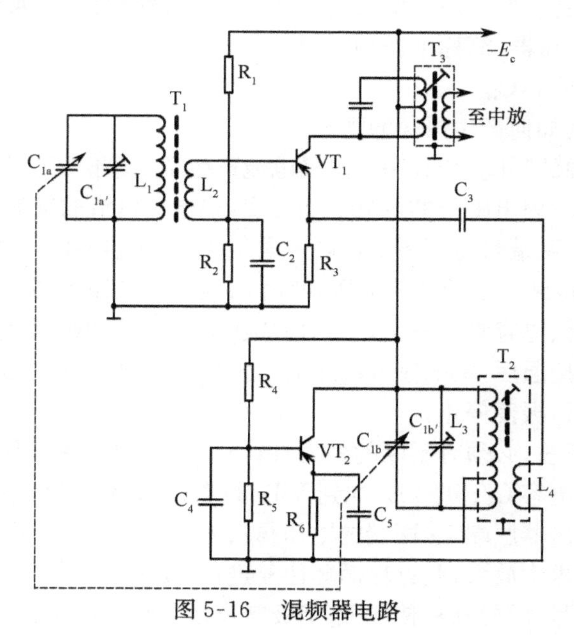

图 5-16　混频器电路

本电路中 VT_1 起混频作用，VT_2 组成一个本机振荡器。磁性天线上的线圈 L_1 和双联可变电容器的一联 C_{1a}，$C_{1a'}$ 组成输入回路。L_1 和 C_{1a}，$C_{1a'}$ 配合起来，调谐于所需接收信号的频率上，把所需信号选出，通过次级线圈 L_2 加到混频管 VT_1 的基极。

在 VT_2 所组成的本机振荡器中，L_3 和 C_{1b}，$C_{1b'}$ 构成谐振回路，决定本机振荡的频率。C_{1b} 和 C_{1a} 是同一个双联可变电容器中的两个同轴调谐的电容器，它们的容量是同时变化的。当调谐电台改变 C_{1a} 的容量时，C_{1b} 的容量也同时改变，以保证本机振荡器的振荡频率刚好比所收电台的频率高 465kHz，使这两个频率刚好差一个中频。

本机振荡器所产生的本机振荡经 L_4 的耦合，通过 C_3 加到混频管 VT_1 的发射极。本机振荡和外来信号分别加到 VT_1 的发射极和基极，通过 VT_1 本身的非线性作用，就产生了一系列新的频率成分，即实现了混频作用。混频后产生的中频信号由 VT_1 集电极所接的中频变压器 T_3 选出中频信号，送到中频放大级进行进一步的放大。

3. *对变频级的要求*

由于变频级在收音机中的重要性，所以对变频级的基本要求是：

① 对高频信号进行变频和放大的整个过程中，原有的信号包络（音频成分）不能有任何畸变；

② 在进行振荡和混频放大时，对其他电路产生的干扰要很小；

③ 由于变频电路处于整机的最前级，其噪声系数应很小，否则，哪怕很微小的噪声经过逐级放大后噪声将变得很大，从而影响整机性能；

④ 工作要稳定、可靠，不能产生啸叫、停振、频率偏移等不稳定现象，受电池电压变化的影响也要小；

⑤ 与输入回路的频率“跟踪”要好，即本振频率应能始终保持比输入信号频率高 465kHz；

⑥ 要有一定的变频增益。

5.1.6 中频放大级

中频放大级是指变频输出至振幅检波器之间的电路，其作用是放大中频信号，它是收音机的“心脏”。对收音机的灵敏度、选择性及声音质量都有直接影响。中频放大器应具有增益高、稳定性好、选择性优良、通频带较宽等特点。

中频放大级电路由中频变压器（也称中周或中频滤波器）和中频放大器组成。中频变压器在初级设有调谐于 456kHz 的单调谐回路，负责从变频级送出的各个频率信号中选出 465kHz 的中频信号。次级只有一个耦合线圈，经过调谐后，得到的谐振曲线很陡峭，中频信号经过几只这样的中频变压器重复滤波以后，选择性就能提高。

中频放大器一般为 1 ～ 3 级，每级增益为 25 ～ 35dB。两级中频放大的电路如图 5-17 所示。第一级中频选频网络（中频变压器 T_3）从变频管的输出信号中选出中频信号，通过次级线圈耦合到中放管 VT_2 的基极。经 VT_2 放大后的中频信号，又经过第二级中频选频网络（中频变压器 T_4）选频并耦合到第二级中放管 VT_3 的基极再次进行放大，由第三级中频选频网络（中频变压器 T_5）再次选频后送到检波级进行检波。

如图 5-17 所示，中频变压器 T_3，T_4，T_5 的初级和与之并联的电容器组成 LC 调谐回路。调节磁心，改变线圈的电感量，使回路谐振于 465kHz 的中频，回路对中频信号呈现的阻抗最大，因而有较高的放大量，中频电压通过初、次级线圈之间的电感耦合，到中放管的基极。谐振回路

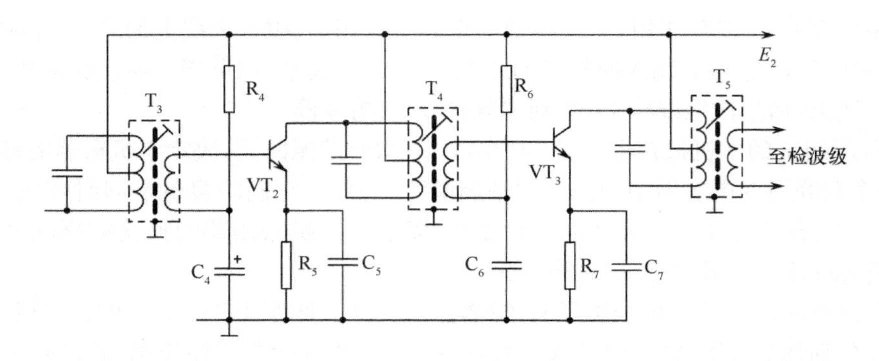

图 5-17　中频放大级电路

对非 465kHz 谐振频率信号的阻抗很小，从而达到选择中频的目的。中频变压器的另一个任务是阻抗变换，要提高增益，必须使阻抗匹配。中频变压器的初级抽头位置和次级圈数正是根据阻抗匹配的要求来确定的。

电路并联谐振时，阻抗呈现最大值，为了保证中频放大级的通频带，谐振电路的 Q 值要合适，Q 值越高，选择性越好，但频带变窄。若 Q 值很低，通频带变宽，但收音机的选择性变差，收听广播时会出现串台现象。

经变频器变频后，送入中频放大器的中频信号仍然是调幅波，其中心载频 f_0 为 465kHz，而中心频率两边还占有一定宽度的频谱。如中波广播电台的频谱宽为 9kHz，即送入中频放大器的信号频率是 460～470kHz。为了使放大后的中频信号不失真，就要求中频放大器对送进来的中频信号的各频谱成分有同样的放大作用，对频谱以外的干扰信号不予放大。一般用中频变压器或陶瓷滤波器来完成这一任务，如图 5-18(a) 所示。当中频变压器设计得不好或得到的谐振曲线过于陡峭时，抑制了 f_1 电台，选择性好了，但会使通频带压缩，无法使 460～470kHz 的信号通过，整机频率响应变差。图 5-18(b) 所示的谐振曲线比较合适，既满足了通频带的要求，又具有良好的选择性，与 f_0 相邻的电台 f_1 所产生的谐振电压较低，使 f_1 电台得到抑制。图 5-18(c) 所示的谐振曲线 Q 值较小，虽然通频带比较宽，但选择性变差了，f_0，f_1 两个电台获得的谐振电压比较接近，经变压器耦合，同时被送到下一级，即出现了串台现象。

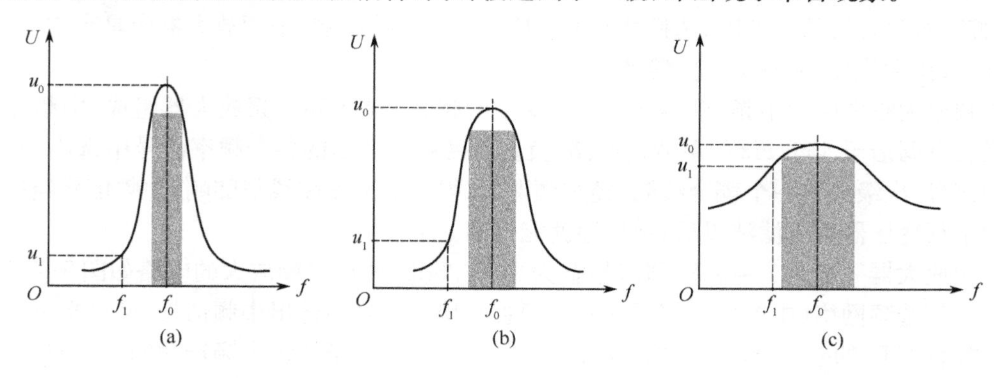

图 5-18　通频带与选择性

1. 对中频放大级的基本要求

(1) 要有足够的增益

由于二极管检波器需要有 0.5V 以上的信号电压才能工作在效率高的直线性检波状态，

而变频级输出的中频信号又十分微弱，因此就要求中频放大级对信号进行较高倍数的放大。一般要求它具有 60 ～ 70dB 的增益。

(2) 要有良好的选择性

因为中放级的放大倍数很高，微弱的无用信号输入后，经过放大也可能达到一定的幅度而影响有用信号的接收。因此，要求中频放大级对干扰信号的抑制能力要强，而对信号本身的影响及衰减要小。一般要求是单一信号偏调 ± 9kHz 时，衰减不小于 20dB。

(3) 要有一定的通频带

一般要求中频放大器的通频带宽度为在中心频率 465kHz 上下各有 4.5kHz，即在 460.5 ～469.5kHz 通频带内有几乎相同的增益，变化不大于 3dB。

(4) 工作要稳定可靠

中频放大器工作在高增益状态下，很容易产生自激和有害发射。自激将会使工作不稳定、啸叫，甚至无法收听；有害发射会干扰输入回路和变频电路的正常工作，所以要设法避免。此外，还需要求它受环境温度、电源电压变化的影响要小，从而提高整机工作的稳定性。

2. 主要干扰

外界干扰源及调幅收音机调试不当所造成的干扰主要发生在中频放大级、变频级和输入调谐电路。这些干扰同样需要通过选择性来加以抑制。

(1) 邻近电台的干扰

为了充分利用无线电广播波段的频带，要求将广播中音频信号的频带限制在 4.5kHz 以内，即每个电台所占的频带宽度为 9kHz。所以，我国广播电台的载频至少应以 9kHz 为间隔区分开。由于电台信号很多，收听时就必须分开相邻的电台信号，即只选出所需电台的信号，抑制邻近电台信号，不出现串台的现象，这就是邻近波道的选择性。外差式收音机的邻近波道的选择性要优于直放式。

(2) 中频干扰

如果外来信号中混有恰巧为中频或接近于中频的干扰信号，通过变频器送到中频放大器，干扰信号就会被放大，造成对有用信号的严重干扰。输入电路对这种干扰信号的抑制能力，称为中频选择性。

(3) 镜像干扰

超外差式收音机是取本机振荡信号与外来信号的差频(465kHz) 进行放大的，若有另一个信号(电台信号或干扰信号) 刚好比本机振荡频率高 465kHz，这个信号也会经变频器变为中频信号，造成对有用信号的干扰。

干扰信号是高出有用信号两个中频频率的信号，以本振信号为中心与有用信号分别位于本振信号的两侧，如图 5-17 所示，很像以本振为镜面的“物” 与“像” 的关系。故称有用信号的镜像频率(或假象频率)。

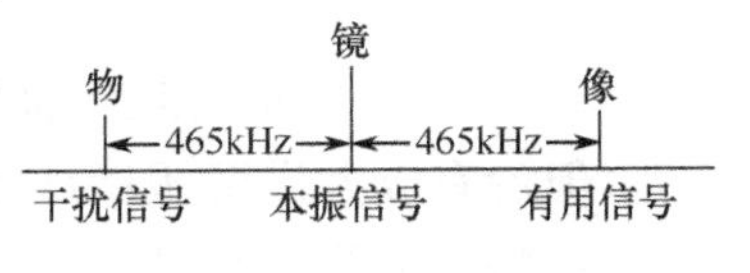

图 5-19　镜像频率

例如，当要收听的电台广播信号频率为 635kHz(有用信号)，本机振荡的频率为 1100kHz，此时本机振荡频率与要收听的电台频率正好可以差出 465kHz 的中频信号。可恰在此时，在 1565kHz 的位置上有另外一个电台信号或干扰信号，此信号频率与本机振荡信号频率的差频为 1565－1100 ＝ 465kHz，两个差频 465kHz 的信号同时被放大，这样就造成了对有用信号的干扰，这种现象叫做交叉调制，这是由于干扰信号过强而引起的。有时在收听电台广播时出现的串台现象，极有可能就是镜像频率造成的。

5.1.7 检波级及自动增益控制(AGC)电路

1. 检波器

在调幅超外差式收音机中，检波器的作用是从中频调幅信号中还原低频（音频）信号，送到低频放大器进行放大。检波作用可以用二极管或三极管来实现。

(1) 二极管检波器

二极管检波电路是利用二极管的单向导电性来完成检波的，典型的二极管检波电路如图 5-20 所示。图 5-20(a) 中，中频调幅信号经检波管 VD 检波，输出的是半个中频调幅信号，它包括直流分量、音频分量和残余中频分量。经 C_8，R_7，C_9 组成的 π 型滤波器滤除残余中频成分后得到一个中频调幅波的包络线，即音频信号这个过程在无线通信中也叫解调，解调的本质就是检波。电位器 R_P 为检波器的负载兼音量控制。检波出来的低频信号由 R_P 和 C_{10} 耦合到前置低放进行放大。图中的电阻 R_7 和电容 C_9 可以省去，此时比有 R_7 和 C_9 时的电路失真大一些，但因节省元件，收音机中也经常采用。二极管检波电路虽对信号有衰减作用，但具有电路简单、检波失真小等优点，在晶体管收音机中被普遍采用。

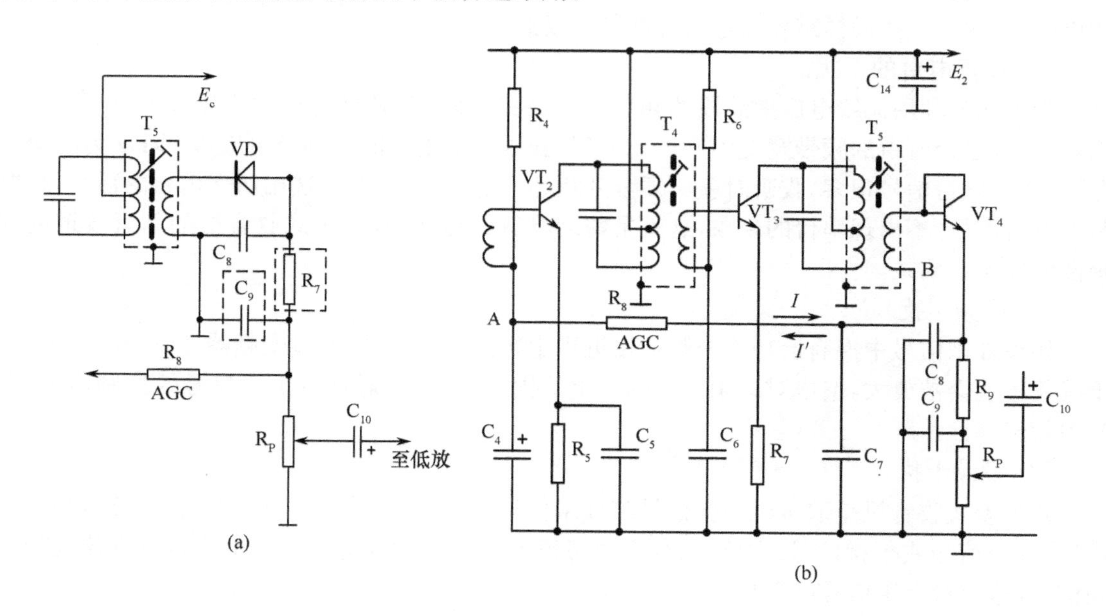

图 5-20　二极管检波电路

图 5-20(b) 所示为 HX108－2A 型收音机采用的检波电路，虽然电路中检波管使用的是三极管，但没有放大作用，因为只使用了三极管的发射极（集电极与基极短接），所以也就相当于二极管。将三极管 VT_4 用二极管来代替，HX108—2 型收音机的检波电路就变成了图 5-20(a)。检波器就是一个整流滤波电路，二极管完成整流，电容 C_8、电阻 R_7、电容 C_9 组成了典型的 π 型 RC 滤波器，电位器 R_P 为检波器的负载电阻。收音机检波电路可以省略电阻 R_9 和电容 C_9，这时检波的效果稍差一些。下面介绍只用一个电容器滤波的检波过程。

因为二极管的单向导电性，由变压器 T_5 耦合过来的中频调幅波信号，正半周使二极管导通，检出中频调幅波的正半周，如图 5-21(a) 所示。在二极管导通的同时并对电容 C_8 进行充电，一直充到最大值，当电压达到最大值后逐渐下降，而电容器两端的电压不能突然变化，仍保持较高电压。在波形的负半周，二极管截止，于是电容 C_8 便通过负载 R_P 放电，因 R_P 的阻值较大，放电速度很慢，在波形下降期间，电容 C_8 上的电压降得不多。

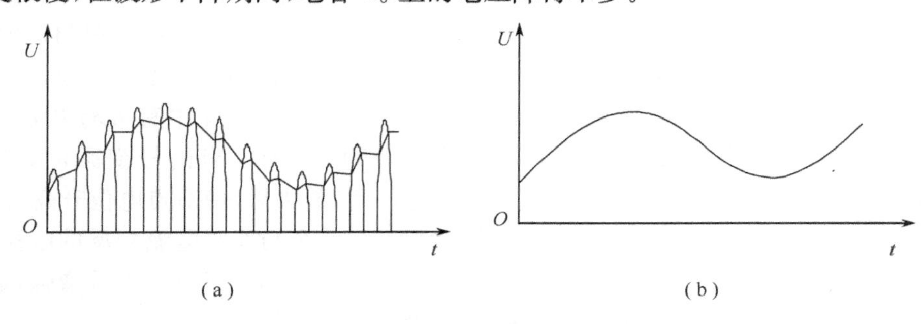

图 5-21　二极管的检波过程

当下一个周期来到，并升高到大于 C_8 两端电压时，又再次对电容 C_8 充电。如此重复，C_8 两端也就是负载 R_P 两端便保持了一个较为平滑的电压。由于本电路采用的是 π 型滤波器，在波形正半周二极管导通时，同时给电容 C_8、C_9 充电，并充到最大值。波形下降直至下一个正半周到来，电容 C_8 和 C_9 又同时通过电阻 R_P 放电，因 C_8、C_9 两端电压都不能突变，所以在负载电阻 R_P 两端就得到了一个更加平滑的电压，如图 5-21(b) 所示，完成了音频信号的还原。还原的音频信号在可变电阻器上取出，通过调节可变电阻器的滑动端，控制送入低频放大级信号的强弱，由此实现收音机音量的控制。此信号由电容 C_{10} 耦合送入低频放大级。

(2) 三极管检波器

三极管检波是把中频信号由三极管基极输入，发射极输出，利用发射结的单向导电性来完成的，故称三极管检波器。由于三极管具有放大作用，能够把检波与放大适当地结合起来，使电路的功率损失大为减小，整机增益提高。

当无信号输入时，电源经 R_4 和 R_3 为三极管 VT_3 发射结建立正偏压，使 VT_3 处于临界状态。当有信号时，在信号的正半周，三极管的发射结导通，负半周截止，发射结与普通二极管一样，具有单向导电作用，在发射极负载电阻 R_8、R_P 两端产生单极性电压，经电容 C_5 滤出残余中频后，得到低频信号，由 R_P 中心抽头输入到低频放大级放大。由于三极管的放大作用，提高了整机增益。检波用三极管必须是高频管。咏梅 837 型收音机就用此检波电路。

2. 自动增益控制(AGC) 电路

因为广播电台发射功率的不同、使用收音机者距离电台的远近不一样及接收环境上的差异，收音机在接收电台信号时受自然条件的影响，就会出现有的电台信号强，而有的电台信号弱的现象。尤其在强信号时，各级晶体管因输入信号过大而产生难以容忍的阻塞失真。为了减小这些影响，在收音机中都装有自动增益控制(AGC) 电路。

自动增益控制电路能自动调节收音机的增益，使收音机在接收强、弱不同的电台信号时音量不致变化过大。在中波收音机中，经常采用两种自动增益控制电路，一种是在检波前拾取信号，另一种是在检波后拾取信号。图 5-22 所示的电路为前一种，经常使用在三极管检波电路中，该增益电路形式简单。增益控制的过程是：VT_2，VT_3 两个晶体管共用一个偏置电阻 R_3，无信号或信号强度没有变化时，三极管 VT_2 的基极电位和 A 点电位没有变化，当外来信号变强时，三极管 VT_2，VT_3 的基极电位将升高，VT_3 的集电极电流增大，C 点电位降低，因偏置电阻

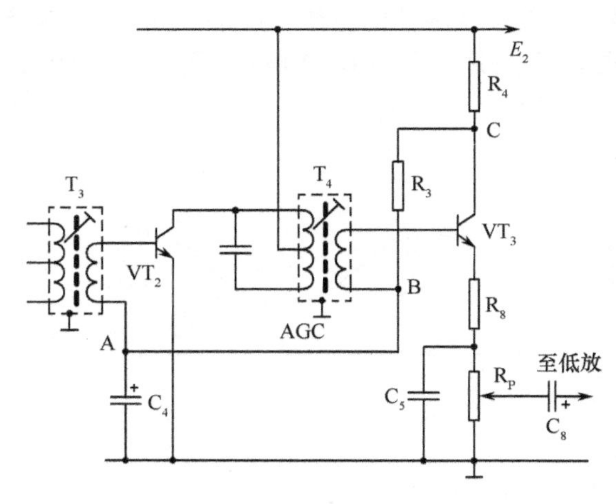

图 5-22 三极管检波电路图

的作用，B 点、A 点电位随之降低，控制了 VT_2 基极电位的升高，达到了自动增益控制的目的。

图 5-20(b) 中的 AGC 也是自动增益控制，主要由 R_8 电阻来完成。控制过程是：当信号强弱无变化时，电阻 R_8 中有微弱电流 I，方向如图 5-20(b) 所示。当信号变强时，该信号经 VT_2，VT_3 放大后，使 B 点电位升高，在电阻 R_8 中将产生一个与原来电流相反的电流 I'，从而降低了 A 点电位，控制了信号增强，起到了自动调节增益的作用。

第二种自动增益控制电路如图 5-23 所示，控制过程是把检波后低频信号中的直流成分引到第一中放管的基极，控制中放管基极电流，从而实现 AGC 控制。电路中的 R_8 和 C_4 支路起 AGC 作用。设第一中放管的静态基极电流为 I_b，无外来信号时，I_b 由偏置电路固定。当收音机收到电台信号时，信号经变频和中频放大，然后由检波二极管 VD 检波。检波后的中频脉动电流被 C_8，R_7 和 C_9 滤除，音频信号经隔直流兼耦合电容 C_{10} 送入低频放大器。其中的直流成分为 I_d，一部分($I_{d'}$) 消耗在电位器 R_P 上，另一部分($I_{b'}$) 经 R_8 和 C_4 滤波后注入第一中放管的基极。由于 $I_{b'}$ 与 I_b 的流向相反，$I_{b'}$ 要抵消一部分 I_b，使第一级中放的增益下降。外来信号越强，检波后的 $I_{b'}$ 也越大，使第一中放增益越低。反之，中放增益下降就小，从而起到了 AGC 的作用。

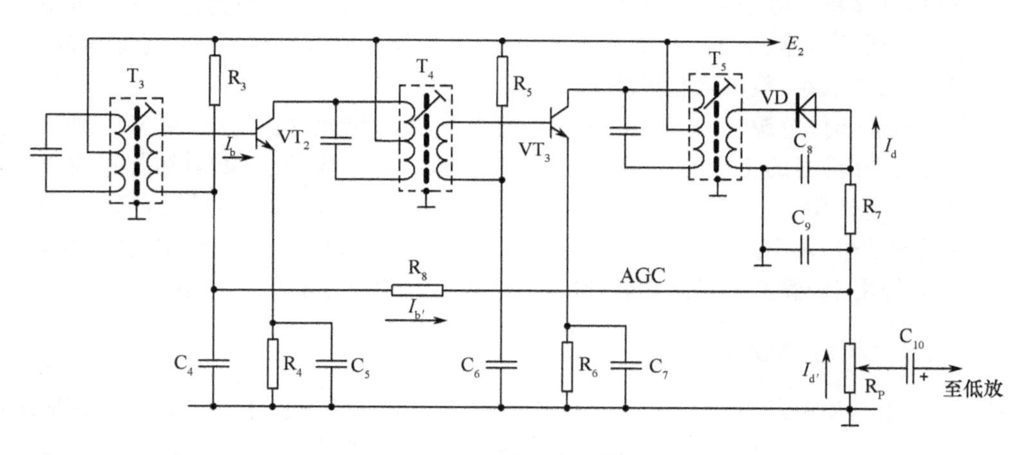

图 5-23 自动增益控制电路

电路中的 R_8，C_4 支路，不但能滤掉残余中频和音频，保证中放管正常工作，而且两者的乘积决定着控制速度的快慢。乘积越大，控制越慢；乘积越小，控制越快。一般要求 R_8 取 5 ～ 10kΩ，C_4 取 10 ～ 30μF。

5.1.8 低频放大级

检波器与功率放大器之间的电路称为低频放大器，主要作用是放大低频信号，激励功率放大器，使功率放大器有足够的输出功率，去推动扬声器(负载) 工作。

在有些收音机电路中，低频放大级是由前置低放级和推动级组成的。前置低放级是用来对检波后的低频信号进行初步的放大。推动级用来对前置级输出的低频信号做进一步的电压放大，以满足功放级对输入信号幅度的要求，它又称为激励级。低频放大级电路如图 5-24 所示。

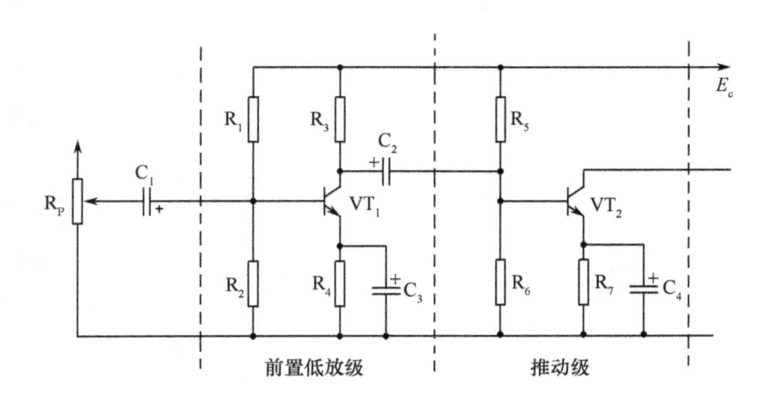

图 5-24　低频放大级电路

1. 阻容耦合低频放大器

在图 5-24 所示电路中，前置低放级与推动级采用的是阻容耦合，耦合电路由 R_3，C_2 组成。它具有成本低、体积小、频率响应较好的优点，缺点是与下级阻抗不匹配，功率增益低。R_3 是低放管 VT_1 的集电极负载，C_2 是向下一级耦合信号的电容，R_3，C_2 组成阻容耦合支路。C_2 一般为 10 ～ 30μF。R_1，R_2，R_4 组成分压式电流负反馈偏置电路，稳定 VT_1 的直流工作点，R_4 阻值大，负反馈作用强，电路的稳定性好(R_4 一般为 510 ～ 1000Ω)。C_3 为发射极旁路电容，它对低频放大器的低频特性有较大的影响，C_3 容量大，低频特性好(一般用 30 ～ 50μF)。

2. 变压器耦合低频放大器

这种低频放大器多用于收音机的第二低放，其作用是把前置级送来的低频信号进一步放大，用以推动功率放大器，所以又叫做推动级或激励级。

但在便携式中小型收音机中，经常是将前置低放和推动级合为一级，只采用一个晶体管完成低频放大，如图 5-25 所示。

由 C_{10} 耦合来的低频信号，经三极管 VT_5 放大后，送到输入变压器 T_6(VT_5 的负载) 的初级。通过输入变压器 T_6 可改善阻抗匹配程度，从而提高三极管 VT_5 的输出信号，激励功率放大器输出足够的功率。

由于变压器初级对音频中的高音频成分阻抗大、低音频成分阻抗小，会出现高音增益高而低音增益低的现象，即频率相应不均匀。为了改善整机的频率特性，可在输入变压器初级两端并联一个电容 C_x，旁路部分高频，使高、低音得到一定的均衡。同时，C_x 还具有降低部分高频噪声的作用。

3. 直接耦合放大

直接耦合放大器省去了耦合电容，不但提高了信号的传输效率，而且改变了放大器的频率特性，其性能比较优良。图 5-26 所示为一个采用负反馈技术稳定工作点的直接耦合放大电路。三极管 VT_1 的上偏置电阻 R_1 接到 VT_2 的发射极上。当 VT_2 的静态工作电流变化时，U_{2e} 也随着变化，

这个变化的电压经 R_1 和 R_2 分压，反馈到 VT_1 的基极，自动调节 VT_1 的基极偏流，控制 U_{1c}（即 U_{2b}），使 VT_2 的静态电流再反向变化，从而稳定了电路的静态工作点。直接耦合放大器在功率放大电路和集成电路中应用十分广泛。

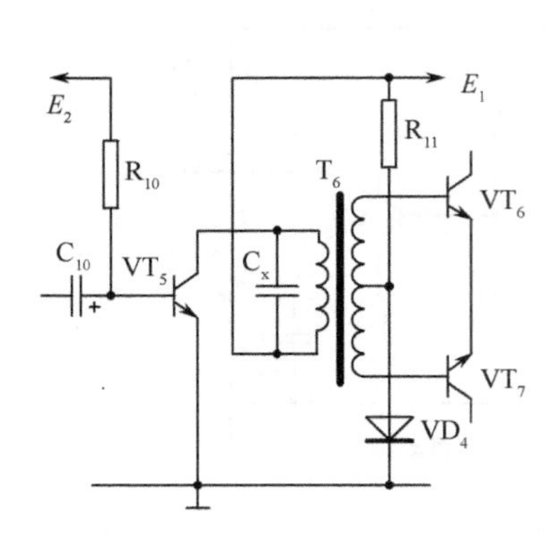

图 5-25　变压器耦合放大器

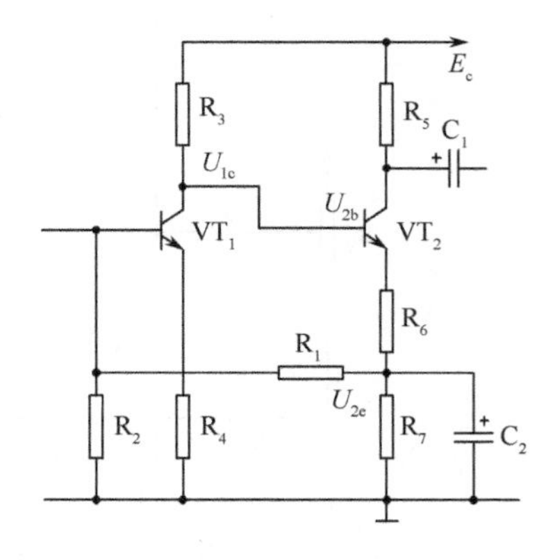

图 5-26　直接耦合放大

5.1.9　功率放大级

功率放大级是收音机的最后一级，主要任务是把低频放大级送来的信号进行功率放大，以足够的功率输出去推动扬声器，所以也叫功率放大器。收音机中常用的功率放大器有甲类(A 类)、推挽乙类(B类) 和无变压器功率放大器 3 种。

1. 甲类功率放大器

单端甲类功率放大器如图 5-27 所示。T_1 为输入变压器，T_2 为输出变压器。R_1，R_2，R_3 组成分压式电流负反馈偏置电路。其中，R_1 为放大器的上偏流电阻，为使放大器有较大的功率输出，在三极管耗散功率允许的条件下，调节 R_1 阻值，使晶体管 VT 的集电极电流 I_{CQ} 为 10 ～ 20mA。R_2 为放大器的下偏流电阻。R_3 为发射极电阻，起电流负反馈的作用，其阻值越大，电路的稳定性越好，但电流在 R_3 上产生压降也大，使晶体管 VT 的管压降减小，一般为几欧姆至几十欧姆。C_1 为偏置电路的交流旁路电容，用以沟通交流通路。电容器 C_2 为防止 R_3 产生交流负反馈的交流旁路电容；C_3 为高频旁路电容。

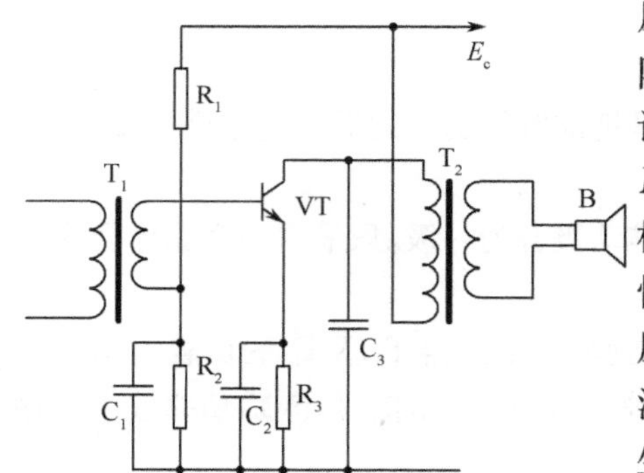

图 5-27　甲类功率放大器

对于变压器输出的单端甲类功率放大器，在充分利用管子的最大参数的理想条件下，其效率可按电源直流功率 P_E 的 50% 计算。也就是说，电源供给的直流功率最多只有一半转换给负载，成为有用功率，而另一半基本上消耗在管子上。在实际电路中，功率管又往往接有发射极电阻，变压器也存在损耗，所以其实际效率最大也不过 35%。特别在静态时，电源给出的功率 P_E 全部变成管耗 P_{CM}。因此，尽管这种电路简单，失真也较小，但由于效率低、输出功率小和管子热损耗大，只有在小功率输出时才采用。

2. 乙类功率放大器

为了提高功率放大器的效率，满足大功率输出的需要，一方面要增大输出功率，以足够强的激励信号推动功放管，使其工作在接近最大不失真状态；另一方面又要降低静态损耗，减小静态工作电流。为此，最好让功放管工作在 $I_b=0$ 的乙类状态，这样既降低了静态损耗，又可使输出动态范围最大，从而提高了功率放大器的效率。但是，功放管工作在 $I_b=0$ 时，在一个信号周期内，半周导通工作，半周截止，造成信号的削波失真。为了消除这种失真，需要采用双管推挽式乙类功放电路。这种电路的理想效率近 80%，实际效率在 60% 以上，并因有对称性，可使偶次谐波相互抵消，从而减小谐波失真，在收音机电路中普遍应用。电路如图 5-28 所示。

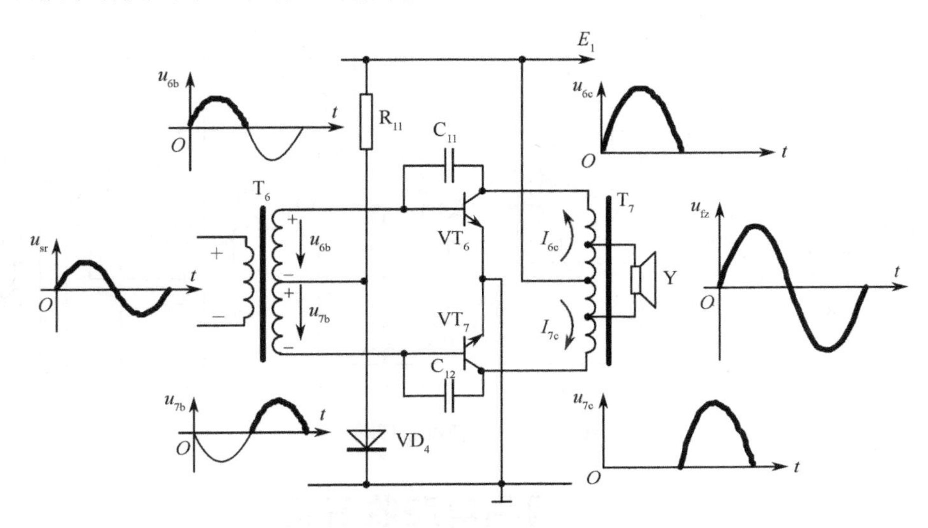

图 5-28 推挽放大器及波形

从电路结构看，它是由两个完全对称的单边功放电路并接而成的，因此，不但要求两个功放管的型号相同，而且参数也应相近。

推挽功放的工作原理是：当输入变压器 T_6 初级加有低频信号（假设为正弦交流信号）时，在正半周，初级线圈上端正，下端负，次级两半线圈将感应出两个大小相等的低频信号，极性如图 5-28 所示。此时功放管 VT_6 的基极为正，发射极为负，加有正偏压而导通，功放管 VT_7 的基极为负，发射极为正，加有反偏压，因而不能导通。VT_6 管的电流 I_{6c} 流过输出变压器 T_7 的初级上半线圈（方向如图所示），输出变压器次级线圈便感应出正半周信号电流，流过扬声器。

当输入变压器 T_6 的初级线圈加有负半周信号时，初、次级信号极性将与前述正半周时相反，功放管 VT_7 加有正偏压而导通，功放管 VT_6 则加反偏压而截止。VT_7 管的集电极电流 I_{7c} 流过输出变压器 T_7 的下半个线圈，其方向与 I_{6c} 相反。所以，输出变压器 T_7 次级有与前述方向相反的负半周电流流过扬声器。在输入信号的一个全周期内，将有一个完整的输出信号加到扬声器上。由于功放管 VT_6，VT_7 的放大作用，加到扬声器上的信号将比输入信号大得多。

由于此电路的两管轮流工作，犹如“一推一挽”，所以通常称之为推挽放大器；又因为它的工作点靠近截止区，所以又称为乙类推挽放大器。

3. 无变压器功率放大器

无变压器功率放大器（简称 OTL 电路）是在推挽电路的基础上发展起来的一种新型电路。此种电路因为没有变压器，采用了直接耦合方式，提高了效率，拓宽了频带，使信号的高、低音都比较饱满，同时避免了变压器的损耗、相移、频率特性差等缺点，频率响应好，失真小，被称为高保真电路。在高档收音机中常采用此电路。

以上介绍了中波超外差式收音机各级电路及整机的工作原理，虽然各级电路比较简单，但对整机来讲，所包含的功能电路比较全面，对学习电子线路和进行动手能力的训练都是一个较理想的产品，特别是在产品的调试前应认真学习本部分的内容。图5-12与图5-29是典型的二极管检波和三极管检波收音机整机电原理图，在图5-29中，VT_2为中放管，VT_3为检波管。因为只有一级中频放大，为使中频放大级有足够的增益，采用三极管检波电路，检波管VT_3在检波的同时还具有放大作用。

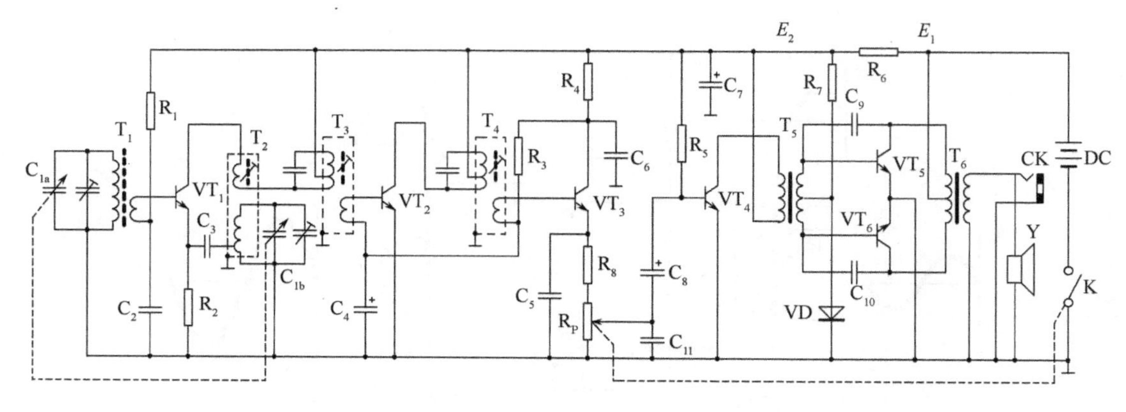

图5-29　收音机原理图

5.2　调频电路收音机

由前面介绍可知，调幅广播是用音频调制载频的振幅，振幅随音频信号变化，载频频率不变。调幅广播电台间隔小，接收机通带窄，保真度不高；况且调幅收音机抗干扰能力差，差拍及串台干扰严重。调幅广播通常用中波和短波来发射，电台非常拥挤，为了避免邻近电台之间的串台干扰，两个电台之间的频率间隔需大于9kHz，这样就要求中频放大器的通频带也应满足9kHz的带宽。即使这样，因经检波后的高频成分有一定的损耗，最高也只有4.5kHz。声音中的高频成分大部分未能重放出来，所以调幅收音机的保真度低。此外，调幅收音机的抗干扰能力也差，这是因为各种干扰信号大多以调幅形式调制在载波上，收音机很难将有用信号和干扰信号完全分开。再加上交叉调制及电台之间的串扰，形成差拍啸叫也较严重。

调频广播可解决调幅广播中存在的缺点，因调频信号是用音频信号对载频的频率进行调制，载频的幅度固定不变，不但可做到音频信号的高保真传送，抗干扰能力也大大增强。在调频广播中，调频信号100％调制时，频偏规定为±75kHz，而音频信号的最高频率为15kHz，因此，调频收音机的带宽应为$B \geqslant \pm(75+15)$kHz，即带宽大于180kHz。调频广播的频率间隔为200kHz，所以调频收音机的带宽可以做到180～200kHz，从而保证了音频信号的高保真重放。高保真度要求传送15kHz的音频成分，而音频的频率响应可达到30～15000Hz(人耳可听频率范围为20～20000Hz)，大大高于调幅收音机的4.5kHz。因此，调频收音机可获得声音的真实重放。而且，调频收音机都设有限幅器，可以抑制调频波上的调幅干扰，使声音清晰，噪声很小，信噪比大大提高。

5.2.1 调频收音机的原理框图及波形

调频广播使用超短波发送，采用的是调频广播国际标准频段 88 ～ 108MHz。调频收音机一般采用超外差接收，中频频率为 10.7MHz。它与调幅超外差式收音机的电路结构很相似，是由输入电路、高频放大器、变频器、中频放大器、限幅器、鉴频器、低频放大器、功率放大器及自动频率控制(AFC) 等电路组成的，输入回路、高频放大器、变频器一般称为调频头电路。图 5-30 所示为调频收音机的原理框图及各点处的波形。

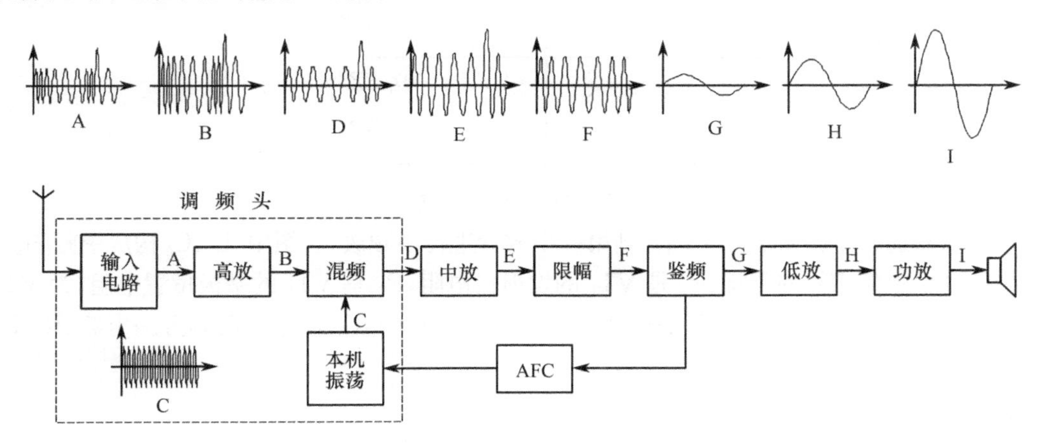

图 5-30 调频收音机原理框图及波形

从原理框图及波形图来看，经高频放大器放大的调频信号的调制频率没有改变，只是幅度增大了。变频级是利用晶体管的非线性作用，把高频放大器送来的调频信号和本机振荡电路产生的无调制的正弦波信号进行混频。混频的结果得到了 10.7MHz 的差频（中频）信号，即完成变频任务。在变频的过程中，只改变信号的载频频率，原来调制信号（音频）的内容没有改变。10.7MHz 的中频信号经过中频放大器放大后送到限幅器。限幅器的作用是切除调频波上的幅度干扰和噪声，使中频信号变成一个等幅的调频波，然后送至鉴频器。鉴频器的功能是将频率变化的信号转变成电压变化信号，即把调频信号恢复成音频电压变化信号(相当于调幅收音机中的检波)。低频放大级和功率放大级与调幅收音机的功能完全相同。

调频收音机的本机振荡频率很高，为了防止由电源电压及温度变化而引起的振荡频率漂移而造成失谐，电路中还设有自动频率控制(AFC) 电路。为了充分发挥调频收音机音质好的优点，低频放大级应尽可能做到频响宽、失真小、功率余量大，以得到高保真的放声效果。

5.2.2 调频头电路

调频头电路由输入电路、高频放大电路、混频及本机振荡电路组成。电路如图 5-31 所示。作用是用调谐方式接收、放大调频广播信号，并把它变成 10.7MHz 的中频信号。调频头电路应具备噪声小、选择性好、动态范围宽的特点。

图 5-31 为常见的调频头电路，输入回路采用电容分压式电路，高放为共基极高频放大器，变频采用单管变频器电路。天线接收到的调频电台信号通过 C_2 进入输入回路，然后由 C_4 耦合到高放管 VT_1 进行高频放大，在 VT_1 集电极调谐负载 L_2 和 C_{1a}，C_{1b} 回路上选出所需要的电台信号。信号由 C_6 耦合给变频管的输入端；同时由 L_4 和 C_{1c}，C_{1d} 等元件和 VT_2 组成的共基极电容反馈式振荡器产生的本振信号，通过反馈电容 C_9 输送到 VT_2 的输入端，与输入电台信号混频。经变频后产

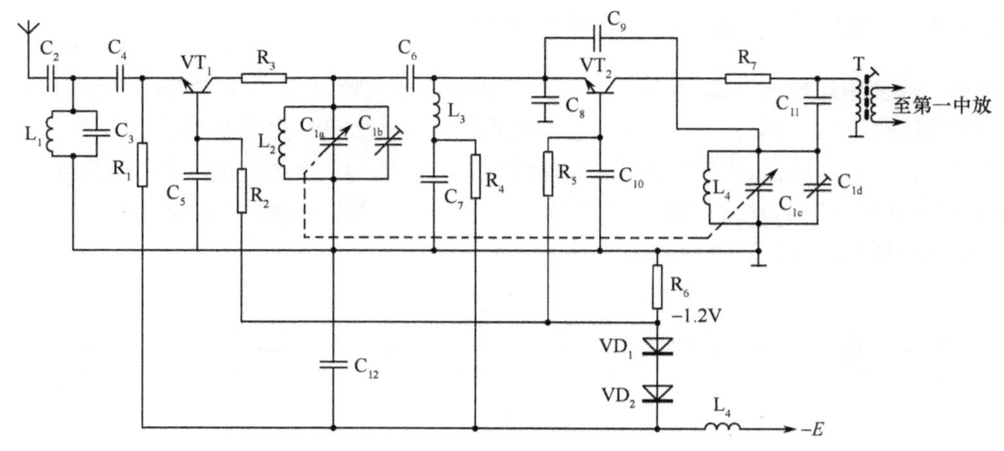

图 5-31　调频头电路

生的中频信号通过中频变压器T耦合到第一中放管进行中频放大。图中，L_3，C_7 构成中频陷波器，用来抑制外来中频信号的干扰。R_1 是 VT_1 的发射极电阻，R_2 是 VT_1 的基极偏置电阻，为 VT_1 提供稳定的偏置。R_4，R_5 组成的偏置电路，为 VT_2 提供偏置。C_5，C_{10}，C_{12} 为高频旁路电容。R_3，R_7 起稳定作用。

1. 输入电路

输入电路是用来把天线接收到的调频无线电波耦合到高频放大级，因此，它不仅是一个阻抗匹配网络，而且也是一个频率选择电路。对接收调频信号的晶体管收音机的输入电路来说，它应具有宽的通频带，并能获得较好的阻抗匹配。因此，便携式调频收音机的输入电路大多数都采用宽频带形式。常见的调频收音机输入电路如图 5-32 所示。图 5-32(a) 为电容分压式，常用于便携式调频收音机。

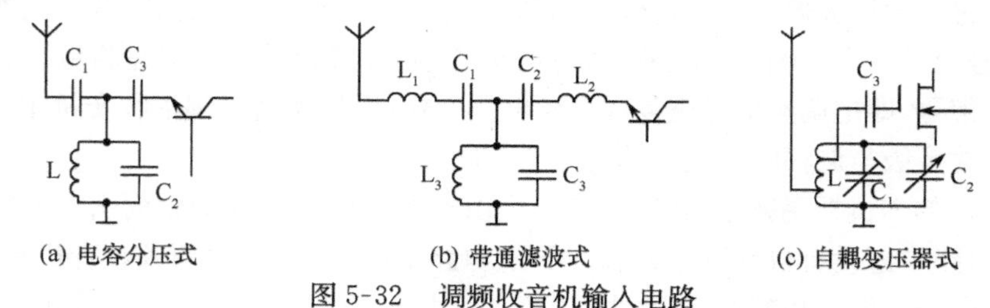

(a) 电容分压式　(b) 带通滤波式　(c) 自耦变压器式

图 5-32　调频收音机输入电路

2. 高频放大器

高频放大器是指收音机电路中变频器之前的放大器，它是调频收音机的一个重要组成部分。它的主要作用是把从天线上接收到的各种信号加以放大，同时防止本机振荡信号向天线泄漏。该级电路的优劣在很大程度上决定了收音机的灵敏度和选择性，以及整机的信噪比。收音机天线所接收到的广播信号多是在微伏(μV) 数量级。因此，作为第一级高频放大器，要求增益高、频带宽、动态范围大、噪声低、工作稳定。

调频收音机的高频放大电路有共射极和共基极两种电路形式，共基极电路的输入阻抗低，适于与固定调谐的宽带型输入回路配接。输出阻抗高，集电极与其选频负载不必采取抽头形式接入。输出端向输入端的反馈小，工作稳定性好。对晶体管的截止频率要求不高，大于 350MHz 即可。所以在调 幅/调频 (FM/AM) 收音机中，大都采用共基极高频放大器。

3. 变频器

变频电路包括本机振荡和混频两部分，主要任务是将由高频放大电路来的信号和由本机振荡电路来的未调制波进行混频，把超高频信号变为 10.7MHz 的中频信号，然后送到中频放大级进行中频放大。对变频电路的要求是振荡波形好、频率稳定度高。变频级完成频率变换的任务，只改变信号的载波频率，而不改变原来调制信号(音频) 的内容。与调幅收音机一样，变频电路由两个晶体管分别完成振荡功能和混频功能，叫做混频器。变频电路是由一只晶体管同时完成本机振荡和混频两个功能，叫做变频器。在简单的调频晶体管收音机中，变频一般采用变频器电路。

5.2.3 中频放大器及限幅器

中频放大器与限幅器密不可分，中频放大器主要是放大 10.7MHz 的中频信号，限幅器可以抑制调幅波的干扰，限幅作用是由末级中频放大器和比例鉴频器分别实现的。

1. 中频放大器

中频放大电路也是调频收音机的重要组成部分，它的任务同样是把来自变频级的中频信号放大到检波级可以正常工作的电平。这级电路不仅关系到整机的灵敏度和选择性等主要性能指标，而且它的限幅性能对消除幅度干扰，提高信噪比，改善调幅抑制比，减小失真，加宽通频带起着重要作用。调频收音机的中频放大电路与调幅收音机的中频放大电路形式相似，只是工作频率不一样，调频收音机的中放频率为 10.7MHz。对中频放大电路的要求是：功率增益高、稳定性好、通频带宽度合适、选择性好和有良好的限幅性能。

2. 限幅器

在调频收音机中，限幅器设置在末级中频放大器与鉴频器之间。限幅器的功能是切除输入信号的幅度变化，提供一个等幅的输出信号，这个输出信号保持输入信号频率的变化规律，但输入信号的幅度一定要大于限幅器的门限幅值，才能起到限幅作用。对限幅器的要求是有合适的门限电压，晶体管的工作点要选择恰当。

限幅作用是决定调频收音机抗干扰能力优劣的重要因素之一，也是调频收音机抗干扰能力远远优于调幅收音机的重要原因。这是因为无线电波干扰大多表现为幅度起伏的干扰，而限幅作用恰恰是削弱或切除寄生调幅干扰。常见的限幅电路有二极管限幅器和三极管限幅器。

(1) 二极管限幅器

在中频放大器的调谐回路上并联一对反向连接的二极管就构成了二极管限幅器，电路如图 5-33(a) 所示。二极管 VD_1，VD_2 并联在中频变压器 T 的次级回路中。一般二极管的正向导通电压为 0.3 ～ 0.6V，导通时电阻很小。当两个二极管反向接于回路两端时，虽然它们都处于零偏置的工作状态，但对高频交流信号而言，它们却处于正、负极性交替变化的信号高低电平两端。当回路两端输入信号电压大于二极管的正向导通电压时，二极管导通，放大器的负载阻抗变小，增益降低，这样使输出电压钳制在二极管导通电压值左右。对于具有理想导通特性的二极管，在导通时，正向电阻很小，而且基本上保持恒定，在反向截止时，电阻呈无穷大。输入为正弦波时，限幅器的输出波形如图 5-33(b) 所示。

(2) 三极管限幅器

三极管限幅器主要是利用三极管的截止及饱和特性限制放大器的动态范围，也就是说，三

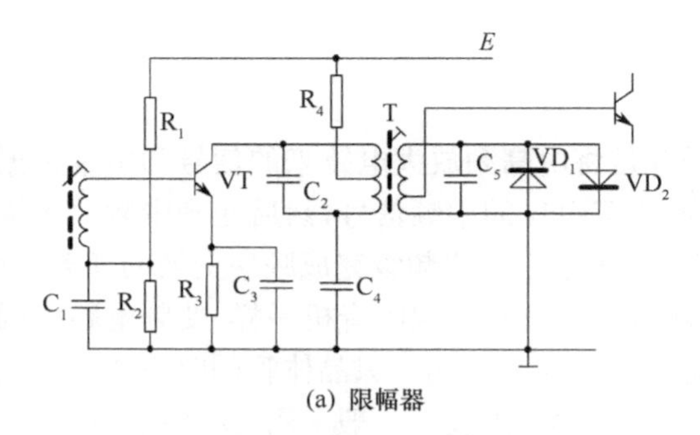

(a) 限幅器

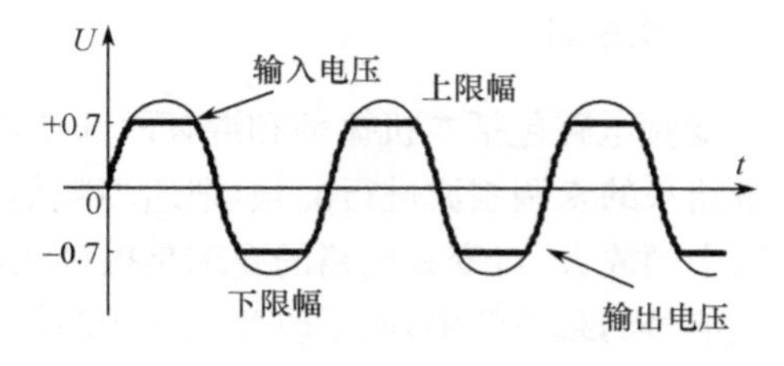

(b) 输入正弦波时限幅器的波形

图 5-33　限幅器电路

极管限幅器实际上就是工作在截止区和饱和区的放大器。当输入的正半周信号大到一定程度时，晶体管饱和，而在负半周时，晶体管截止，从而起到了限幅作用。为了对小的输入信号也能起限幅作用，所选用的负载电阻应使晶体管容易进入饱和区或截止区，并且使饱和点和截止点相对于工作点是对称的，以获得对称的限幅波形。三极管限幅原理如图 5-34 所示。

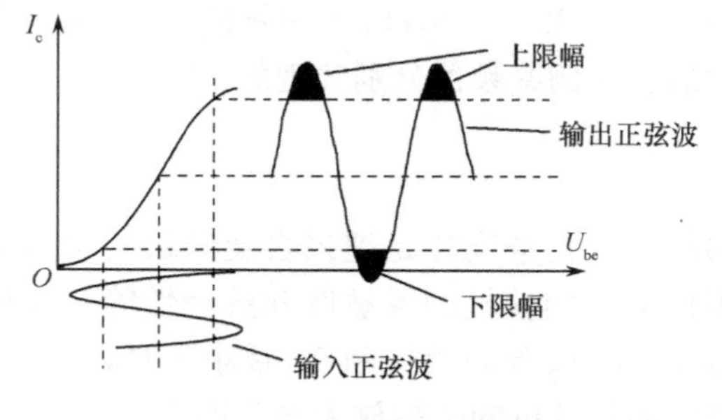

图 5-34　三极管限幅示意图

在图 5-33(a) 所示电路中，中频变压器 T 之前的电路，若作为中频放大电路的话，此电路既为中频放大又为二极管限幅电路。若中频变压器 T 之前的电路为三极管限幅电路的话(静态设置与中频放大器不同)，此电路为附加二极管限幅器，它是将二极管限幅电路应用在三极管限幅器负载谐振回路上，即构成了两种限幅电路的组合，这种限幅电路的限幅效果更加理想。在实际应用中，二极管限幅器和三极管限幅器可单独使用，也可组合使用。

5.2.4　鉴频器及自动频率控制

1. 鉴频器

鉴频器是调频收音机中的重要电路之一，它的功能是从调频信号中检出音频调制信号，所以又称频率检波器。频率检波通常要经过两个过程：第一，用频 - 幅变换器将调频波转变成调幅波，使其幅度的变化正比于调频波频率的变化，如图 5-35(a) 所示。而它的载频则仍然是调频波，实际上是一个调幅的调频波，如图 5-35(b) 所示的波形。第二，用一般的幅度检波器检出调幅的调频波的幅度变化部分，即其包络。这就是需要的、与原来调频波频率变化成正比的音频信号，如图 5-35(c) 所示。

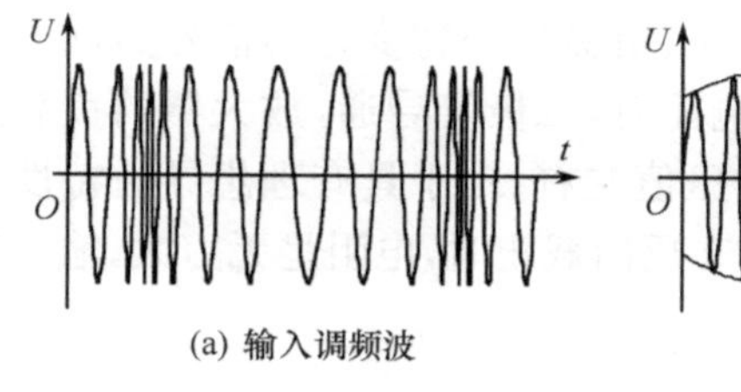

(a) 输入调频波

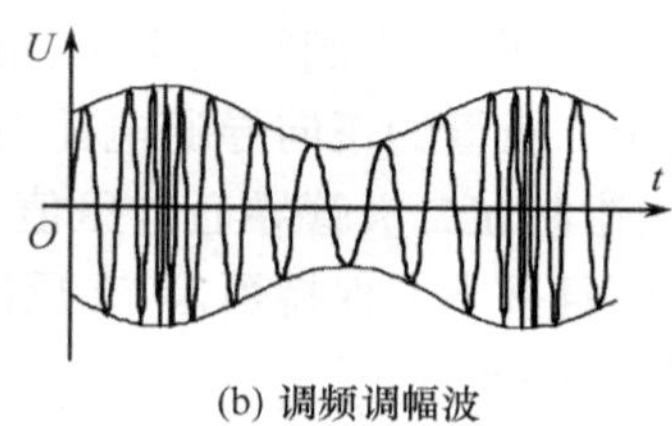

(b) 调频调幅波

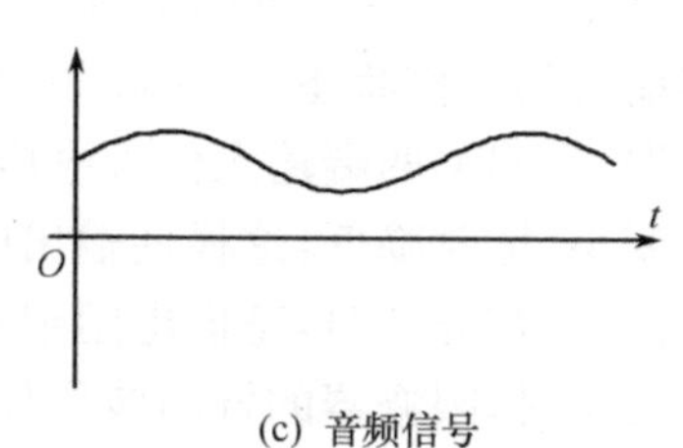

(c) 音频信号

图 5-35　调频检波波形

鉴频器分为相位鉴频器和比例鉴频器，比例鉴频器本身就具有限幅作用，所以在使用比例鉴频器时，可省去限幅电路。下面以相位鉴频器为例，说明鉴频器的工作原理，如图 5-36 所示是相位鉴频器的电路图。

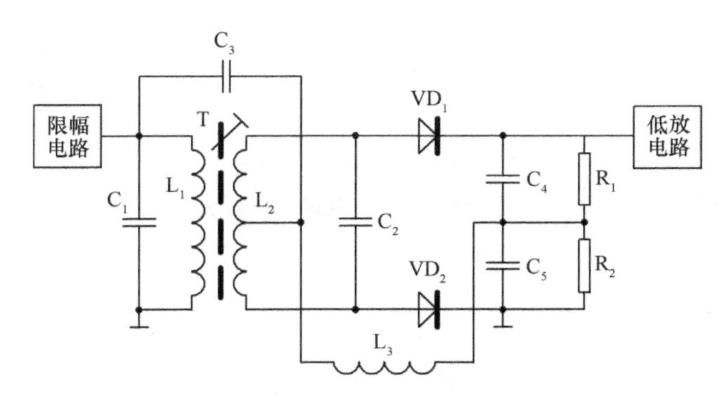

图 5-36　相位鉴频器电路

它的工作原理可分为两部分：第一部分是频－幅变换器，它是由互相耦合并且调谐在同一频率 f_0（即信号的中心频率 10.7MHz）的两个谐振回路构成的。L_1，C_1 组成初级调谐回路；L_2，C_2 组成次级调谐回路。L_2 具有中心抽头，抽头上下两部分的电压相等。这部分电路先将调频信号频率的变化转换为两个电压间相位的变化，并将该相位变化转换成对应的幅度变化。也就是说，将调频波转换为调频调幅波，这时载波虽然仍是调频波，但其幅度有了变化，即包络相应于调制的音频信号，如图 5-35(b) 所示。第二部分是一般的调幅检波器，它由两个二极管检波器平衡地连接而成，所以这种电路常称为平衡鉴频器。

R_1，C_4 和 R_2，C_5 分别是检波二极管 VD_1，VD_2 的负载。它可以从调频调幅波幅度的变化成分中检出音频信号。C_3 是隔直流电容器，对高频来说相当于短路。L_3 是高频扼流圈，主要给二极管以直流通路，并使通过 C_3 耦合的信号电压不被短路。

2. 自动频率控制(AFC)电路

AFC 电路是调频收音机的特有电路。其作用是保持本机振荡器的频率稳定，避免中频失谐。它主要利用变容二极管来实现，随着变容二极管两端反向电压的增大，电容量变小。把变容二极管并联在本振回路，并施加一个固定负电压，使其具有一个起始电容量，作为本振回路谐振电容的一部分。再把鉴频器输出的与频率漂移相对应的正(负)直流电压作为 AFC 控制电压，加在变容二极管上。当选到一个电台，本振信号频率正确，从而使 10.7MHz 中频无失谐时，鉴频器输出的直流电压为零，变容二极管维持起始电容量，本振频率维持稳定。当本振频率因某种因素而升高时，中频随之升高，鉴频器输出一个正电压，使变容二极管的反向电压减小，其电容量增大，于是本振频率降低。相反，当本振频率因某种因素而降低时，鉴频器输出直流负电压，使变容二极管容量减小，本振频率升高，从而实现本振频率的自动控制。

在图 5-37 所示的自动频率控制电路中，变容二极管的固定负偏压由电阻 R_1 和 R_2 分压取得。鉴频器输出的直流电压经 R_3，R_4 加到变容管的正极，与其两端的固定负电压叠加，达到控制变容管容量的目的。R_3，C_5，C_6，R_4 用来滤除鉴频器输出的直流电压中的音频成分。

调频收音机与调幅收音机的音频放大电路基本是一样的，可参阅 5.1 节的内容，这里就不再介绍。由于调频收音机的工作频率较高，分立元件构成的晶体管调频收音机，因其电路复杂，频率间的相互干扰比较严重，性能不够稳定。所以我们只对调频机的各级电路作一简单的介

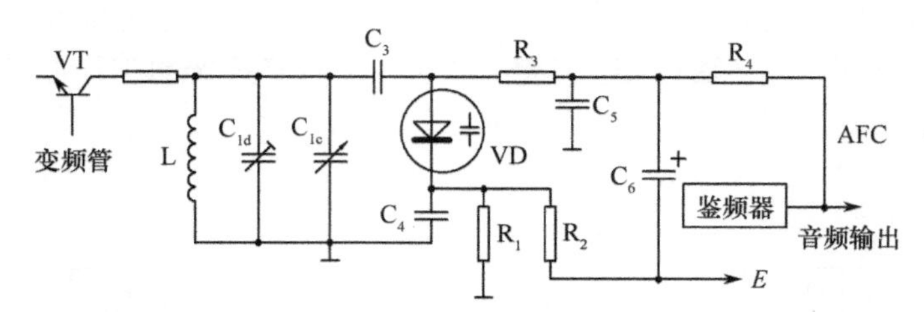

图 5-37　自动频率控制电路

绍，主要让读者掌握调频收音机各级电路的工作原理，这样对了解集成电路收音机的工作会有一定的帮助。

5.2.5　集成电路收音机

由于集成技术的迅速发展，晶体管调频收音机早已被集成电路调频机所取代，大规模集成电路可将调幅、调频收音机的绝大部分电路集成在一个芯片内，不但大大简化了电路，并且工作更加可靠。集成电路收音机是由集成电路配以适当的外围元器件构成的。集成电路在音响设备方面应用日益广泛，收音机电路的集成化已成为收音机发展的必然趋势。目前收音机的高频、中频、检波、鉴频及音频放大电路均已实现集成化，而且集成度越来越高。为了满足接收不同频率的需要，输入调谐电路一般需使用分立元件或专用集成电路，其他各功能电路均集成在一个芯片内。

1. CXA1191 集成电路

CXA1191 系列集成电路是日本索尼公司研制的，其功能齐全，集成化程度高。在调频 / 调幅中短波收音机中被广泛使用。图 5-38 所示为 CXA1191 的内部逻辑电路。从图中可以看到，在集成电路内有调频高频放大、调频 / 调幅混频、本机振荡、调频中频放大及鉴频、调幅中频放大及检波、音频放大电路等，几乎包含了调频 / 调幅收音机的所有电路。各引脚的功能见表 5-1。

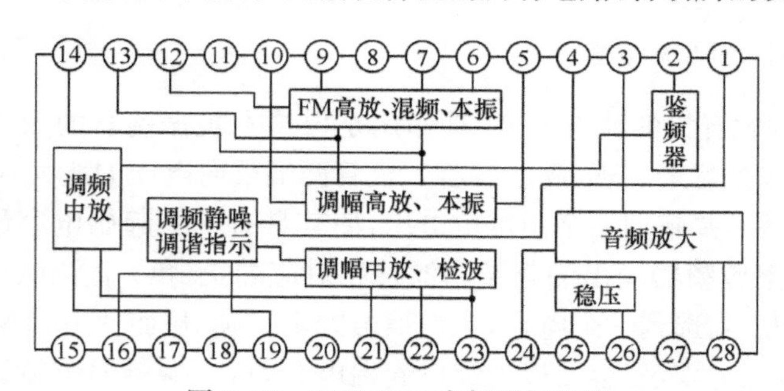

图 5-38　CXA1191 内部逻辑电路

表 5-1　CXA1191 引脚功能

引脚	功　能	引脚	功　能	引脚	功　能	引脚	功　能
1	调频静噪	8	1.25V 稳压输出	15	FM/AM 波段选择	22	AFC 滤波
2	FM 鉴频器	9	FM 高放	16	AM 中频输入	23	检波输出
3	负反馈	10	AM 输入	17	FM 中频输入	24	音频输入
4	电子音量	11	空脚	18	空脚	25	电源滤波
5	AM 本振	12	FM 输入	19	调谐指示	26	电源(电源正极)
6	AFC 自动频率控制	13	高频地	20	中频地	27	音频输出
7	FM 本振	14	FM/AM 中频输出	21	AGC 滤波	28	地(电源负极)

利用 CXA1191 集成电路的收音机所需外围元件少、性能稳定、焊装调试方便。

图 5-39 所示为利用 CXA1191M 组成的调频 / 调幅收音机电路，收音机的 FM/AM 转换只

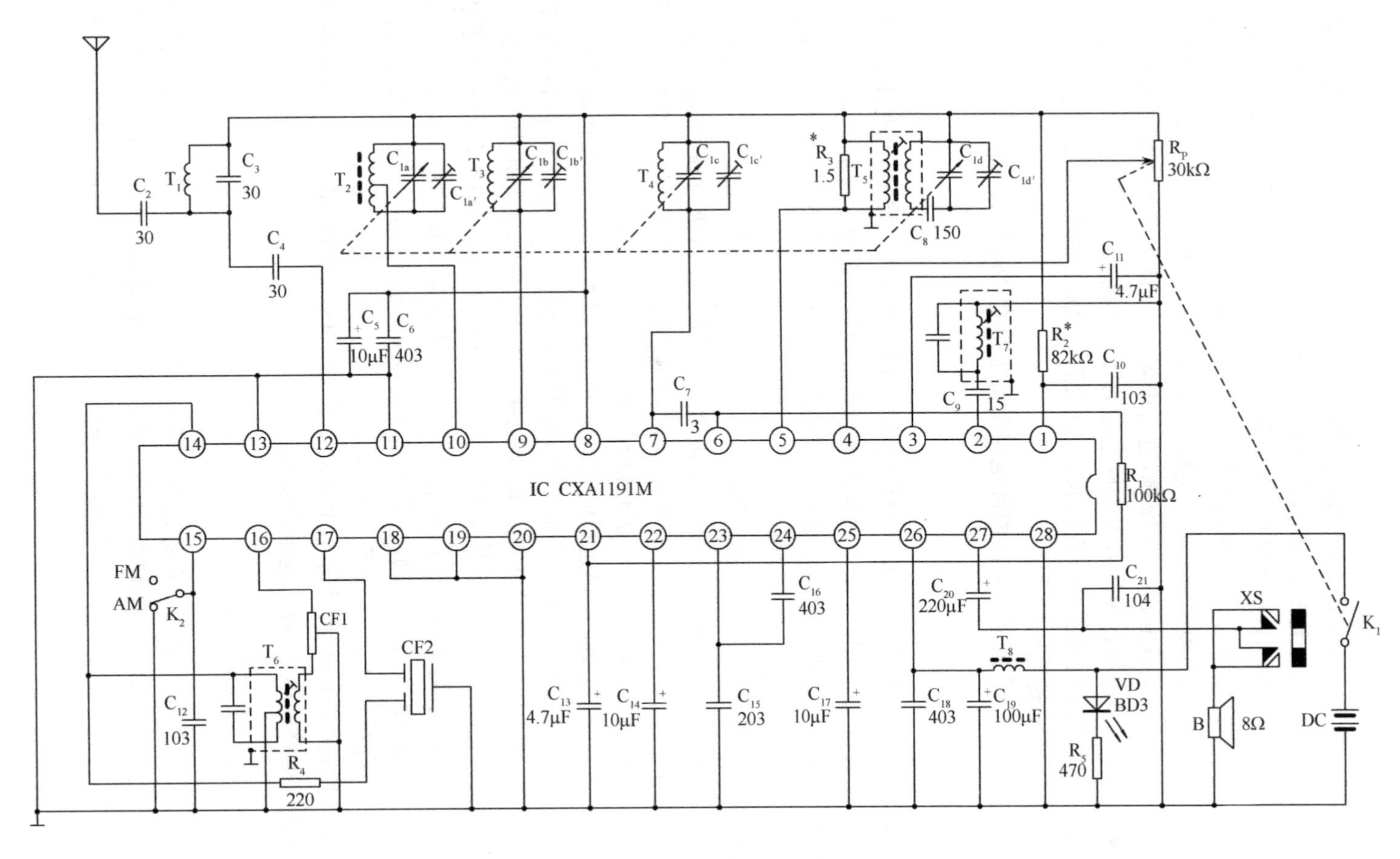

图5-39 集成电路收音机

需一个开关即可完成。

2. 调幅中波电路

波段开关 K_2 置于 AM 位置，将集成电路的第 ⑮ 脚接地，此时集成电路处于调幅中波接收状态。中波广播信号由磁性天线 T_2，C_{1a}，$C_{1a'}$ 组成的谐振回路选择后，送到集成电路的第 ⑩ 脚。本机振荡信号由振荡线圈 T_5 和电容 C_{1d}，$C_{1d'}$ 及集成电路第 ⑤ 脚所接内部有关电路组成 AM 本机振荡器，产生本机振荡信号，与集成电路第 ⑩ 脚注入的广播信号在集成电路内部进行混频。产生差频 465kHz 的中频信号由集成电路的第 ⑭ 脚输出，经中频变压器 T_6 和 465kHz 的滤波器 CF1 选频后，加到集成电路的第 ⑯ 脚，进行中频放大。放大后的调幅中频信号在集成电路内部的检波器检波。检出的音频信号由集成电路的第 ㉓ 脚输出，再经电容 C_{16} 耦合加到集成电路的第 ㉔ 脚，进入低频放大器进行音频放大。放大后的低频（音频）信号由集成电路的第 ㉗ 脚输出，经耦合电容 C_{20} 送至扬声器。

自动增益电路 AGC 由集成电路内部电路及接于第 ㉑ 脚、第 ㉒ 脚的电容 C_{14}，C_{15} 组成。

3. 调频电路

波段开关 K_2 置于 FM 位置，集成电路第 ⑮ 脚通过电容 C_{12} 接地，此时集成电路处于调频工作状态。接收调频信号的输入电路与接收调幅信号的输入电路主要有两点不同：一是要有较宽的通频带；二是调频输入电路通常都采用宽频带无调谐不对称形式，因此，这种电路用单根拉杆天线就可以获得满意的收听效果。

天线接收到的调频信号先经过由 C_2，T_1，C_3 和 C_4 组成的带通滤波器，抑制调频波以外的信号，使调频段以内的信号顺利通过并加至集成电路的第 ⑫ 脚进行高频放大。放大后的高频信号被送至集成电路的第 ⑨ 脚。接在第 ⑨ 脚的高频线圈 T_3 和可变电容器 C_{1b}、微调电容 $C_{1b'}$ 组成一个并联谐振回路，对高频信号进行选择。调频本机振荡的谐振电路由 T_4，C_{1c} 和 $C_{1c'}$ 组成，接在集成电路的第 ⑦ 脚。经过选择的高频信号与高频本振信号在集成电路内部的混频器进行混频。混频后得到 10.7MHz 的中频信号，由集成电路的第 ⑭ 脚输出。经过电阻 R_4、陶瓷滤波器 CF2 进行选频，然后由集成电路的第 ⑰ 脚送至集成电路内的 FM 中频放大器。经放大后的 FM 中频信号，在集成电路内部进入 FM 鉴频器。集成电路的第 ② 脚与鉴频器相连，接有 10.7MHz 的鉴频滤波器。鉴频后的低频信号与 AM 相同，在集成电路的第 ㉓ 脚输出，再经电容 C_{16} 耦合加到集成电路的第 ㉔ 脚，进入低频放大器进行放大。放大后的低频信号由集成电路的第 ㉗ 脚输出，经耦合电容 C_{20} 送至扬声器。

自动频率控制（AFC）电路由集成电路的第 ㉑ 脚、第 ㉒ 脚所连的内部电路和电容 C_{20}，C_{21}，电阻 R_1 及集成电路的第 ⑥ 脚所连电路组成。

5.2.6 电子产品焊装

电子产品的焊接装配是电子工艺实习中的一项重要训练内容，通过完成产品的焊接装配，对学员进行工艺知识综合能力的训练。因为收音机的电路结构、产品大小、元器件种类非常适合工艺训练，所以常被选为电工电子训练的产品。下面以分立元器件的中波收音机为例介绍实习产品的焊装。

1. 焊装前的准备

必要的准备是优质焊装的前提。首先，要经过焊接的基本训练，掌握电子焊接的基础，包括元器件的整形、镀锡及拆焊等。其次要能看懂装配图，会使用万用表并具备元器件的检测与识别的能力。

(1) 元器件清点测试

将所有元器件按照材料单逐个清点后，利用万用表进行测试，其目的有两个：一是保证焊装在线路板上的元器件都是好的；二是加强万用表检测元器件的训练，所有元器件都要认真检查测试。在检测之前，要按电子元器件的标注方法正确读出含义，包括标称值、精度、材料和类型等。机械件、铸塑件使用目测的方法检查好坏。严格按照电子产品生产工艺要求，电子元器件在焊装前都应进行通电老化，老化后的电子元器件，经过检测将不合格的挑选出来。

收音机元器件材料单见表 5-2。

表 5-2 收音机元器件材料单

电子元器件清单					
位号	名称规格	位号	名称规格	位号	名称规格
R_1	电阻 100kΩ	R_2	电阻 2kΩ	R_3	电阻 100Ω
R_4	电阻 20kΩ	R_5	电阻 150Ω	R_6	电阻 62kΩ
R_7	电阻 100Ω	R_8	电阻 1kΩ	R_9	电阻 680Ω
R_{10}	电阻 51kΩ	R_{11}	电阻 1kΩ	R_{12}	电阻 220Ω
C_1	双联电容 CBM223	C_2	瓷介电容 0.022μF	C_3	瓷介电容 0.01μF
C_4	电解电容 4.7μF	C_5	瓷介电容 0.022μF	C_6	瓷介电容 0.022μF
C_7	瓷介电容 0.022μF	C_8	瓷介电容 0.022μF	C_9	瓷介电容 0.022μF
C_{10}	电解电容 4.7μF	C_{11}	瓷介电容 0.022μF	C_{12}	瓷介电容 0.022μF
C_{13}	瓷介电容 0.022μF	C_{14}	电解电容 100μF	C_{15}	电解电容 100μF
T_1	天线线圈 B5×13×55	T_2	中波振荡线圈(红)	T_3	中频变压器(黄)
T_4	中频变压器(白)	T_5	中频变压器(黑)	T_6	输入变压器(兰、绿)
T_7	输出变压器(黄、红)	VD_1	二极管 1N4148	VD_2	二极管 1N4148
VD_3	二极管 1N4148	VD_4	二极管 1N4148	VT_1	三极管 9018H
VT_2	三极管 9018H	VT_3	三极管 9018H	VT_4	三极管 9018H
VT_5	三极管 9014C	VT_6	三极管 9013H	VT_7	三极管 9013H
R_P	电位器 5kΩ	Y	扬声器 8Ω	SX	ϕ3.5 耳机插孔

结构件清单								
序号	名称规格	数量	序号	名称规格	数量	序号	名称规格	数量
1	前框	1	2	后盖	1	3	周频板	1
4	调谐盘	1	5	电位器盘	1	6	磁棒架	1
7	印制电路板	1	8	电源正极片	2	9	电源负极弹簧	2
10	拎带	1	11	调谐盘螺钉 2.5×4	1	12	双联螺钉 2.5×5	2
13	机芯自攻螺钉 2.5×5	1	14	电位器螺钉 1.7×4	1	15	正极导线(9cm)	1
16	负极导线(10cm)	1	17	扬声器导线(8cm)	2	18	耳机插孔导线(10cm)	2

(2) 烙铁头修整

烙铁头的形状、大小直接影响焊点的质量，焊接前要根据印制电路板上焊盘的大小、形状及焊盘的间距，对烙铁头进行修整。请参照第 2 章。

(3) 检查印制电路板

焊接前还有一项工作就是检查印制电路板，主要看焊盘是否钻孔、有无脱离，印制导线有无毛刺短路、断裂现象，定位凹槽、安装孔及固定孔是否齐全。

2. 焊接印制电路板

印制电路板的焊接是保证产品质量的关键,避免焊接中出现的虚焊、桥接等不合格焊点。焊接中力求仔细认真,要焊一个焊点,合格一个焊点。

(1) 焊接要求

大型电子产品的焊接装配都有严格的工艺要求,焊装时应按工艺要求进行,不可随意乱装。收音机属于小型电子产品,一般没有严格的工艺要求,因其结构紧凑,元器件大都采用立式安装,至于元器件距印制电路板的高度、安装方向等,均按照元器件焊接常规要求即可。

(2) 插件

插件是手工焊接的第一步,按照图 5-40 所示的收音机的装配图,将元器件插在印制电路板上,首先要保证元器件安装位置无误,极性插装正确,并对元器件的引脚进行镀锡、整形处理。元器件的焊接顺序根据具体情况,有些电器焊接装配时,先插装矮而小的元器件,后插装大而高的元器件,有些电器则相反。若收音机的结构比较紧凑,插件时可先插装矮而小的元器件,以免大而高的元件焊装完,矮而小的元器件安装比较困难。为使焊装的元器件不至于过高而影响后期的整机装配,可先焊装一至两个较高的元器件,作为其他元器件的参考高度。

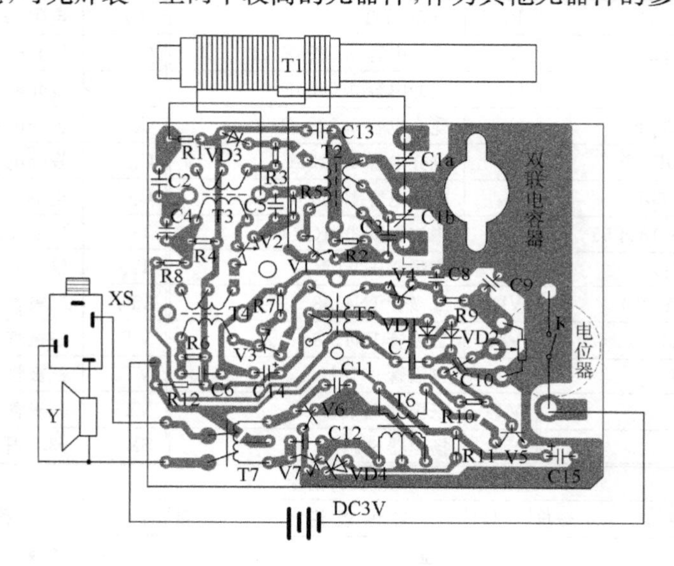

图 5-40　印制电路板及装配图

(3) 焊接

元器件插装完可进行焊接,焊接前要对插入印制电路板上的元器件再次进行检查,确保元器件位置、极性正确后,方可实施焊接。焊接时请不要将所有元器件全部插装完后再进行焊接,这样焊接面密集的元器件引脚,不但影响对元器件插装正误的检查,还对焊点的正确焊接造成影响。正确的焊接方法是:插装一部分,检查一部分,焊接一部分。

有些收音机的印制电路板预留有电流测试断点,在收音机试听前应将这些断点连通。

3. 组装

印制电路板上的元器件焊装完成后,可进行其他器件的组装。组装是焊装产品的最后一道工序,印制电路板与外界的连线,结构件、机械件及铸塑件的安装固定都在组装中进行。

(1) 磁棒架与双联的安装

磁棒架应放在印制电路板与双联电容器之间，用螺丝钉紧固，如图 5-41 所示。

(2) 扬声器的安装

将扬声器放入机壳指定位置，并将其压入卡住。若机壳没有设计卡位，可将机壳扬声器位置周围高出的塑料用电烙铁将其烫软，堆在扬声器上(只需 3 处)。

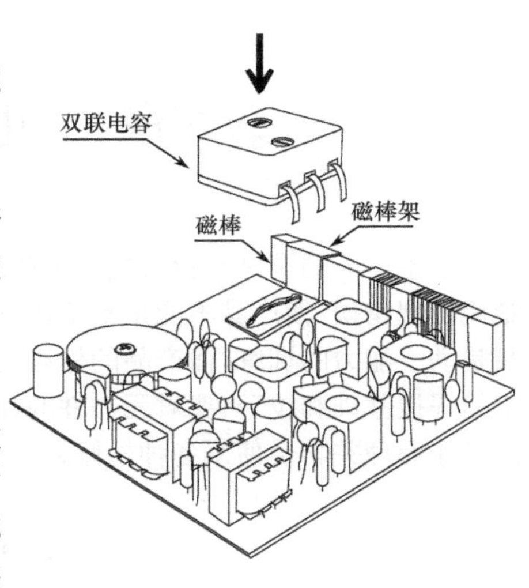

图 5-41　线路板上器件组装图

4. 检查试听

收音机组装完后请不要急于通电，应对组装好的收音机进行检查。检查无误后装入电池，不要接通电源，首先检测整机电流是否正常，无论电流过大还是过小，都说明焊装阶段存在故障，应查出原因将其解决后，再进行试听。收音机组装完后需要检查的内容有：

① 印制电路板对外连接线是否正确，电源连线、扬声器连线等；

② 电子元器件的焊接是否可靠，是否存在漏焊、虚焊或桥接等现象；

③ 印制电路板元器件面是否有因元器件过高或不正造成引脚相碰的短路情况；

④ 频率盘、电位器盘转动是否灵活，螺丝钉是否上紧；

⑤ 焊装好的线路板能否顺利装入机壳；

经过以上检查后检测电流，若发现电流仍然不正常，还应对线路板上的元器件的安装是否正确进行再次检查。

消除故障后，检测电流应为正常值，这时可接通电源开关进行试听。无论是否经过调试，焊装好的收音机都应能收到两个以上的电台广播，这时可视为收音机焊接装配工作的结束。

第6章　电子产品的调试与检修

电子产品的调试与检修是电子产品生产过程中不可缺少的一个环节。产品在焊装过程中难免出现错误，使产品不能正常工作。调试是为了使产品的各项指标达到要求。实习产品的焊装是动手能力的训练，而产品的检修与产品的调试则是一项综合能力的训练。它不但要求有一定的焊接基础和技巧，要对元器件的性能及电子仪器的功能有所了解，同时还要清楚电子产品的工作原理并学会使用各种检修方法。

6.1　产品调试

电子产品在完成设计后，相关技术文件也同时形成。在产品的技术文件中，规定了该产品的功能、技术指标及焊装调试工艺等。在生产过程中，必须严格按照产品工艺的要求进行。电子产品不调试很难达到设计要求，不同的产品，调试的内容和方法也不相同。收音机焊装完成后，只要元器件焊接正确，装入电池，简单调谐就可收到电台广播。但因为电路分布参数的存在（分布电容与分布电感）、可调元器件参数的随机性，以及各放大电路中晶体管放大倍数上的差异，使各级电路的参数无法达到其预期值，从而影响收音机的收听质量。若使收音机达到设计要求，各级电路必须经过调试。若收音机经过检修，特别是更换了变压器、晶体管等元器件后，只需对更换元器件的电路做局部调整，不必整机重新调试。调试分为直流工作点测试调整、工作频率调整及指标测试。

6.1.1　各级电路工作点的测试调整

收音机焊接装配完，应认真对各级电路进行测试调整。晶体管工作状态是否合适，将直接影响收音机的性能，严重时将使收音机无法工作，因此，工作状态的调整十分重要。在测试时，发现工作点偏离必须进行调整，工作状态的调整主要是指放大电路基极偏压的调整，或者说集电极电流的调整。调整的元件是放大电路的上偏流电阻，以使晶体管处于最佳工作状态。但对焊装时采用的收音机散件产品，因其晶体管等元器件是按原设计规定配套选用的，其放大倍数等指标符合电路要求，基本不需要调整，但应该进行测试。

1. 整机电流的测试

收音机焊装完，在接通电源前首先要做的就是整机电流的测试。测试方法如图 6-1 所示，将万用表调至直流电流（DCmA）25mA 挡，收音机开关断开装入电池，把电流表跨接在开关两端（注意表笔的极性），电流值为 10mA 左右。电流过大或过小，都说明收音机存在故障，电流太大超过 30mA 时，切记不可长时间接通电源，以免因电流过大而将其他元器件烧坏。

2. 供电电源的测试

检测电源电路为功率放大、低频放大、中频放大及变频级电路的供电是否正常。利用万用表的直流电压（DCV）10V 挡，分别测量 R_{12} 电阻两端（E_1，E_2）对地的电压。

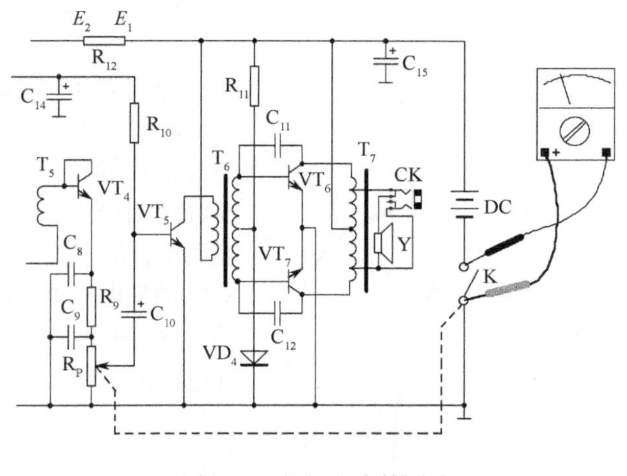

图 6-1　整机电流的测试

3. 放大器工作点的测试

放大电路静态工作点的测试包含各级放大电路的静态工作电流和静态工作点电位两项测试内容。

静态工作电流是指无信号时各级放大电路的电流。测量放大电路各级静态电流时，可以在产品工作频率调试之前进行。在有些产品中，为了测试各级电流及检修的方便，在收音机印制电路板上，预留有多处电流测试点(电路中 × 的位置)，这些点一般都在晶体管的集电极电路上，测试完毕后，用焊锡将断点连通(参见图 5-10 和图 5-37)。印制电路板上没有预留电流测试点的，可在收音机焊装完后，直接测得整机电流。若需要测量各级电流，一可以断开晶体管集电极电路进行测量，二可以通过测试发射极电阻得到各级电流。但要注意的是，负载为调谐回路的放大器，如变频级和中频放大级电路，收音机正常工作时，在三极管集电极接入万用表测电流时，会造成谐振电路失谐，所测电流只能作为参考。在收音机焊装时，可焊装完一级电路测一级电流，发现问题及时解决，也可以整机焊装完后，分别测试。

静态工作点电位是指无信号时放大电路中晶体管基极、集电极及发射极对地的电压。合适的静态工作点是放大器很好地放大交流信号的前提。

收音机各测试项目的测试结果如表 6-1 所示。

表 6-1　中波收音机静态测试数据

I_0		10 ～ 12mA		E_1		3V				E_2		1.3 ～ 1.4V	
V_{1e}	0.58V	V_{2e}	85mV	V_{3e}	64mV	V_{4e}	134mV	V_{5e}	0V	V_{6e}	0V	V_{7e}	0V
V_{1b}	1.11V	V_{2b}	0.76V	V_{3b}	0.76V	V_{4b}	0.74V	V_{5b}	0.66V	V_{6b}	0.64V	V_{7b}	0.64V
V_{1c}	1.35V	V_{2c}	1.38V	V_{3c}	1.38V	V_{4c}	0.74V	V_{5c}	2.3V	V_{6c}	3V	V_{7c}	3V
I_{1c}	0.18 ～ 0.22mA	I_{2c}	0.4 ～ 0.8mA	I_{3c}	1 ～ 2mA	I_{4c}		I_{5c}	2 ～ 4mA	I_{6c}	4 ～ 10mA	I_{7c}	4 ～ 10mA

4. 变频级电流的调整

变频管集电极电流的大小对变频级性能的好坏有直接影响。无论是变频器还是混频器，都要求三极管工作在非线性区，故集电极电流不能调得太大，否则变频增益会下降或消失。收音机在调谐电台时出现的啸叫声，与变频级的电流大有很大关系。若集电极电流过小，会使本机振荡电压下降，造成变频增益下降。另外，当电池电压下降时，会造成本机振荡停振，使收音机无法收听。

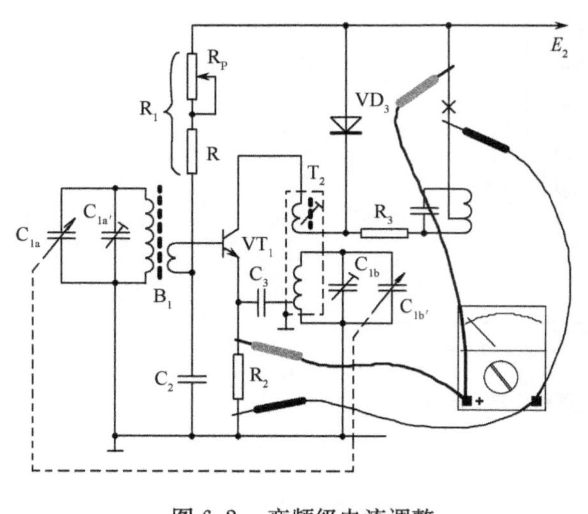

图 6-2　变频级电流调整

变频级的静态电流应在 0.18 ～ 0.22mA，若达不到该值则需进行调整。调整时将 R_1 电阻拆下，接入一个 100kΩ 电位器(最好串接一个 10kΩ 的保护电阻)。万用表调至直流电流 0.5mA 挡，串接在变频管 VT_1 的集电极电流测试点处(图 6-2 中 × 的位置)。极性不要接反，调整电位器 R_P，使电流值达到 0.18 ～ 0.22mA，然后拆下电位器，测出电位器与保护电阻的串联阻值，按此值换上固定电阻。若没有电流测试点的产品，可利用测试发射极电阻 R_2 两端的电压计算出电流值。

变频级电流的测试调整如图 6-2 所示接入万用表。收音机的其他各级电路的测试调整参照此图进行。调整的元器件均为放大器的上偏置电阻。

5. 中频放大级电流的调整

收音机一般具有两级中频放大，因第一级中频放大带有自动增益电路，要求这一级在受到控制时的增益有较大的变化。同时，因为这一级输入信号较弱，所以选取的集电极电流也可以小一些。但又不能太小，否则功率增益就太小，从而影响整机的增益，所以通常第一中放级的集电极静态电流选取 0.3 ～ 0.6mA。

第二级中频放大一般都没有自动增益控制电路，对这级的要求是有足够的功率增益，以便给检波器提供较大的信号功率，所以这一级集电极静态电流就选得大一些，通常调整到 0.6 ～ 1mA 为宜。因为当集电极静态电流达到 1mA 时，功率增益已接近于最大值，此时电流再增加，功率增益也增加不多了，反而使收音机的“沙沙”声增大了。

调整的方法与调整变频级一样，静态电流可直接在电流测试点测得，调整时拆下上偏置电阻 R_4，R_6，接入一个 100kΩ 电位器(最好串接一个 10kΩ 的保护电阻)。调整电位器，在电流测试点观察电流值的变化，使电流达到静态要求。然后切断电源，换上等于 10kΩ 加上电位器阻值的固定电阻即可。同样没有电流测试点的产品，可通过测试发射极电阻 R_5，R_7 两端的电压计算出电流值。在此强调一点：当调节第一级中放集电极电流时，一定要在自动增益控制电路不起作用的条件下进行(将第三中频变压器次级线圈短路或将收音机输入回路短路即可)。

6. 低频放大级电流的调整

低频放大级要求有较大的功率增益，并要求这一级与功率放大级配合时失真较小，本级电流一般为 2 ～ 3mA。低频放大级电流的调整，可直接将万用表调到直流电流挡，接入电流测试点上。拆下上偏置电阻 R_{10}，接入一个 100kΩ 电位器(最好串接一个 10kΩ 的保护电阻)，调整电位器，使电流为 2 ～ 3mA。

7. 功率放大级的调整

功率放大级要求有较大的功率输出，因本级采用甲乙类推挽电路，为了减小失真，提高输出功率，在无信号时仍使功放管有一定的电流，也就是集电极静态工作电流。这个电流不能选得过小，过小会发生交越失真。但电流也不宜过大，过大的电流会使整机损耗加大，推挽放大的效率也会随之下降。电流在 4 ～ 8mA 为宜。调整后还要判断两个功放管的电流是否对称，把两管的基极分别对地，看电流表电流减小值是否基本相等。该级需将上偏置电阻 R_{11} 拆下，接入一个 10kΩ 的电位器(最好串接一个 1kΩ 的保护电阻)。将万用表调到直流电流挡，接入电流测试点上，调整电位器使电流为 4 ～ 8mA。

静态工作电流与静态工作点电位相互制约，静态电流的变化将影响各级电位的变化，相反静态工作点电位的变化也将引起电流的变化。

6.1.2　工作频率的调整

收音机工作频率的调整也就是常说的调试，主要针对检波以前的各级电路，检波级不需调试，低频放大级和功率放大级经过了工作点的调整，也不需调试。只有中频放大级、变频级和输入调谐三级电路需要调试。三级电路的调试也叫调中频、调频率范围和统调。在动手对收音机调试前，必须十分清楚收音机的工作原理，否则收音机会被调乱，甚至被调坏。若想使收音机能正常收听广播，必须保证信号的畅通，所以收音机的调试是频率的调整。收音机焊装无误后都应收到电台广播，表明信号可通过各级电路，但频率信号不是很准，需要认真进行调试。收音机的调试可从前级向后级逐级进行，也可从后级向前级逐级进行。收音机调试的好坏直接影响收音机的收听效果和各项指标的优劣，是收音机生产过程中非常重要的一道工序。

1. 调中频

中频放大级的调试实际上就是调整收音机中频的频率，因为收音机的中频频率为 465kHz，所以又叫调中频或调 465。调试的目的就是使 465kHz 的中频信号能顺利进入中频放大器。因电路存在分布电容及晶体管的输入和输出电容难以确定，要想使中频选频回路准确地谐振在 465kHz 的频点上，就需对中频变压器进行调整。收音机的灵敏度和选择性很大程度上取决于中频放大级的调试，调试的元件为中频变压器。

(1) 使用仪器调试

将 FM/AM 高频信号发生器的调制方式开关置于 AM，调制量程开关置于 30(调制度为 30%)，调制选择开关置于 1000(调制频率为 1000Hz)，载频频率调到 465kHz。收音机双联电容器全部旋至频率的低端(此处仍无电台广播)，接通电源并将音量电位器调到最大音量的 2/3 处，使收音机接收高频信号发生器环形天线发射的调幅中频信号，适当调整高频信号发生器输出强度，使扬声器发出清晰的 1000Hz 音频声，毫伏表上出现电压指示，示波器出现正弦波信号，如图 6-3 中的曲线 a。此时用无感螺刀从后级向前级逐个调整 T_5，T_4，T_3 中频变压器的磁帽，使毫伏表指示最大，示波器显示的正弦波信号稳定无干扰。反复调整几次，使中频变压器谐振在 465kHz 的最佳状态，直到毫伏表的指示不再增大为止。注意在调整时，要根据示波器显示正弦

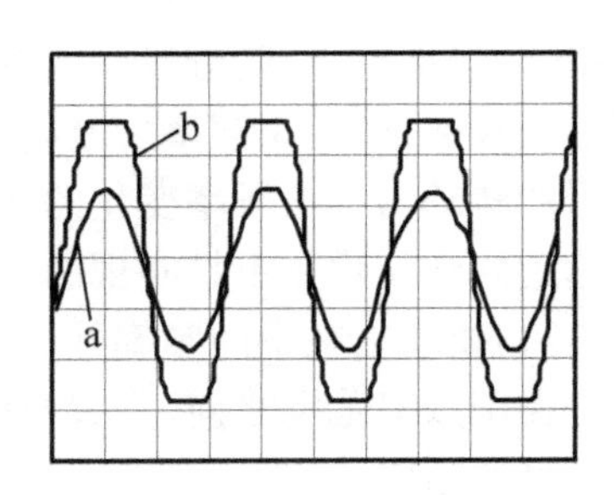

图 6-3　音频信号波形

波波形的具体情况，随时加强或减弱高频信号发生器的输出强度，信号太强，毫伏表电压变化迟钝，正弦波出现“平顶”失真，如图 6-3 中的曲线 b；信号太弱，毫伏表电压指示偏低，示波器无正弦波显示。仪器的连接如图 6-4 所示。

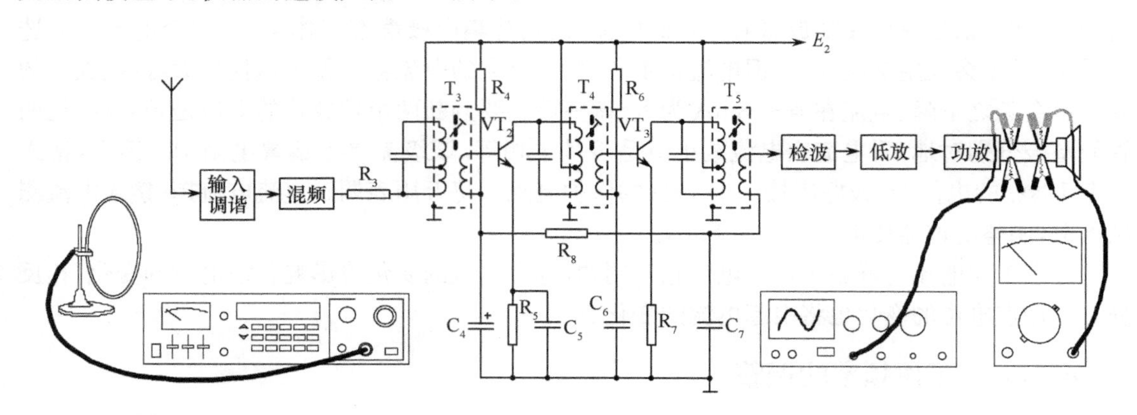

图 6-4　中频放大级的调试

使用简易高频信号发生器调试时，只需将频率调至 465kHz，通过改变收音机与信号发生器的距离，调整收音机接收信号的强度。

(2) 依靠电台信号调试

在没有高频信号发生器等调试设备的情况下，也可通过电台广播信号进行中频的调试。用此方法调试，收音机必须能收到两个以上的电台广播，每收到一个电台时，都用无感螺刀调整中频变压器的磁帽，使扬声器的声音最大。改变收音机的方向再进行调试，直到每个电台的声音都最大。

2. 频率范围的调试

调整频率范围也叫“调覆盖”或“对刻度”，调试的电路为本机振荡电路，中波广播的频率范围为 535 ～ 1605kHz，收音机能否收到该频率段的电台，且各电台的频率是否与收音机的频率刻度相对应，关键取决于频率范围的调试。本机振荡的频率信号与电台的频率信号在混频时能否产生 465kHz 的差频（中频）信号，取决于本机振荡的输出频率。因此，调整频率范围的实质就是校正本机振荡频率与中频（465kHz）频率的差值能否落在 535 ～ 1605kHz 之内。

电台信号与本机振荡信号的关系如图 6-5 所示。X 轴为双联电容器的旋转角度，Y 轴表示频率。理想情况下，随着双联电容器旋转角度的增加，输入调谐信号的频率与本机振荡信号的频率同步变化，两个频率之差始终保持为 465kHz，实际情况并非如此。曲线 A 为调试前双联电容器的转动与本振频率变化的曲线。若使整个频段内，输入调谐信号与本机振荡信号的每一点都达到同步变化是不易实现的，为了使整个频段内都能取得基本同步，在设计本振回路和输入回路时，要求它在中间频率处（1000kHz）达到同步，其他各点的频率之差均偏离 465kHz，这也就是在调频率范围之前，将收音机和信号源同时调到频率的低端或高端，无法得到 465kHz 中频信号的原因。

当电台信号为 535kHz 时，可通过调整本振电路的电感 T_2（见图 6-6），使本机振荡电路产生 1000kHz 的频率信号，如图 6-5 中曲线 B，低端的频率差为 1000 − 535 ＝ 465kHz。当电台信号为 1605kHz 时，可通过调整本振电路中的电容 C_{1b}（见图 6-6），使本机振荡电路产生2070kHz 的频率信号，如图 6-5 中曲线 C，高端的频率差为 2070 − 1605 ＝ 465kHz。虽然经过调试后，本

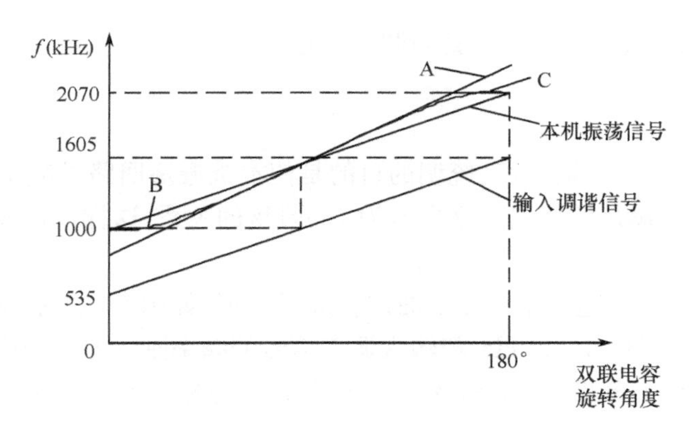

图 6-5　调频率范围

机振荡曲线变成了 S 形，但收音机可接收到中波广播的低端信号 535kHz 和高端信号 1605kHz。

为了保证收音机接收的频率范围能充分覆盖到中波段的频率，在调试时应使收音机高端的接收频率高于中波广播高端频率 5 ～ 15kHz，而低端应低于频率5 ～ 15kHz，所以收音机调试后的接收频率可为 520 ～ 1620kHz。

(1) 使用仪器调试

高频信号发生器的设置与调中频基本相同，只是根据高、低端的调整改变载频频率。将高频信号发生器的载频频率调到 520kHz，收音机频率调谐盘旋至低频端（旋到底），用无感螺刀调整振荡线圈 T_2 的磁帽，示波器出现正弦波显示，并使毫伏表电压指示最大。然后将高频信号发生器的载频频率调到 1620kHz，收音机频率调谐盘旋至高频端（旋到底），调整振荡回路中的补偿电容 $C_{1b'}$，示波器出现正弦波显示，并使毫伏表电压指示最大，仪器接法如图 6-6 所示。高、低端频率在调整时相互影响，所以要反复调整几次，直至调准为止。

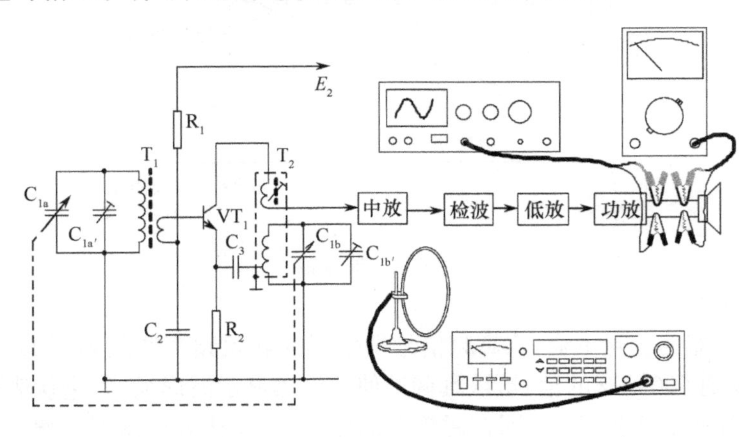

图 6-6　输入电路及变频电路的调试

(2) 依靠电台信号调试

在中波低频段选一个电台（必须知道该电台的频率），假设为 600kHz，调整频率调谐盘使频率指针对准 600kHz，用无感螺刀调整中波振荡线圈 T_2 的磁帽，收到这个电台的播音并将声音调到最大。然后再在中波高频段选一个电台（必须知道该电台的频率），假设为 1500kHz，调整频率调谐盘使频率指针对准 1500kHz，用螺刀调整补偿电容 $C_{1b'}$，收到这个电台的播音并将声音调到最大。同样要反复调整几次，直至调准为止。

3. 统调

统调又叫调“跟踪”或调灵敏度。统调的目的是使本机振荡回路的频率随着输入调谐回路频率的“踪迹”变化，以满足两回路频率之差为465kHz的关系。这样可使收音机的灵敏度达到最高。

经过频率范围的调试，迫使本机振荡曲线变成了S形，如图6-7所示。在S形曲线中，已经有3点535 kHz、1000 kHz、1605kHz，与输入调谐信号的频率刚好差一个中频频率465kHz，其他各点稍差一些，但也十分接近465kHz，由于中频选频电路具有20kHz的带宽，因此在实际运用中是完全允许的。

若使输入调谐电路的频率跟随本机振荡电路的频率变化，会使各点频率之差更接近465kHz，统调就可达到此目的。收音机一般采用三点统调，3个统调点分别为低端600kHz、中端1000kHz、高端1500kHz。电路设计时保证了中端1000kHz点差频为465kHz，所以只需对低端600kHz和高端1500kHz两点进行统调。

在低端统调点600kHz，调整输入调谐电路的电感T_1（见图6-6），使收音机在接收600kHz信号时，产生差频465kHz，如图6-7中的曲线D。在高端统调点1500kHz，调整输入调谐电路的电容C_{1a}（见图6-6），使收音机在接收1500kHz信号时，产生差频465kHz，如图6-7中的曲线E。这样输入调谐电路的频率曲线也变成了S形，使其跟踪了本机振荡电路频率的变化。使输入调谐电路与本机振荡电路两个频率之差在整个频段范围内更接近于465kHz。

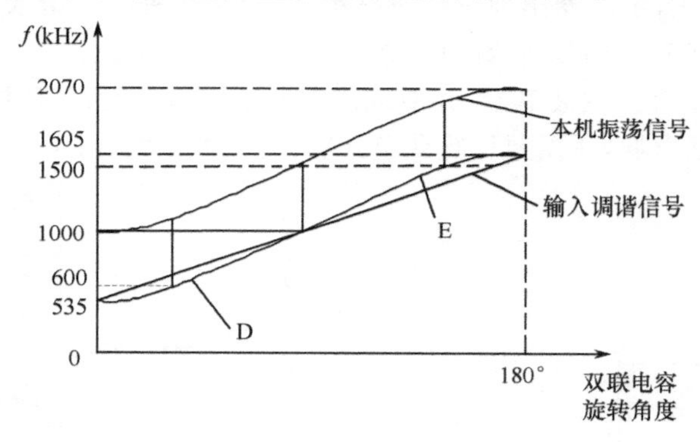

图6-7　调跟踪

(1) 使用仪器调试

高频信号发生器的设置不变，将高频信号发生器的载频频率调到600kHz，调整频率调谐盘，使收音机接收到600kHz的信号，认真调谐使示波器显示波形最好，毫伏表电压指示最大，用无感螺刀调整高频变压器T_1线圈在磁棒上的位置，使毫伏表电压不再增大为止。然后将高频信号发生器的载频频率调到1500kHz，调整频率调谐盘，使收音机接收到1500kHz的信号，认真调谐使示波器显示的波形最好，毫伏表电压指示最大，用无感螺刀调整补偿电容$C_{1a'}$，使毫伏表电压不再增大为止，仪器接法如图6-4所示。高、低端频率在调整时相互影响，所以要反复调整几次。

(2) 依靠电台信号调试

先将收音机调谐到600kHz附近的一个电台上，用无感螺刀调整高频变压器T_1线圈在磁棒上的位置，使收音机的声音最大。然后将收音机调谐到1500kHz附近的一个电台上，用无感

螺刀调整补偿电容 $C_{1a'}$，使收音机的声音最大。为使统调准确，应反复调整几次。

在以上的各项调试中，为使调试的频率更加准确，调试时要根据示波器波形的失真程度，随时减弱高频信号发生器的输出强度，或利用磁性天线的方向性控制接收信号的强度，并使收音机的音量保持在最大音量的 2/3 处。

6.1.3　指标测试

以上是收音机焊装完成后的基本调试内容，在收音机调试完后，还应对输出功率、灵敏度和选择性等主要指标进行测试。

1. 输出功率

输出功率是指收音机输出的音频信号强度的特性，通常以毫瓦（mW）、瓦（W）或伏安（VA）为单位。由于输出功率和失真有密切的关系，同样一个收音机，输出功率越大，失真也越大。因此，输出功率分为最大输出功率、最大不失真功率和额定功率 3 种：

- 最大不失真功率是指输出音频正弦波不明显切头时的输出功率；
- 额定功率是指输出保持在 10% 的失真度时的输出功率，即不失真功率标称值；
- 最大输出功率是指在不考虑失真的情况下，开足音量能达到的输出功率最大值。

比较两台收音机额定功率的大小，必须同时比较它们的失真度指标，在失真度相等的条件下，一般额定功率越大越好。输出功率大，可以将音量适当开小些，以使失真更小。

测试方法是在输入变压器初级输入音频信号，由小到大缓慢调节音频信号发生器的输出电压，或在检波前输入调幅波信号，调整音量电位器。在扬声器两端接入示波器和交流毫伏表，观察正弦波和毫伏表电压的变化情况。仪器的连接如图 6-8 所示。正弦波不明显切头时，毫伏表音频电压指示为 0.58V，将此电压换算成功率，就是最大不失真功率，得

$$P=\frac{U^2}{Z}=\frac{0.56^2}{8}=0.039\text{W}\approx 40\text{mW}$$

式中，Z 为扬声器阻抗。下同。

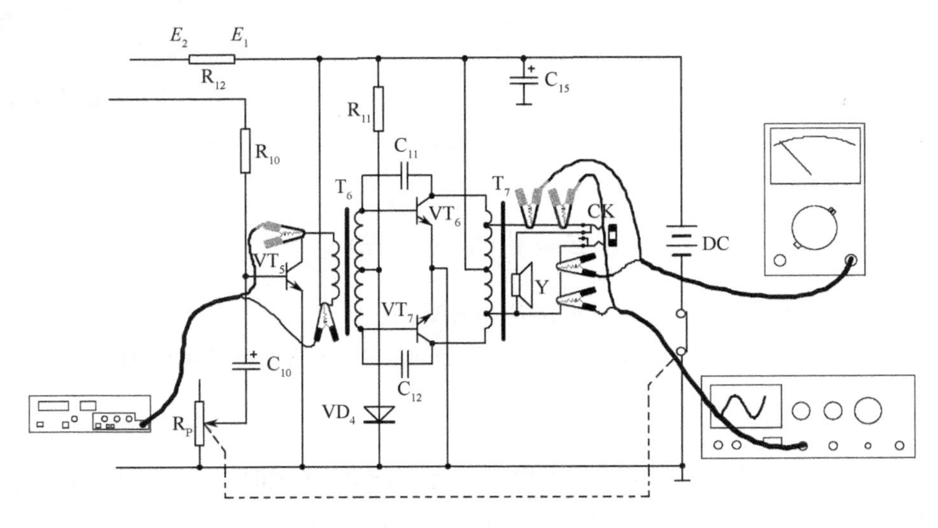

图 6-8　输出功率的测试

继续由小到大缓慢调节音频信号发生器的输出电压，观察示波器正弦波和毫伏表电压的

变化，此时波形开始失真，当音频电压(看毫伏表)增大10%时，电压指示为0.616V，将此电压换算成功率，即为额定功率，得

$$P_{\circ}=\frac{U_{\circ}^{2}}{Z}=\frac{0.616^{2}}{8}=0.047\text{W}\approx 50\text{mW}$$

最大输出功率是在逐渐增加音频信号发生器输出电压时，放大器输出端的输出电压达到最大的饱和数值，此时再增加音频信号发生器的输出电压，毫伏表的电压指示不再增加，音频毫伏表指示电压约为6.3V，将此电压换算成功率，就是最大输出功率，得

$$P_{\text{M}}=\frac{U_{\text{M}}^{2}}{Z}=\frac{6.3^{2}}{7.5}\approx 5\text{W}$$

2. 灵敏度的测试

灵敏度是指收音机接收微弱电台信号的能力。当输出为一定功率时，在输入端所需输入信号的强弱。灵敏度高的收音机，能够收到较远的电台或微弱的信号，要比灵敏度低的收音机所接收到的电台多。

使用磁性天线接收信号的收音机，灵敏度用输入信号的电场强度来表示，单位是毫伏(mV)/米(m)。使用外接天线或拉杆天线接收信号的收音机，灵敏度是以输入信号电压的大小表示的，单位是微伏(μV)。灵敏度的数值越小，收音机的灵敏度越高。

便携式收音机的灵敏度规定为输出功率10mW时，其输入端的信号电平。功率放大级负载(扬声器)上得到的电压为$U_{\text{SC}}=\sqrt{P_{\text{SC}}\times Z}$。式中，$Z$为扬声器的阻抗，$P_{\text{SC}}$为输出功率。因此，当$Z=8\Omega$时，输出电压$U_{\text{SC}}$为0.28V左右。测量时，只要看毫伏表指示就可知输出功率。

在满足输出功率的同时，还要求一定的信噪比，通常信噪比要求为20dB。在满足输出功率和信噪比要求的前提下，此时输入的场强就是晶体管收音机的灵敏度。

例如，测600kHz的灵敏度，按如图6-9所示连接好仪器。为使收音机在测试时不受电台信号的干扰，环形天线水平放置，收音机的磁性天线应垂直于环形天线平面，环形天线平面应与磁棒轴向垂直。环形天线中心与磁性天线距离为60cm。将高频信号发生器调到600kHz，调制频率取1000Hz，保持调制度为30%，把收音机调谐在600kHz的频率上，然后关掉信号发生器电源，逐渐开大收音机音量，使毫伏表指示为28mV，这时的指示是收音机的噪声。然后合上信号发生器电源，逐渐加大信号发生器的输出电压，直至毫伏表指到0.28 V(注意不能转动音量电位器)。读出这时高频信号发生器的输出电压。这个电压的1/20就是要测定600kHz的(场强)灵敏度。

$$E=\frac{1}{20}U_{\text{SC}}(\text{mV/m})$$

式中，U_{SC}是高频信号发生器输出信号，单位为mV。

一般中波收音机应在600kHz、1000kHz和1500kHz分别进行灵敏度的测试。

3. 选择性的测试

选择性是收音机挑选电台、抑制邻近电台干扰的能力。测试时，环形天线、收音机、仪器等的放置及仪器的连接方法与测试灵敏度时一样。测试时同样可以选几个频点进行测试。例如，测试1000kHz的选择性，通常先测出1000kHz的灵敏度，设为E_1，然后保持收音机调谐不变，使高频信号发生器分别以测试点为中心偏离$\pm$10kHz，并加大输入信号的场强，使收音机的输

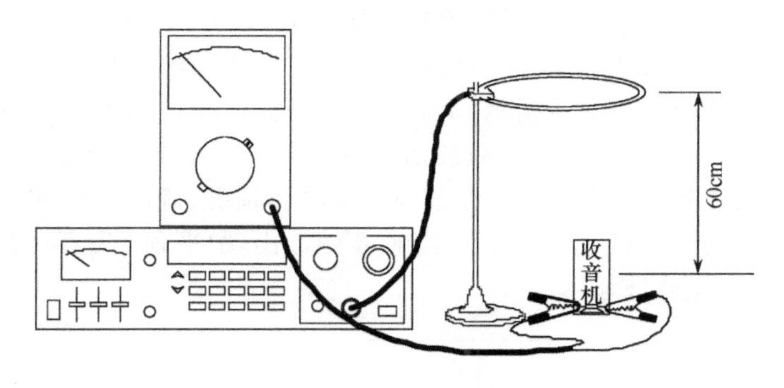

图 6-9　灵敏度测试

出仍为中心频率时的电压。若高频信号发生器偏离 10kHz 的输出电压为 E_2，则选择性可表示为

$$A = 20\lg\frac{E_2}{E_1} \quad (\mathrm{dB})$$

6.1.4　集成电路收音机的调试

集成电路收音机的调试项目相对来讲，比晶体管收音机调试的内容要少，因为各功能电路都集成在芯片内，各级电路静态工作点按要求设计，不必对各级电路静态工作进行调整。所以只对集成电路收音机中波（AM）和调频（FM）进行必要的测试和调试。

1. 中波（AM）的调试

在调试前，先对收音机进行静态测试。将收音机波段开关 K_2 置于 AM 位置，此时收音机为调幅中波接收状态。电源开关 K_1 断开，收音机调至无电台的位置，将万用表调至直流电流挡（25mA），跨接在开关 K_1 两端，此时测得的是调幅中波状态下的整机静态电流，电流值为 10mA 左右。接通电源开关，收音机仍调至无电台的位置，将万用表调至直流电压挡（10V），分别测集成电路各脚的电位。测试结果见表 6-2。

表 6-2　调幅状态各脚电压　　单位：V

引脚	电压	引脚	电压	引脚	电压	引脚	电压	引脚	电压	引脚	电压	引脚	电压
1	0.42	2	2.7	3	1.5	4	1.25	5	1.25	6	1.42	7	1.25
8	1.25	9	1.25	10	1.25	11	0	12	0	13	0	14	2.2mV
15	0	16	0	17	0	18	0	19	0	20	0	21	1.49
22	1.12	23	1.0	24	1.8mV	25	2.77	26	3	27	1.5	28	0

（1）调幅中频的调试

可按前面介绍的调中频的方法进行调试，将 AM/FM 高频信号发生器的调制方式开关置于 AM，调制量程开关置于 30（调制度为 30%），调制选择开关置于 1000（调制频率为 1000Hz），载频频率调到 465 kHz。为避免电台信号的干扰，将收音机双联电容器全部旋至频率的低端（此处无电台广播），接通电源并将音量电位器调到最大音量的 2/3 处，使收音机接收高频信号发生器环形天线发射的调幅中频信号，适当调整高频信号发生器输出强度，使扬声器发出清晰的 1000Hz 音频声，毫伏表上出现电压指示，示波器出现正弦波信号。用无感螺刀调整中频变压器 T_6 的磁帽，使毫伏表指示最大，示波器显示的正弦波信号无失真、无干扰。

另外，可在高频信号发生器的射频输出端串接一个 0.01 ～ 0.047μF 的电容器，将信号直接加在集成电路的第 ⑭ 脚上，适当调整高频信号发生器输出强度，使扬声器发出清晰的 1000Hz 音频声，毫伏表上出现电压指示，示波器出现正弦波信号。此时用无感螺刀调整中频变压器 T_6 的磁帽，使毫伏表指示最大，正弦波信号稳定无干扰。连接方式如图 6-10 所示。

注意在调整时要根据示波器显示正弦波波形的具体情况，随时加强或减弱高频信号发生器的输出强度。信号太强，毫伏表电压变化迟钝，正弦波出现"平顶"失真；信号太弱，毫伏表电压指示偏低，示波器无正弦波显示。

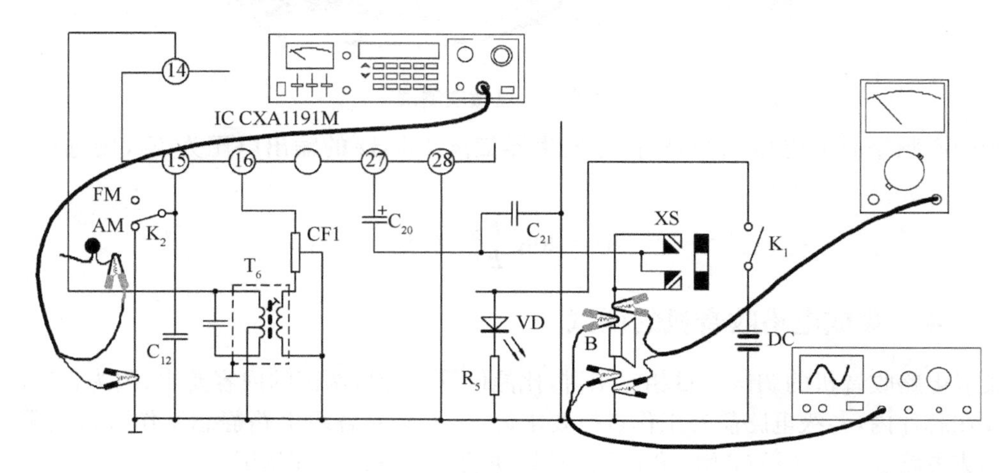

图 6-10　调幅中频的调试

(2) 中波频率范围的调试

高频信号发生器的设置不变，根据频率范围的高、低端改变载频频率。将收音机四联电容器旋至低频端(旋到底)，高频信号发生器的载频频率调到 520kHz，通过磁性天线，收音机将接收到高频信号发生器所发射的信号(可将信号输出线直接夹在磁棒上)，用无感螺刀调整振荡线圈 T_5 的磁帽，示波器显示正弦波，并使毫伏表电压指示最大。然后，将高频信号发生器的载频频率调到 1620kHz，收音机四联电容器旋至高频端(旋到底)，调整振荡回路中的补偿电容 $C_{1d'}$，示波器显示正弦波，并使毫伏表电压指示最大。高、低端频率在调整时相互影响，所以要反复调整几次，直至调准为止，连接方式如图 6-11 所示。

(3) 中波统调

仪器如图 6-11 所示连接，高频信号发生器的设置不变，将高频信号发生器的载频频率调到 800kHz，调整频率调谐盘，使收音机接收到 800kHz 的信号，认真调谐使示波器显示的波形最好。观察示波器波形和毫伏表电压指示为最大，此时用无感螺刀调整磁性天线 T_2 上线圈的位置，毫伏表电压指示将有所变化，使毫伏表电压指示最大。将高频信号发生器的载频频率调到 1200kHz，调整频率调谐盘，使收音机接收到 1200kHz 的信号，认真调谐使示波器显示的波形最好，毫伏表电压指示最大，用无感螺刀调整补偿电容 $C_{1a'}$，使毫伏表电压不再增大为止。高、低端频率在调整时相互影响，同样要反复调整几次，直至调准为止。

2. 调频(FM)部分的调试

频率调试前同样要对收音机静态参数进行测试。将收音机波段开关 K_2 置于 FM 位置，此时收音机为调频接收状态。电源开关 K_1 断开，收音机调至无电台的位置，将万用表调至直流电

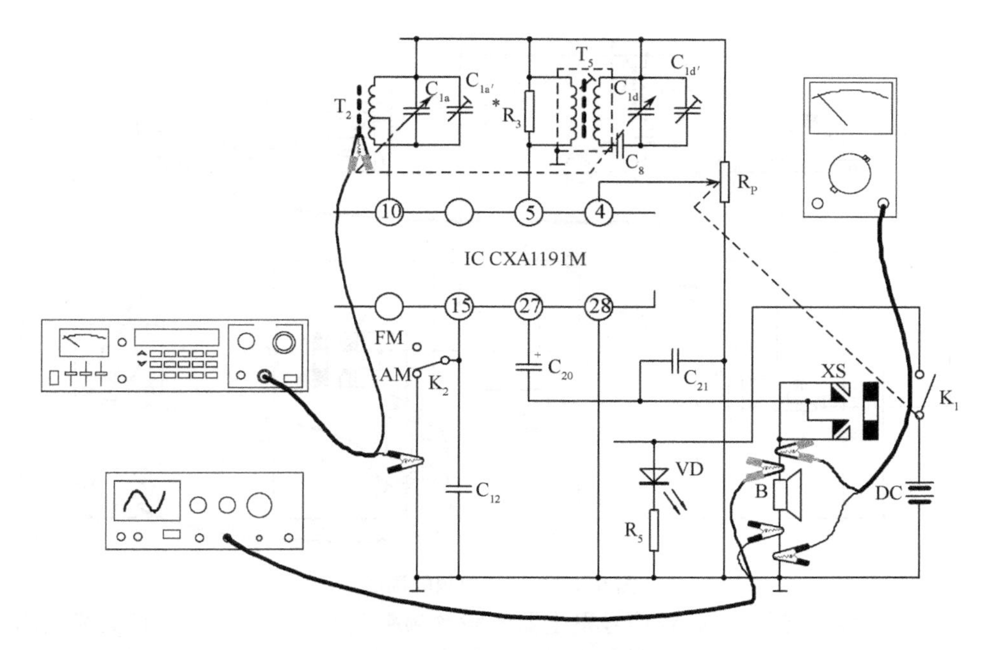

图 6-11　调幅频率范围及“跟踪”的调试

流挡(25mA),跨接在开关 K_1 两端,此时测得的是调频状态下的整机静态电流,电流值为 8mA 左右。接通电源开关,收音机仍调至无电台的位置,将万用表调至直流电压挡(10V),分别测量集成电路各个脚的电位。测试结果见表 6-3。

表 6-3　调频状态各脚电压　　单位:V

引脚	电压	引脚	电压	引脚	电压	引脚	电压	引脚	电压	引脚	电压	引脚	电压
1	130mV	2	2.18	3	1.5	4	1.25	5	1.25	6	1.25	7	1.25
8	1.25	9	1.25	10	1.25	11	0	12	0.35	13	0	14	3.6mV
15	1.33	16	0	17	1.33	18	0	19	0	20	0	21	1.25
22	1.25	23	1.25	24	0	25	2.71	26	3	27	1.5	28	0

(1) FM 中频的调试

将 AM/FM 信号发生器的调制方式开关置于 FM,调制量程开关置于 30(调制度为 30%),调制选择开关置于 1000(调制频率为 1000Hz),载频频率调到 10.7MHz。为避免电台信号的干扰,将收音机双联电容器全部旋至频率的低端(此处无电台广播),接通电源并将音量电位器调到最大音量的 2/3 处。信号可由拉杆接收,或在高频信号发生器的射频输出端串接一个 100pF 的电容器,加在集成电路的第 ⑭ 脚上,如图 6-12 所示。适当调整 AM/FM 信号发生器输出强度,使扬声器发出清晰的 1000Hz 音频声,毫伏表上出现电压指示,示波器出现正弦波信号。此时用无感螺刀调整鉴频滤波器中的变压器 T_7 的磁帽,使毫伏表指示最大,正弦波信号稳定、不失真、无干扰。

(2) FM 频率范围的调试

调频广播的频率范围为 88 ～ 108MHz,为使调频收音机的频率覆盖面大于广播信号的频率范围,调试时一般将低端频率调低 0.5 ～ 1MHz,高端频率调高 0.5 ～ 1MHz。

高频信号发生器的设置不变,根据所调试的频率高、低改变载频频率。将收音机靠近高频信号发生器,由拉杆接收信号,也可将信号输出线夹在拉杆天线上,另一端接地。将收音机四联

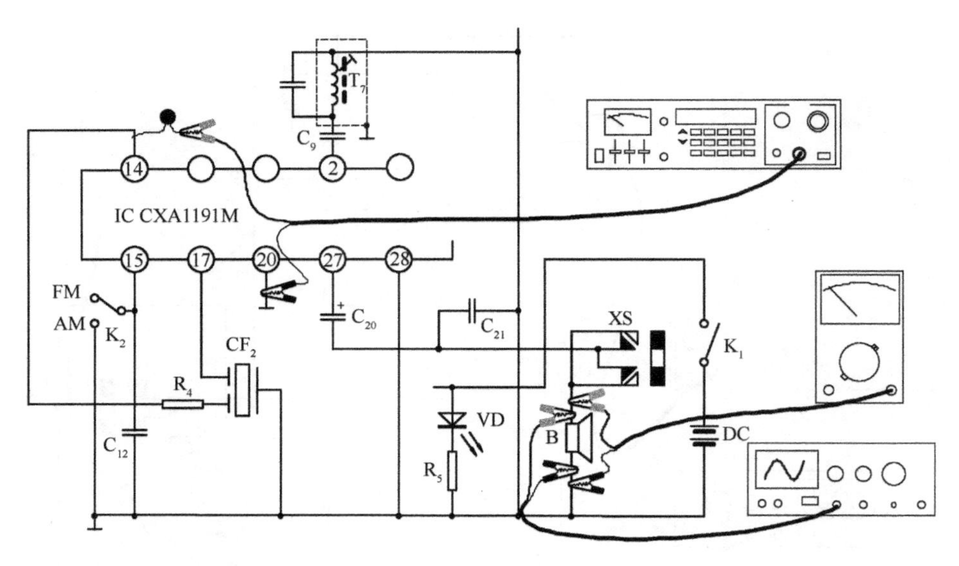

图 6-12　调频中频的调试

电容器旋至低频端(旋到底),高频信号发生器的载频频率调到 87MHz,将拉杆天线抽出,用无感螺刀调整调频本振线圈 T_4 的匝间距离,使收音机接收到高频信号发生器所发射的 87MHz 的调频信号,同时示波器显示正弦波,调整 T_4,使毫伏表电压指示为最大。然后,将高频信号发生器的载频频率调到 109MHz,收音机四联电容器旋至高频端(旋到底),调整调频本振电路的补偿电容 $C_{1c'}$,使收音机接收到高频信号发生器所发射的 109MHz 的调频信号,同时示波器显示正弦波,调至使毫伏表电压指示最大为止。高、低端频率在调整时相互影响,所以要反复调整几次,直至调准为止。

在上述调试过程中,若收音机接收不到调频信号,可将射频输电缆线直接接到拉杆天线上,如图 6-13 所示。

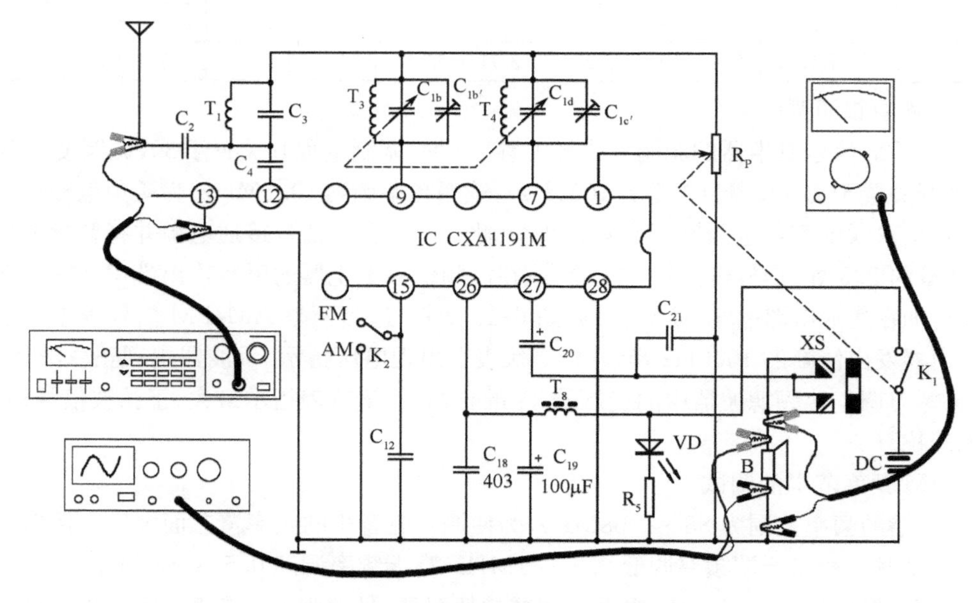

图 6-13　调频频率范围及"跟踪"的调试

(3) FM统调

高频信号发生器的设置、接法不变，如图6-13所示。将收音机四联电容器旋至低频端（旋到底），调整高频信号发生器的载频频率，在87MHz附近找到信号点，观察示波器波形和毫伏表电压指示为最大，此时用无感螺刀调整调频谐振回路的电感线圈 T_3，毫伏表电压指示将有所变化，调整 T_3 使毫伏表电压指示为最大。将收音机四联电容器旋至高频端（旋到底），调整高频信号发生器的载频频率，在109MHz附近找到信号点，观察示波器波形和毫伏表电压指示为最大，此时用无感螺刀调整四联电容器上的微调电容 $C_{1b'}$，毫伏表电压指示将有所变化，使毫伏表电压指示最大。高、低端频率在调整时相互影响，同样要反复调整几次，直至调准为止。

统调点也可设为94MHz和102MHz，调试方法同上。

6.2 电子产品检修

电子产品出现故障是在所难免的，电子产品的种类很多，产生故障的原因错综复杂，故障现象也多种多样，但就检修来讲还是有很强的规律性。只要具备一定的理论知识，掌握必要的检修方法，熟知故障的类型，在实践中逐步积累经验，就能很快地判断出故障的原因，并予以排除。在电子产品检修中，经验的积累非常重要，所以要多加训练。

6.2.1 电子产品故障的分类

掌握电子产品故障的类型，对检修电子产品非常重要。因为不同类型的故障有不同的特点，检修时可以根据不同类型的故障，确定检修手段与方法，为快速解除故障提供帮助。在电子产品检修中，常把电子产品的故障分为3类。

1. 通电调试前的故障

通电调试前的故障是指在焊接装配时出现错误所造成的故障。电子产品的生产工艺过程是：元器件采购→筛选测试→元器件老化→产品焊接→整机装配→调试→整机老化→检验。产品进入调试工序时，必须保证元器件焊接、导线连接及结构件装配正确无误，无虚焊、漏焊、桥接短路等现象。也就是说，电路的电气性能正常，基本可以正常工作。就收音机来讲，焊装完成后，接通电源就可收到电台广播信号，这时才能进行调试，否则就要转到检修这道工序。此类故障的特点是，电子产品从未正常工作过，存在焊接装配上的错误。

2. 正常工作以后的故障

电子产品维修多指此类故障，它是指电子产品在正常使用一段时间后出现的故障。此类故障产生的原因较多，电子产品到达使用寿命、元器件老化、不正常操作电子产品造成元器件的损坏、电路的虚焊及焊点的腐蚀等，都可使电子产品出现故障而无法正常工作。

3. 人为故障

人为故障一般指在维修电子产品时造成的故障，特别是初学者容易造成此类故障。维修电子产品时，当怀疑元器件损坏而拆下进行检测重新焊装，或者在更换元器件时，将元器件极性装反；在不了解电路的情况下，将脱焊的导线焊错位置，都是经常出现的人为故障。所以在检修可能存在人为故障的电子产品时，应对照原理图认真检查新换上或拆卸过的元器件。有经验的维修人员通过观察焊点，很快就会发现被换过的元器件，并认真检查消除人为故障。

6.2.2 检修前的准备

在对电子产品进行检修前应对该产品有所了解，首先要会使用该电子产品，了解其性能及主要指标，掌握电子产品的工作原理，并做好以下准备工作。

1. 询问

询问主要是了解电子产品损坏前后的一些情况，如无声、杂音多、元器件发热冒烟、有没有他人检修过该电子产品等。如果被没有经验的人调乱电感与微调电阻，弄断连线，更换元器件，都可能造成人为故障。要设法按照图纸将元器件、电路恢复原样再进行检修。凡是已有故障，后来因检修不当又造成人为故障的电子产品，常是较难修理的，此时更应细心查出毛病所在。

通过询问可以了解故障属于哪种类型，并根据故障类型的特点查找故障点，这会使我们在维修电子产品时节省时间，起到事半功倍的效果。

2. 试用待修电子产品

对于产生了故障的电子产品，要通过试听、试看、试用等方式加深对电子产品故障的了解。检修者应设法接通电源，拨动各个有关的开关、插头座，转动各种旋钮，仔细听输出的声音，观察显示出来的图像等。同时对照电路图，分析判断可能引起故障的地方。

试用电子产品的过程中，要留神是否有严重性损坏的现象，如设备冒烟、打火、爆裂声、显像管上仅有一个极亮的光斑点等，如果产生这类现象，就应立即切断电源，进一步查明原因。待修电子产品的整机电流过大，不可通电检修。

3. 看懂原理图与装配图

检修出现故障的电子产品，首先要有它的电路原理图和印制电路接线图（装配图）。在电子产品检修时，我们往往通过测试数据并结合故障现象，在电路原理图上进行故障分析。没有原理图检查故障将很困难，检修前要对电路原理图进行分析，了解各单元电路的结构和功能，以及各单元电路之间的联系。结合待修电子产品的故障特点，分析故障可能出现在哪几个单元电路中，这样可使搜索故障的范围缩小，迅速查出毛病。对待修电子产品电路结构的一般规律理解得越深刻，对各种单元电路在整个复杂电路中所担负的特有功能了解得越透彻，就越能减少在检修过程中的盲目性，从而大大提高检修的工作效率。若手头没有待修电子产品的原理图，可找一个电路结构相似的原理图作为参考。

印制电路图有助于在检修时很快查找到需检测的元器件，因为印制电路图与印制电路板上的元器件一一对应，并印有元器件的标记符号，可以节省查找元器件的时间。

4. 准备检修工具、设备及元器件

常用的检修工具有电烙铁、镊子、螺丝刀、钳子、剪刀、吸锡器、万用表等。对一些较复杂的故障，检修时还需要相应的检测仪器，如信号发生器、示波器等。

准备好常用的电子元器件，如各种阻值的电阻器、常用容量的电容器、二极管和三极管等。可使检修工作更加顺利。

6.2.3 检修原则

掌握检修原则对正确、顺利判断故障十分有益，可避免在检修过程中的盲目性。它是电子产品维修人员多年工作经验的总结。

1. 先调查、后动手

在动手检修前，首先要详细了解故障发生前后的一些情况。如收音机，在损坏前有无异常现象，损坏之后采用了什么方法检修，是否调试过可调器件，有没有他人进行过检修(若检修过，应考虑是否会造成人为故障)。将有关情况了解清楚，有助于准确地判断故障，避免盲目的拆动而使故障复杂化。

2. 先外部、后内部

“外部”是指电子产品印制电路板上以外的元器件，如电子产品面板上的开关、旋钮，电源插孔，耳机插孔，外接天线等。“内部”是指电子产品印制电路板及板上的电子元器件。检查应从外部元器件查起，将错位、松动、脱焊的情况及时修好，然后再仔细检查机器内部的各个部分。

3. 先电源、后机器

因为检修的是电子产品，首先要保证电源电路工作正常，电源电路的正常工作是电子产品正常工作的前提。使用电池的电子产品要检查电池是否有电，用万用表的直流电压挡和电流挡检测电池的端电压和短路电流。交流电供电的电子产品要检查经整流、稳压后的输出电压是否正常。只有确定电源电路正常之后方可检查其他电路。

4. 先静态、后动态

“静态”是指收音机无信号输入时各级放大器的直流工作状态，其中主要包括静态工作电压和静态工作电流，也就是常说的静态工作点。通过检测放大器的静态工作点是否合适，确定各级晶体管放大电路工作是否正常。

“动态”是指收音机接收电台信号时，各级放大器晶体管工作的电压、电流的情况，它是工作在“静态”的基础之上。所以，首先要保证各级放大器晶体管的直流静态工作正常。

5. 先简单、后复杂

电子产品产生故障的原因多种多样，往往一种故障现象，原因产生于几个不同方面，或者几种故障连环套在一起，互相牵制，相互影响，这就容易给检修者带来不少障碍，这种情况下就要按照先简单、后复杂的原则细心检查，故障就不难排除。

例如收音机无声，这是最常见的故障，原因也很多，但只要根据电路原理从简到繁，顺序去查，先查电源和开关，再查扬声器和输出、输入变压器，再进一步查功放电路，最后检查低放电路和前级电路，从后向前逐级查故障之所在。

6. 先通病、后疑难

“通病”一般指电子产品的常见故障，像收音机无声是由于元器件损坏或线路开路造成的，应按照一般规律检修。还有一种“通病”存在于个别电子产品中，由于这种电子产品电路设计上的不合理和生产工艺存在问题，使这种电子产品某几个元器件或某部分电路出现故障的频率较高，检修这类电子产品时，首先针对出现故障频率高的电路和元器件进行检查，可以很快消除故障。

“疑难”是指平时很少见、排除比较困难的故障。收音机灵敏度低、存在啸叫声、杂音大、声音失真等，都属于疑难故障。检修时应先排除一般性故障，再解决疑难故障。前面提到的个别电子产品的通病，当检修者对该电子产品的通病不了解时，会认为是比较难以排除的疑难故障，了解后就可视为一般通病进行检修，这样会节省检修时间。

6.2.4 常用检修方法

电子产品的检修方法很多，常用的有观察法、元件代换法、调整法、测量法、信号注入法、干扰法、信号寻迹法、示波法、开路法和短路法等。在具体检修时使用哪种方法，要根据电子产品的故障情况而定。只有掌握了各种检修方法，才能在电子产品的维修过程中灵活运用，从而排除故障。

1. 观察法

观察法是用看、听、摸、动等办法直接查找故障，是对电子产品故障进行初步检查的方法。通过观察法检查，可做到心中有数，对电子产品当前的工作状态和可能发生故障的范围有大概的了解，并可以解决一些明显而简单的故障。在使用观察法时，还要结合询问时得到的信息，有针对性地进行检查。

(1) 看

“看”可以发现比较直观的故障，如电池夹、电池弹簧生锈腐蚀，电阻器被烧焦，电容器爆裂，线头脱落，元器件断脚，焊点被腐蚀或元器件过热冒烟等。

(2) 听

电子产品的异常声响可以通过“听”的办法发现。例如，高压放电打火的声音，松动的电机转动时发出的声音，收音机、电视机、音响电子产品等声音失真、杂音、啸叫声，有些电子产品出现短路故障时发出的“嗡嗡”声。电子产品的机械故障通过认真的观察，能很容易被发现，比如录音机的机械故障。

在收音机检修中，只要整机电流正常，一般都要接通电源试听。先旋动音量电位器，试听是否有接触不良引起的“喀喀”声，再旋动双联电容器，看调谐盘转动是否灵活，并试听双联是否有碰片引起的“嚓啦”声。同时听收音机能否收到电台广播、收电台的多少、音质好坏、噪声是否太大及有无串台现象。通过试听能够发现完全无声、有“沙沙”声、无电台播音、时响时不响、灵敏度低、失真、啸叫或杂音等故障，并能够初步判断故障范围。

(3) 摸

使用“摸”的方法可以判断故障所在的位置。将电子产品开机通电一段时间后，拔掉电源，用手摸元器件，如发现某些元器件异常发烫，说明这些元器件已经损坏或周围电路有故障。

(4) 动

“动”是使用镊子、螺丝刀或手，拨动、转动元器件，从中发现故障。拨动电路中的元器件，转动电位器、微调电阻、可变电容、可变电感等并观察故障的变化，将发现元器件是否接触不良，可调器件是否失效或损坏。

特别是刚刚焊装完毕的电子产品无法正常工作时，有可能存在焊装的错误，观察是最好的检修方法。焊接装配过程中的故障有其自身特点，检修对象比较明确。例如，收音机焊装完成后，无法收到电台广播，在检修时首先使用观察法检查元器件安装是否正确(特别是带有极性的元器件)，焊点有无漏焊、虚焊、桥接短路的现象，元器件安装是否过高使引脚碰接，电源、耳机插孔、扬声器等连接线是否正确，印制电路板有无裂痕。只要认真检查，就能发现故障，并一一排除。

观察法作为各种检修方法的第一步，简单易行，快捷有效，而且不使用任何测试仪器。因此不可忽视这种方法，要养成良好的习惯，在每次检修电子产品时都从观察法开始。

2. 测量法

测量法是指使用万用表测量电路的电压、电流、电阻器的阻值，判断故障的方法，所以在测量法中又分为电流测量法、电压测量法和电阻测量法。它是检修电子产品时使用最多的一种方法。另外，检测电子元器件的好坏，往往也是使用万用表来测量的。

(1) 电流测量法

电流测量法是使用万用表的电流挡，通过检测电路电流值的大小来判断故障的方法。许多电路都以电流值的大小来确定工作点，因此，测量这些电流值的大小就成为判断电路工作是否正常的重要方法。适合使用电流测量法的电路主要有以下两类。

第一类是以直流电阻值较低的电感元件作为集电极负载的电路。例如，各种变频、混频电路、中放电路、变压器输出甲类或乙类低频功放电路、电视机的帧及行输出电路等。这类电路的负载直流电压降很小，通常在 0.2V 以下，甚至用一般万用表都检测不出来，就只能测它们的工作电流。

第二类是各种功率输出电路。此类电路的特点是都工作于大电流工作状态，如各类功放集成块电路、OTL 电路、OCL 电路、电源电路等，并且电流值分静态电流(即无信号输入时的电流)和大信号电流(即电路工作于最大功率时的电流)两种，测量时应予以区分。

在利用电流测量法检修收音机时，首先要了解收音机各级电路的电流值的大小，检测电流值是否在规定的范围之内，过大或过小都将影响收音机的性能，或说明有故障存在。例如，收音机变频级电流的大小对变频增益和整机性能影响极大，电流小于规定值时，变频增益低，当电池电压降低后，本振电路起振困难，无法收到广播。电流大于规定值时，虽然本振起振容易，但收音机的噪声大且伴有啸叫声。

在收音机的说明书上，一般都给出各级电流值和整机静态电流值。整机静态电流基本等于各级静态电流之和。在检测整机静态电流时，必须把万用表串接在电源回路中，因为收音机的电源开关是与电源串联的，当断开开关，把万用表跨接在开关的两端时，就能测得整机静态电流。表笔的极性要根据开关连接的电源极性来确定。

测得整机电流太小或者为零时，说明线路的部分或全部没有接通电源，应把电路疏通。如果测得整机电流过大，说明机内有短路故障。收音机中的短路故障，往往是由管子击穿或严重漏电或中频变压器线圈与屏蔽外壳相碰短接，或各变压器初、次级间短路等引起的。

通过对收音机各级电路电流值的测量，可直接反映该级电路工作是否正常。收音机整机电流和各晶体管的集电极电流在检修时是必须了解的数据，因此，在一些收音机印制板上都留有集电极电流的测试缺口，平时用焊锡封连，需要测量电流时可用电烙铁烫开，将万用表选择合适的电流挡后串入缺口两端进行测量。根据测得的电流值和正常值比较后，再经过分析，可以找出故障存在的大致范围。在没有电流测试口的电子产品中，测量电流时一般采用开路法，即焊下某个元件的一只引脚，串接上万用表，或用刀切断印制电路板的某根铜箔，将万用表串接在电路中。

对于以电阻为集电极负载的电路，或有发射极电阻的电路，不必使用开路法切断电路，只要测量该电阻的电压降，就可以算出电流值。

收音机各级电路电流过大的常见原因有：电路自激、半导体器件击穿短路、输出端或负载短路、负反馈电路失效、三极管基极偏流太大等。

电路电流值偏小的原因常见的有：三极管基极偏流太小、负反馈过强、三极管β值偏小、三极管等半导体器件击穿开路等。

另外，测量电池是否有电，利用测电流的方法比测电池电压的方法更准确，标称电压为1.5V的电池即使没电，电池两端的电压仍在1V以上。判断方法是测量各电池的瞬时短路电流，将万用表置于直流500mA（或1A）挡，黑表笔接电池的负极，用红表笔迅速碰接一下电池正极。新电池在接通的瞬间，电流指示应大于500mA，否则电池已旧。

（2）电压测量法

电压测量法是利用万用表的电压挡，通过测量电路的电压来判断故障的方法。它是各种检修方法中使用最多的一种方法，电子产品的很多故障往往不需要检测仪器进行检修，使用万用表通过测量电压的方法就可找到故障点。只要电子产品的整机电流不是很大，就可将电子产品接通电源进行检修，这样就为我们使用电压测量法提供了保证。很多电子产品上的关键点对地的电压都标在原理图上，检修这类电子产品时将测得的电压值与原理图中给出的电压值相比较，测得的电压值过大或过小都说明该电路或相关电路存在故障。

放大器能可靠地工作是由三极管正确的静态工作点来支持的。在检修放大电路时，可通过检测三极管的3个极对地的直流电压（静态工作点）U_E，U_B，U_C，以及测量U_{CE}，U_{CB}，判断本级电路是否有故障。收音机电路的原理比较简单，图中没有标出参考电压值，可以通过估算得出各级放大电路静态工作电压的大致范围。检修时若某级电路的静态工作电压偏离估算值较大，说明该级电路有故障。所以，在收音机的检修中，经常使用测量各级放大器静态工作点的办法判断收音机的故障之所在。

在检修电子产品的电源电路时，电压测量法是首选的一种方法。检测收音机电源电路时，可先把电源开关断开，测量电源空载电压，若测得电压为零，说明电池没接通。若测得收音机电源电压值低于额定值的2/3，说明电池电量不足。

在测量电源的有载电压时，若发现有载电压值比空载电压值低很多时，就需要进一步判断引起有载电压下降的原因。方法是把机内电池全部更换，再测量电源的有载电压，若测得电压值正常，说明原有电池内阻太大，不宜使用；若有载电压值仍然很低，说明机内有短路故障，应马上切断电源，排除短路故障后再进行其他检测。

又如变压器整流电路的检查（见图6-14），首先利用万用表交流电压挡，测量电源变压器T输入端和输出端A，B两点的电压，若输出电压不正常说明电路存在问题。

若测得变压器T输出端没有电压输出，可能的故障是变压器输入端开路、变压器输出端开路或变压器负载电路有短路现象（此时变压器很热，长时间通电会使变压器烧坏）。为进一步判断故障，将整流器与负载脱离，测整流输出电压，若仍不正常，故障在变压器整流电路中。可将A，B两点断开后，测量A，B两点的电压，若电压正常说明滤波整流电路存在故障。这时分别检测滤波电容C_1、整流二极管VD_1 ～ VD_4及滤波电容C_2是否有损坏。若输出电压仍不正常，说明变压器 T 损坏。电容器的故障一般为漏电较大,整流管的故障为击穿短路和开路,利用万用表电阻挡可进行检测。

由于是在通电的情况下进行电子产品检修,所以电压测量法对于判断电路的开路、短路及电子元器件是否损坏更加方便快捷。如图 6-15 所示为收音机前置低放电路,检测该放大电路是否正常,首先测三极管 VT 的集电极电位,通过集电极电位的高、低判断放大器是否存在故障。该放大电路三极管集电极的电位为 $0 < U_C < E$,测量结果 U_C 接近 E 或接近 0V,都说明电路有故障。

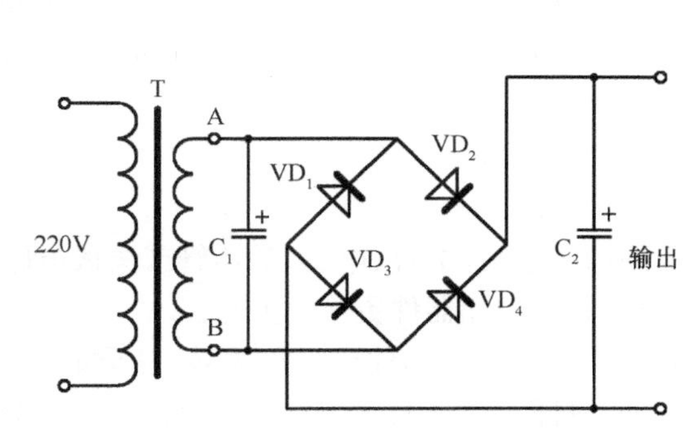

图 6-14　变压器整流电路

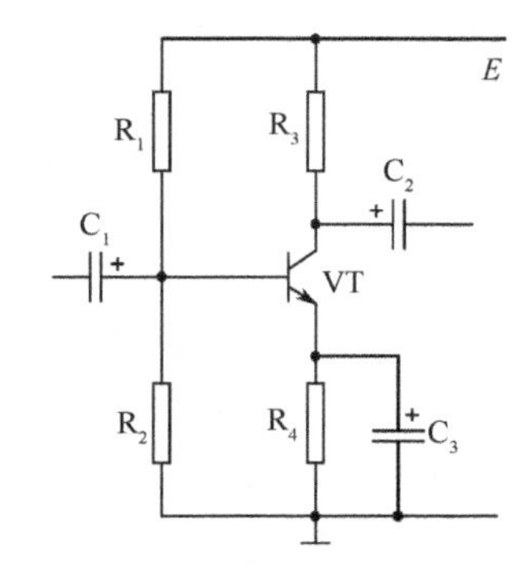

图 6-15　三极管放大电路

例如,测得 U_C 电压值较高,近似于电源电压 E(或等于电源电压),三极管处于截止状态的特点,可能的故障有三极管集电极与电源短路(R_3 短路)、发射极电阻 R_4 开路(此时发射极电压 U_E 较高)、三极管内部开路(此时发射极电压 U_E 较低)、因基极电压过低使三极管截止(R_1 开路或 R_2 短路)。

若测得 U_C 电压值较低或近似 U_E,三极管处于饱和状态的特点,可能的故障有集电极电阻 R_3 开路、三极管 VT 短路击穿、发射极电阻 R_4 短路、基极电压过高使三极管饱和(R_1 短路或 R_2 开路)。

用电压测量法检修电子产品故障的一般规律是:先测量电源电压,电源供不上电,所有电路都不能正常工作,再测量其他各点电压;先测量关键点电压,再测量一般点电压。首先确定故障出现在哪一"级",再确定是哪一"路",最后确定为哪一"点"并找出损坏的元器件。"级"是指电子产品中具有基本功能的电路,"路"指的是各支路,"点"是指出现故障的部位或元器件。

(3) 电阻测量法

电阻测量法是使用万用表电阻挡,通过检查被测电路与地之间的直流值及有关元器件的阻值是否正常,来分析故障所在的方法。使用电阻测量法时,一定要断开电源,并把电源电路中的电解电容短路放电,使存储的电荷释放掉,以免影响测量结果。

电子产品不仅由元器件组成,还需要依靠印制电路板、引线和接插件,把所有的元器件连接成一个整体,所以这些引线对整个电路的正常工作起着重要的作用,同样应该引起足够的重视。常见的故障有:印制电路板铜箔断裂、缠绕式接线头因氧化而接触不良、接插件接触不良、电池夹接触不良、电源开关接触不良等,都可以通过电阻测量法发现。检修中最终判断元器件的好坏,还要依靠万用表的电阻挡进行检测。

另外,万用表电阻挡在检修收音机等音响电子产品时,还有一个特殊功能,万用表的 R×1k 挡可以看做内阻等于中心阻值(一般为 24kΩ),电压为 1.5V 或 3V 的偏流电源。在收音机等音响电子产品开机通电的状态下,用一个表笔接收音机的"地",另一个表笔"碰"三极管的基极 B 和集电极 C,就相当于给电路另接偏流源。检修中用这种方法从功率放大级往前级"碰",

会从扬声器中听到“喀喀”声，而且越往前级“碰”，扬声器发出的“喀喀”声越大。这种方法也可称为干扰法。

3. 调整法

通过调整电子产品中的微调电阻、微调电容、电感磁心等可调元件，消除一些常见故障。收音机、电视机等电子产品中多用电容和电感组成的 LC 振荡电路来调谐频率，在调整这些 LC 振荡电路时要借助仪器，不可盲目乱调。收音机灵敏度低、接收的频率范围不准、中频放大级失谐，都可通过调整的方法解决。收音机在维修时更换过元器件，特别是更换了晶体管、可调电感和微调电容后，必须重新进行调试。

4. 元件代换法

元件代换法是经过故障分析，对怀疑范围内的电阻、电容、电感、晶体管或集成电路等元器件逐一拆下检测，发现性能不良或损坏的，用性能好的元器件更换的方法。

在收音机的检修过程中，当怀疑某个元器件本身质量不佳或可能失效、变质时，常使用相同规格的元器件代替，把怀疑的元器件换下来，以证实故障的原因是否因被怀疑的元器件质量不好而引起的。此方法简单可靠，能解决一些判断不准、悬而未决的故障或从电路原理难以分析出的故障，这些故障往往都是一些“软故障”，用万用表或仪器暂时难以准确判断。

使用代换法检修时要注意 3 个问题：① 要避免盲目性，应尽可能缩小拆卸范围；② 要保持原样，最好事先做好记录，先记下元器件原来的接法，再动手拆卸，最后按原位置装入，以免造成人为故障；③ 要小心保护元器件，不要把原来没有毛病的元器件及印制电路板因拆焊而损坏。

5. 信号注入法

信号注入法是指利用信号发生器，对待修电子产品施加性质与电路要求完全相同的信号从而找出故障的方法。它适合检修各种不带有开关电路性质或自激振荡性质的放大电路，例如，各种收音机、录音机、电视机公共通道及视放电路、电视机伴音电路等。信号注入法不适宜检修各种开关电路、电视帧扫描电路或场扫描电路及可控硅电路。

在对收音机进行检修时，如果测量某一级的直流工作状态不正常，就可以断定该级电路有故障。但是，测量的直流工作状态正常时，却不能断定交流工作状态正常。例如，收音机的灵敏度低、音量小、失真等故障，很多情况下是直流工作状态正常，其故障多为某些元器件的性能衰退、变质所引起的，不易用万用表测出。因此，需要用信号注入法来检查。

检查低频放大电路时，可用音频信号发生器注入 1000Hz 或 400Hz 的低频信号。在检查变频、中频放大各级时，可用高频信号发生器注入频段内的信号及 465kHz 的中频调幅信号（调制频率 1000Hz 或 400Hz、调制度 30%）。信号一般从三极管的基极或集电极注入，为防止直流电压被仪器所短路，在信号发生器输出端，要串接一个电容器。音频信号可选 $5 \sim 30\mu F$ 的电解电容器；高频信号可选 $0.01 \sim 0.047\mu F$ 的瓷介电容器。在进行检修时，音频信号发生器的输出地线要接收音机的低频地（检波级之后）；高频信号发生器的输出地线要接收音机的高频地，以防止因接地不当引起不应有的寄生振荡。

被检修电路无论是高频放大电路，还是低频放大电路，都可以由基极或集电极注入信号。从基极注入信号可以检查本级放大器的三极管是否良好，偏流及发射极反馈电路是否正常，集电极负载电路是否正常。从集电极注入信号，主要检查集电极负载是否正常，本级与后一级的耦合电路有无故障。从基极、集电极注入信号是这种检修方法的普遍规律，检修多级放大器，一般从后逐级向前注入检查。

在使用信号注入法检修收音机时，最好在扬声器两端接上示波器观察波形变化，从前一级（基极）注入信号时，音频输出比从后一级（基极）注入信号波形的幅度要大，扬声器的声音要响，否则前一级放大电路就可能有故障（无放大作用或放大倍数不够）。若发觉扬声器的声音刺耳，这说明注入信号太强，可以适当减弱信号强度。

信号注入法一般是在收音机直流工作状态基本正常的情况下采用的。重点应检查作为交流通路的电容器、变压器等元器件，利用信号注入法检查故障时，不必逐点注入，要根据具体情况灵活运用。

6．信号寻迹法

信号寻迹法可以说是信号注入法的逆方法。信号注入法是从后级到前级逐级注入信号，检查注入点之后的电路是否正常。信号寻迹法则是从收音机的前级到后级逐级拾取信号，验证检测点之前的电路是否正常。信号寻迹法的原理是：逐级检查外来信号（广播信号或信号发生器发出的调幅波信号）是否能一级一级地往后传送并放大。用信号寻迹法检修收音机、录音机时，要借助信号寻迹器或类似的设备。信号寻迹器的原理为检波和放大，简单的信号寻迹器电路如图 6-16 所示。

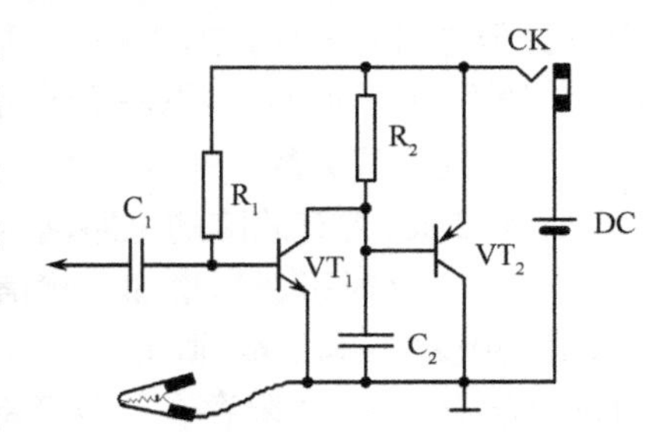

图 6-16　信号寻迹器电路

三极管 VT_1、VT_2 接成直接耦合，R_1 是它们的偏流电阻，R_2 是 VT_1 的集电极负载。由于 VT_1 工作点选得较低，处于特性曲线的弯曲部分，因而 VT_1 具有检波作用。如果在探针与地线夹子之间输入高频或中频调幅信号，由 VT_1 管检出音频信号。三极管 VT_2 接成射极输出器，使它能与 8Ω 低阻抗耳机匹配。VT_1 检出音频信号直接耦合到 VT_2 进行放大，最后由耳机放音。图中电路采用1.5V 电源，三极管 VT_1 为 9013（或 3DG6），VT_2 为 9015（或 3AX31），放大倍数均为 40～60。电阻 R_1 为 100kΩ，R_2 为 200Ω。电容器 C_1 为 0.1μF，C_2 为 0.033μF。

信号寻迹器电路简单可自制，也可以使用现成的收音机做信号寻迹器（见图 5-12 或图 5-29），方法是将音量电位器非接地端断开，在滑动端接探针，在地端接夹子，即构成了一个信号寻迹器。

使用信号寻迹法检修收音机时，将可变电容器调谐到有电台的位置上，或使用高频信号发生器发射高幅信号；接着用信号寻迹器的探针从前到后或从后到前逐级检查。这样就能很快探测到信号在哪一级阻塞，从而迅速缩小故障存在范围。上述信号寻迹器对低频信号及已调制高频信号都有效。探测中，寻迹器的夹子要夹住被测设备的接地端，探测点是各级放大器的基极或集电极。

7．干扰法

干扰法是对电路间歇断续地施加偏值，干扰放大器的工作状态，从而判断故障的一种方法。干扰法与信号注入法相似，信号注入法施加的是标准信号，干扰法施加的是干扰信号。前面提到利用万用表来实施干扰，是因为检修电子产品时，检修者几乎万用表不离手，使用起来比较方便。另外空间存有各种电磁波，人体也就处在一个电磁场中，会感应出微弱的低频电动势，所以检修者若手头没有万用表，可使用小螺丝刀、镊子等工具，手握工具的金属部分，“碰”电路中的特殊点及三极管的基极 B 和集电极 C，同样可将感应到的微弱低频电动势施加于电路中，使扬声器发出“喀喀”声。

在收音机的检修中，首先要确定收音机的故障出在哪一级电路。最快捷的手段是利用干扰的方法，从收音机的功率放大级开始检查，顺序是：功率放大级 → 低频放大级 → 检波级 → 中频放大级 → 变频振荡级 → 输入电路，依次“碰”各级电路三极管的基极和集电极，就可很快锁定故障的范围。

为了使判断故障更快，可先将收音机的前后级分成两部分，一部分叫收音，另一部分叫低放。收音部分是由输入电路、变频级振荡、中频放大级、检波级组成的。低放部分是由低频放大级和功率放大级组成的。两部分的分界点是音量电位器 R_P 的滑动端，判断收音机故障时首先“碰”音量电位器 R_P 的滑动端(电位器不可放在音量最小处)，确定故障是在收音机的前级还是后级，这样可以节省大量检修时间。

如图 6-17 所示为干扰法检修收音机实例。收音机收不到广播信号，使用干扰法判断故障，万用表置于电阻 R×1kΩ 挡，将一根表笔接至收音机的零电位上，用另一表笔首先“碰”音量电位器 R_P 的滑动端，听扬声器是否有“喀喀”声。若没有“喀喀”声，说明低放部分有故障，那么故障究竟是在低频放大级还是在功率放大级，这时可继续“碰”三极管 VT_4 的 B，C 极及 VT_5 的 B 极、VT_6 的 B 极，将有故障的电路确定下来。在“碰”到功放管的基极和集电极时，扬声器的“喀喀”声会很小，这时可适当增加干扰信号的偏流，将万用表调到电阻 R×10Ω 或 R×1Ω 挡，可使“喀喀”声变大，利于故障的判断。在“碰”R_P 滑动端时，若扬声器中能听到“喀喀”声，就说明低放部分没有故障，故障存在于收音部分，此时可继续“碰”前级电路三极管的基极和集电极，将故障存在的电路中确定下来。在“碰”的过程中，越往前级“碰”，扬声器发出的“喀喀”声越大。检查输入调谐电路时，可“碰”双联电容的非接地端，扬声器同样有“喀喀”声，说明收音机信号畅通，可收到电台广播。若“碰”变频级三极管 VT_1 的 B 极，扬声器有“喀喀”声，而“碰”输入电路的非接地端，扬声器没有“喀喀”声，多为本振电路或输入电路有故障。

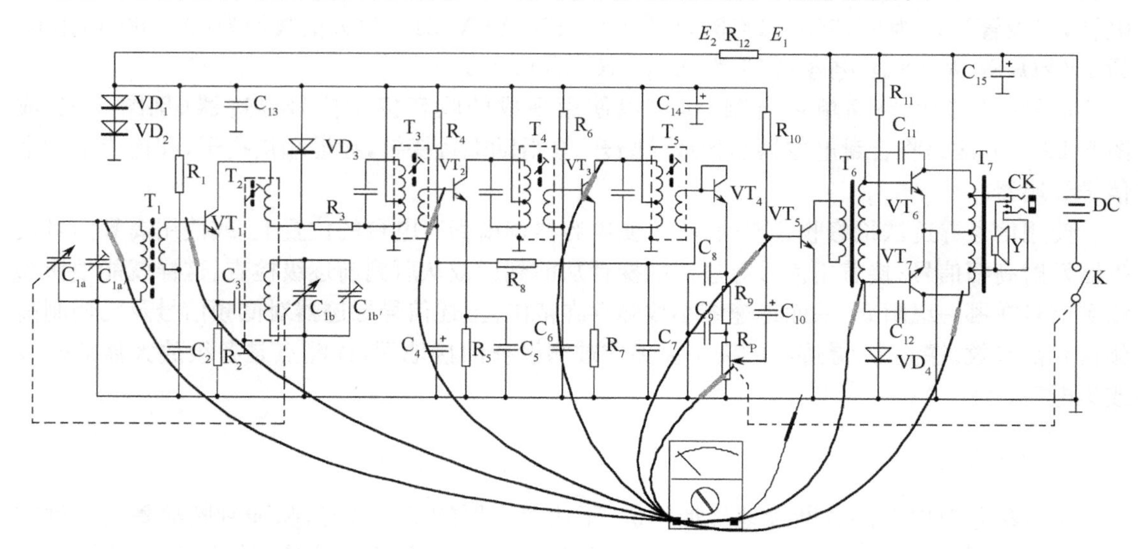

图 6-17　干扰法检测晶体管收音机

在确定了故障存在于哪一级后，再利用测量法最终找出故障点。

8. 示波法

示波法是指利用示波器观察待修电路特定点的波形，通过波形判断故障的一种方法。例如，在检修收音机时，可以将收音机调到某一电台的位置，利用示波器从收音机的变频级开始，依次在各个三极管的基极和集电极观察波形。在哪一级看不到波形，说明信号不通，该级有故障。也可以接收信号源的信号或使用信号注入法施加信号，用示波器在各点观看波形。

检修收音机、录音机的低放电路时，用信号发生器从前级输入正弦波信号，用示波器逐级观察输出波形有无失真。示波法检修低放电路，是寻找放大器失真原因较为直观、准确的方法。

9. 开路法和短路法

开路法是在电子产品的检修中，遇到电子产品的整机电流较大时（说明电路有短路现象），利用断开连接线或切断印制导线的办法。开路法可逐步压缩短路故障的范围。每切断一点，就能把故障范围缩小一半。切断线路前应分析电路原理图，力求切断点越少越好。

短路法有直接短路和电容器短路。在测得收音机的整机静态电流后，将某一级三极管的基极－发射极短路，或者把基极与地短路，这只三极管的集电极电流就减小到零，此时收音机整机静态电流也随之减少大约相同的数值。这个减少的电流值，基本等于被短路管的集电极电流。这种短路方法为直接短路。

利用电容器短路也称交流短路。交流短路是将某点的信号对地短路，由于电路分布参数和外界信号干扰的影响，放大电路会出现自激现象，使收音机出现高频、中频或低频的啸叫声和杂音，收音机无法正常收听广播。因为电容器具有通过交流、隔断直流的特性，所以使用电容可将出现的自激、杂波信号对地短路。如果短路后故障也随之消失，则说明故障在短路点之前的电路中。如果从后向前逐级短路，当短路到某一级时故障消失了，再向前级短路，故障又出现了，则说明故障就在这一级。

使用短路法短路交流自激信号时，还要根据出现的自激信号频率的高低选择不同容量的电容器。电容器的容量越大，所能通过的交流信号的频率越低，容量越小通过的频率越高。

以上介绍了常用的检修方法，在电子产品的检修实践中，还要根据电子产品故障的特点灵活运用各种检修方法。

6.3 收音机的检修

收音机产生故障的原因很多，情况也错综复杂。像收音机完全无声、声音小、灵敏度低、声音失真、有噪声无电台信号等故障，是经常出现的。一种故障现象可能是一种原因，也可能是多种原因造成的。但只要掌握了收音机故障的类型及特点，使用正确的检修方法，就会很快查出故障。

6.3.1 完全无声的故障

收音机无声是一种常见的故障，所涉及的原因较多。电源供不上电、扬声器损坏、低频放大级或功率放大级电路不工作，都能使收音机出现完全无声的故障。收音机出现完全无声的故障有两种情况：一是在收音机焊接装配完毕后，试听时收音机没有任何声音；二是在收音机使用期间，出现了完全无声故障。同一种故障出现在两种不同的场合，就具备了不同的特点，因此，检修时的侧重点也不同。

收音机焊装完毕出现无声的故障，最好使用观察法进行检修。检修时重点检查元器件安装和焊接的错误，例如，电池夹是否焊牢、电池连接线和扬声器连接线是否接错、元器件相对位置及带有极性元器件焊装是否正确、是否有因元器件过高引脚相碰造成的短路、焊接时是否存在漏焊、虚焊、桥接等现象。将焊装完的收音机对照电路原理图和装配图认真仔细地检查，会发现由于焊装的疏忽大意造成的故障。经过认真的观察、对照，仍然无法发现故障的，可按下述步骤进行检修。

1. 测整机电流

将万用表置于直流电流 25mA 挡(DC25mA)，断开收音机电源开关，将电流表跨接在开关两端，正常时收音机的整机静态工作电流一般为 10 ～ 20mA。测量方法如图 6-1 所示，测量时若发现：

(1) 无电流

首先检查电池电压是否正常、电池夹是否生锈、正负极片与电池接触是否良好、电源线是否接错、印制电路板电源电路有无断裂现象。

(2) 电流小

检查电池是否有电，检查时不能只测电池两端的电压，测其瞬间短路电流才是正确的方法。可用万用表直流电流 500mA 挡，红表笔接电池的正极，黑表笔接电池的负极，快速瞬时测量，电量充足时可达 500mA 以上，若电流小于 250mA，说明电量不足。检查各电阻阻值、晶体管极性安装是否正确，检查电池夹、开关接触电阻是否过大，检查焊点有无漏焊、虚焊等接触不良的现象。

(3) 电流大

当整机电流较大时，不要长时间接通电源，应查出故障后再通电，否则会因电流过大而损坏其他元器件。如果是刚刚焊装完的收音机，首先应检查焊点是否有桥接短路的情况，再检查三极管和起稳压作用的二极管极性是否接反。实践中发现，中频变压器在焊接时，由于焊接时间过长或焊锡量过多，容易使焊锡流到元器件表面与中频变压器屏蔽壳接触处，从而造成短路。

当整机电流大于 100mA，说明电路有严重的短路现象，或放大电路静态工作点偏离比较严重，或晶体管被击穿。电容器的漏电或击穿、变压器初级与次级的漏电或短路、放大电路偏置电阻开路或阻值增大、电源正负极相碰短路，都是造成整机电流大的原因。

当整机电流在 30 ～ 50mA 时，先检查电源电路是否正常；检查电容器 C_{15}、C_{14}(见图 6-17)有无漏电；二极管 VD_4 极性是否接反或正向电阻变大；中频放大级偏值电阻阻值是否变小。

整机电流大的故障，适合使用开路法检修，可分别切断各放大器集电极的印制导线，若放大电路集电极预留有电流测试缺口的，逐一将缺口焊开，观察整机电流的变化，可确定故障的范围。

2. 测电源

检查电源电路是否正常，首先测电池两端电压，再测电池接入电路板的电压。若无电压，说明电源连接线开路(电池夹接触不良)或开关没有接通。若为正常的 3V 左右，再测电阻 R_{12} 两端 E_1、E_2 的电位，E_1 为电源电压 3V，E_2 为 1.3 ～ 1.4V，若 E_2 小于 1V，应检查检波级及前级电路。

3. 检查低放及功放电路

低频部分的检查应先检查功率放大级，再检查低频放大级。参照图 6-17，使用干扰法判断故障在低频放大级，还是在功率放大级。首先“碰”音量电位器的滑动端（电位器不可放在音量最小处），确定低频部分的确有故障，再“碰”三极管 VT_5、VT_6 与 VT_7 的基极和集电极，判断故障是在功率放大级还是在低频放大级，最后用电压测量法找出损坏的元器件。利用电压测量法，检查输出变压器、输入变压器原端与副端是否开路，晶体管是否损坏。也可以将被怀疑的元器件焊下，用万用表的电阻挡进行测量，以确认是否真的损坏。

通过测量低放级与功放级电路的电流及静态工作点电压是否正常，同样可以找出哪级电路存在故障。

4. 检查扬声器

将扬声器连线焊下，用万用表电阻挡（$R\times1$）测扬声器的阻抗应为 $7.5\sim8\Omega$，再检查连接扬声器、耳机插孔的导线是否断线、错接，耳机插孔开关接触是否良好。

6.3.2 有“沙沙”噪声无电台信号的故障

收音机接通电源后，能听到“沙沙”的噪声，而收不到电台广播，基本可以断定低频电路是正常的。收不到电台信号，应重点检查检波以前的各级电路。在检修这类故障时先使用观察法，查看检波以前各级电路元器件是否有明显的相碰短路或引脚虚接、天线线圈是否断线或接错。

检查时可根据收听到“沙沙”声的大小，分析故障可能出现在收音部分前级电路还是后级电路，因为“沙沙”声越大，经过放大的级数越多，故障在前级的可能性就越大。相反经放大电路的级数越少，“沙沙”声就越小。没有检修经验的初学者，无法从“沙沙”声的大小判断故障是在前级，还是在后级。在实际检修中，往往使用干扰法判断故障在哪一级电路。

如图 6-17 所示的收音机有“沙沙”声，无广播，检修时首先利用干扰法，“碰”电位器 R_P 的滑动端，从扬声器发出的“喀喀”声断定，低频部分没有故障。再“碰”三极管 VT_2 的基极，若扬声器没有“喀喀”声，说明从第一级中放到音量电位器 R_P 之间有故障。进一步判断可继续“碰”VT_2 的集电极和 VT_3 的基极，“碰”VT_2 集电极扬声器没有响声，而“碰”VT_3 基极时有响声，那么故障就在 VT_2 集电极与 VT_3 基极之间，重点检查中频变压器 T_4，其他各级检查与此类似。若“碰”三极管 VT_2 的基极，扬声器仍然有“喀喀”声，说明从第一级中频放大往后没有故障，故障在变频级或输入电路，这时可“碰”VT_1 的集电极、基极和输入电路的非地端。如果收音机是正常的，当“碰”输入电路的非地端时，扬声器会发出较大的“喀喀”声，从而确定故障。

6.3.3 声音小、灵敏度低的故障

声音小、灵敏度低的故障涉及的范围较大。声音小，除低频放大电路是主要考虑的部位以外，还与中频放大电路和变频电路有关。灵敏度低，一般是中频放大和变频电路存在问题，与低频放大电路关系不大。检修时先试听，如果各个电台声音都很小，则是声音小的故障；如果有的电台声音大有的声音小，则是灵敏度低的故障。声音小的故障应重点检查低频放大电路，灵敏度低则应检查中频放大电路和变频电路。

声音小和灵敏度低这两种故障，有时可能同时存在，在检修时应先排除声音小的故障后，再排除灵敏度低的故障。

1. 声音小故障的检查

如图 6-17 所示电路，先使用干扰法“碰”电位器 R_P 的滑动端，判断低频电路是否有较响的“喀喀”声，如果听不到“喀喀”声或“喀喀”声较小，说明低频电路有故障，可继续检查各个元器件。功放管 VT_6、VT_7 是否损坏，若其中一个三极管集电极与基极击穿短路时，电流变大，输出音量变小；若基极与发射极击穿短路，将造成一个三极管工作，输出音量变小；反馈电容 C_{11}、C_{12} 是否漏电；输入变压器 T_6、输出变压器 T_7 是否存在线圈间短路；低放管放大倍数是否太低。

2. 灵敏度低的检查

灵敏度低的故障主要出现在低频放大以前的各级电路中，电路如图 6-18 所示。检波管 VT_4 极间是否开路或击穿；滤波电容 C_8，C_9 是否漏电；偏置电阻 R_4，R_6 及自动增益反馈电阻 R_8 的阻值是否发生变化；中放管 VT_2，VT_3 的放大倍数是否过小；二次自动增益控制二极管 VD_3 是否变质，若反向电阻变小，使中频变压器 T_3 的 Q 值降低，灵敏度下降；电阻 R_1 是否开路或阻值变大，而使变频管 VT_1 的集电极电流减小，振荡减弱，灵敏度下降；高频旁路电容 C_2 的容量是否减小或开路，使高频信号不能满足旁路，灵敏度下降；发射极电阻 R_2 的阻值是否变大，使收音机收台少或无声；天线线圈是否断股使灵敏度下降；中频频率是否调乱，造成灵敏度降低。

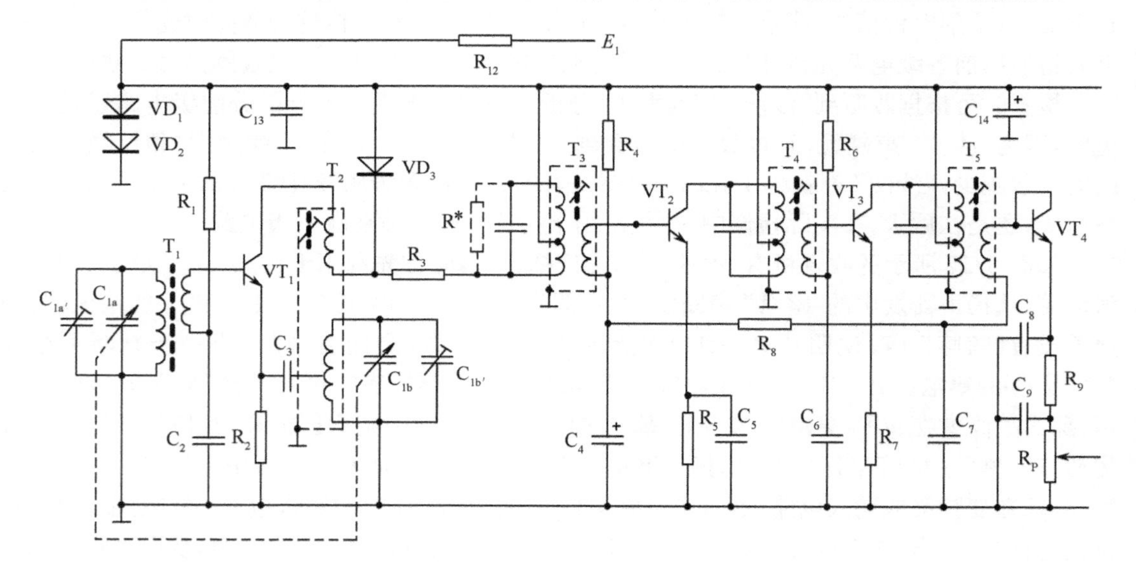

图 6-18 输入混频及中放电路

6.3.4 啸叫声的故障

超外差式收音机因灵敏度高、放大级数多，容易产生各种啸叫声和干扰，引起啸叫声故障的原因很多，查找起来比较困难。检修时要根据啸叫声的特点，判断该啸叫声是属于高频、低频或差拍啸叫，并根据啸叫声频率的高低，针对不同电路进行检查。

1. 高频啸叫

收音机在调谐电台时，常常在频率的高端产生刺耳的尖叫声，这种啸叫出现在中波频率

1000 kHz 以上位置时，可能是变频电路的电流大、元器件变质、本振或输入回路调偏等原因。如果啸叫出现在频率的低端位置，可能是中频频率调得太高，接近于中波段的低端频率，此时收音机很容易接收到由中放末级和检波级辐射出的中频信号，以致形成正反馈而形成自激啸叫。另外还有一种啸叫在频率的高、低端都出现，且无明显变化，并在所接收的电台附近啸叫声强，这多是由于中频放大级的自激原因造成的。

对高端的啸叫主要检查输入电路和变频级电路。先检查偏置电路是否正常，测变频级电流是否在规定的范围内，在调整电流时注意，用硅二极管作为偏压的变频级，如图 6-18 所示，二极管 VD_1，VD_2 两端电压应为 1.3V 左右。如果变频级电流正常，高端仍有啸叫声，可能是振荡太强，振荡耦合电容 C_3 可由原来的 0.01μF 减小到 6800pF 或 5600pF，发射极电阻 R_2 可增加 1 ～ 5kΩ。对天线输入回路或振荡回路失谐产生的啸叫，最好用信号发生器重新进行跟踪统调，并用铜铁棒两端测试后将天线线圈固定好。

低频的啸叫可用校准中频 465kHz 的方法解决，用信号发生器送 465kHz 中频信号，从中放末级向前级依次反复调整 3 只中频变压器。

在整个波段范围的啸叫，一般是中频放大自激引起的。先检查两级中频放大电路的静态电流，断开电流测试点或晶体管集电极开路，串联电流表，若两级中频放大电路的静态电流在正常值的范围内，可检查中频变压器是否失谐于 465 kHz，调谐曲线是否调得过分尖锐，失谐就要重新调中周。曲线调得尖锐时，可用无感起子将中周磁心微微调偏。对中周线圈本身 Q 值高引起的啸叫，还可在中周初级并联阻尼电阻 R^*（100 ～ 150kΩ），如图 6-18 所示；对有自动增益控制电路的收音机，当 AGC 的滤波电容 C_4 干枯、容量减小，或 AGC 电阻 R_8 阻值变化、开路时，也会产生轻微的失真和啸叫。变频管和中放管的放大倍数要适当，穿透电流要小，才能保证工作稳定可靠，不致引起啸叫。

2. 低频啸叫

这种啸叫不像上述啸叫那样尖锐刺耳，且与一种“嘟嘟”声混杂在一起，而且发生在整个波段范围内。啸叫来源主要在低频放大电路或电源滤波电路，检修时先测电源电压是否正常，当电压不足时也会出现“嘟嘟”声。电源滤波电容 C_{15}，C_{14} 或前后级电路的去耦滤波电容 C_4，C_6 容量减小、干枯或失效也会引起啸叫和“嘟嘟”声（参见图 6-18）。当电路中的输入、输出变压器更换后，出现了啸叫，可能是线头的接法和原来不一样，这时要互相对调试一试。

3. 差拍啸叫

这种啸叫并不是满刻度都有，也不是伴随电台信号两侧出现，而是在某一固定频率出现的。比较常见的是中频频率 465 kHz 的二次谐波、三次谐波干扰，这种啸叫将出现在中波段 930kHz、1395kHz 的位置，并伴随电台的播音而出现。检修时重点检查中频放大级，是否因中频变压器外壳接地不良，造成各个中频变压器之间的电磁干扰，从而引起差拍啸叫。减小中频放大级电流，将检波级进行屏蔽也是消除差拍啸叫的有效方法。

判断收音机啸叫声的方法除了根据啸叫频率的高低、啸叫所处频率刻度上的位置以外，通常以电位器为分界点。先判断啸叫在前级还是在后级，当关小音量时啸叫声仍然存在，说明故障在电位器后面的低频电路；若关小音量时啸叫声减小或消失，说明故障在电位器前的各级电路。故障范围确定后，再采用基极信号短路的方法判断故障在哪一级电路中。

6.3.5 声音失真的故障

声音失真是收音机常见的故障，收听电台广播时扬声器发出的声音走调、断续、阻塞、含糊不清，失去了正常的音质。引起声音失真的原因较多，常见的失真现象可能与以下电路有关。

1. 电源电压不足

当电池使用时间较长，其内阻会变大，这样就造成了电池电压的下降，同时电池所能提供的电流也严重不足，使收音机各级电路的静态工作电位及工作电流受到影响；电池夹生锈，接触电阻增大，也会使收音机受到相同的影响，当音量开大时整机消耗电流将增加，失真现象更加明显；电源滤波电容容量不足，也会使收音机产生失真。

2. 扬声器损坏

收音机严重磕碰，会使扬声器的磁钢松动脱位而将线圈卡住，此时表现为声音小且发尖。扬声器纸盆的破损，会使收听广播时的声音嘶哑，音量增大时伴有“吱吱”声。

3. 功率放大级引起的失真

推挽功放部分引起失真的原因有：

① 推挽管一只工作，另一只开路或断脚，此时可以分别测试两管的集电极电流来判断；

② 输入变压器次级有一组断线，使两只功率管一只管子有偏置电压，另一只管子基极无偏置电压而不工作；

③ 输出变压器初级有一组断线，使一只推挽管的集电极无电压；

④ 上偏置电阻 R_{11} 变值或开路，功放管静态电流不正常，这样将引起交越失真，当音量小时失真严重，声音开大失真并不明显；

⑤ 两只推挽功放管不对称放大倍数 β 相差太大。

4. 其他各级电路的失真

低频放大级偏置电压不合适，使低放管的集电极电流过大或过小；二极管检波电路的检波管正反向电阻差值小或正负极接反；中频变压器严重失谐；自动增益控制电路的电阻变大或开路；变频级本振信号弱等，都可能引起收音机的收听效果失真。

收音机因元器件损坏，线路接触不良、开路、短路等现象，造成收音机无法收到广播信号所引起的故障，一般称为硬故障。硬故障的检修只要合理运用检修方法，故障点就很容易被发现。灵敏度低、啸叫声、失真、串台等故障，一般称为软故障，此类故障的检修难度要大一些，不像硬故障那样容易被发现。检修时要有耐心，根据故障的特点认真分析电路，找出产生故障的电路。有些软故障可以通过重新调试收音机的办法将故障消除。

第7章 Protel DXP 2004 SP2电路设计软件的使用

印制电路设计是电子工艺学科一个非常重要的组成部分，一台电子设备是否能长期可靠地工作，不仅取决于电路的原理设计和电子元器件的选用，很大程度上还取决于印制电路板的设计与制作。印制电路板是电子设备的主要部件，它直接关系到电子产品的质量。一个设计精良的印制电路板，不但要布局合理，满足电气要求，有效地抑制各种干扰，而且还要充分体现审美意识，这也是印制电路设计新的理念。现在各行各业都在激烈的竞争中发展，某一方面的疏忽都将给企业带来巨大损失。

计算机辅助电路设计的应用，极大地提高了电子线路的设计效率与质量，因此，EDA(Electronic Design Automation)软件已经成为电子电路设计不可或缺的工具。目前有关电子线路设计的软件很多，Altium公司推出了不同版本的Protel电路设计软件，Protel DXP 2004 SP2是目前较新的版本。用Protel系列软件进行电路设计的最终目的是生成PCB(Printed Circuit Board)电路，PCB起到了搭载电子元器件平台的作用，同时PCB还提供板上的各种电子元器件的相互电气连接。

Protel DXP 2004 SP2软件功能强大，本书不能全面介绍。为使初学者掌握该软件的基础入门操作，本章通过完成一个设计实例，从原理图设计、原理图元器件创建、PCB元器件创建、电气检查、创建网络表到最终完成PCB电路，介绍该软件的基本操作。

7.1 Protel DXP 2004 SP2简介

Protel DXP 2004 SP2充分发挥了计算机技术的优势，打破了传统的设计工具模式，采用一种新的方法进行PCB设计，使设计者可以进行从概念到完成任意PCB设计而不受设计规格和复杂程度的束缚。它提供了以项目为中心的设计环境，包括强大的导航功能、源代码控制，对象管理、设计变量和多通道高级设计方法，并将原理图绘制、电路仿真、PCB设计、规则检查、FPGA及逻辑器件设计等完美地融合在一起，改进型Situs自动布线规则大大提高了布线的成功率和准确率。

执行【开始】/【所有程序】/【DXP 2004 SP2】命令，启动Protel DXP 2004 SP2，启动界面如图7-1所示。

启动后，打开Protel DXP 2004 SP2主窗口，如图7-2所示。主窗口由系统主菜单、工具栏、工作区面板、面板控制、状态栏和文档标签组成。

7.1.1 系统菜单

系统菜单提供了Protel DXP 2004 SP2的基本操作，可以对Protel DXP 2004 SP2进行系统参数的设置和信息的查询。

1.【DXP】菜单

执行【DXP】命令弹出子菜单，如图7-3所示，可以进行系统环境的设置。

图 7-1　Protel DXP 2004 SP2 启动界面

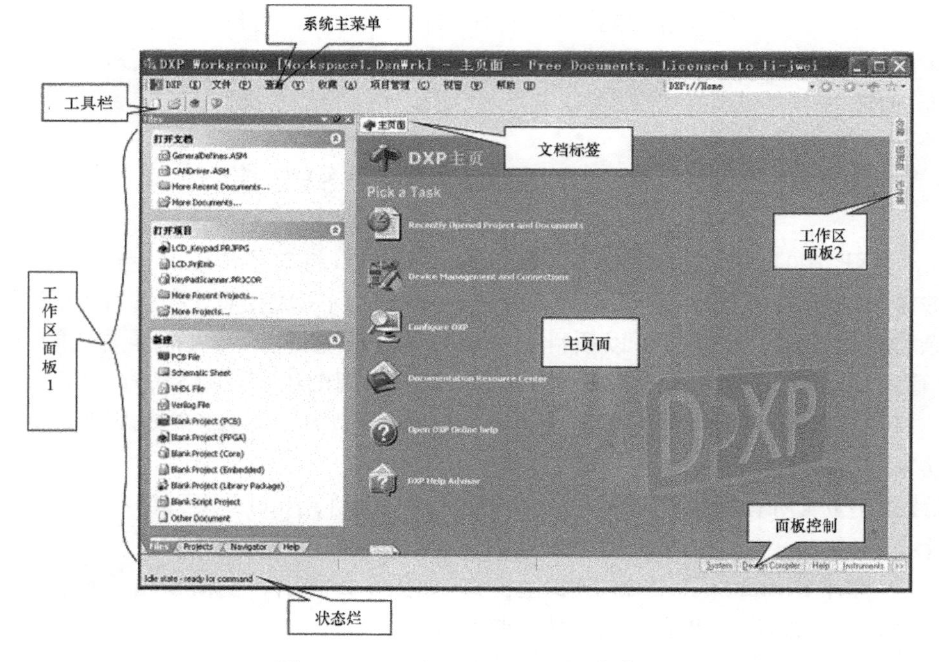

图 7-2　Protel DXP 2004 SP2 主窗口

(1)【用户自定义】命令

此命令用于打开【Customizing PickATask Editor】对话框，如图 7-4 所示。用户可以对命令和工具栏进行定义，并且对工具栏和菜单等通过编辑器可重新分配，还可以对菜单里的命令进行增加或删除。

(2)【优先设定】命令

此命令用于打开【优先设定】对话框，如图 7-5 所示。用户可对各选项卡中的参数进行设

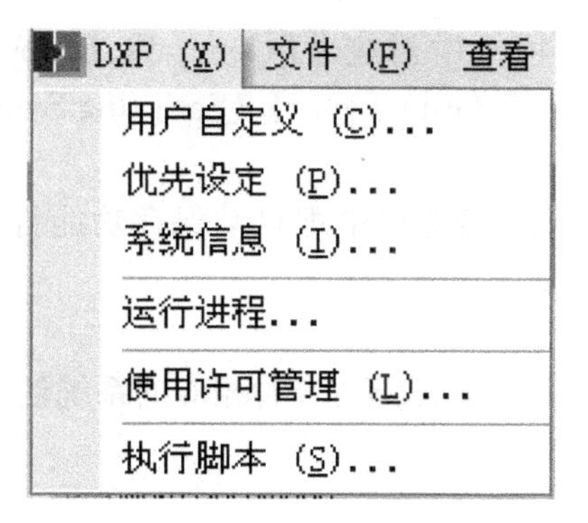

图 7-3 【DXP】菜单选项

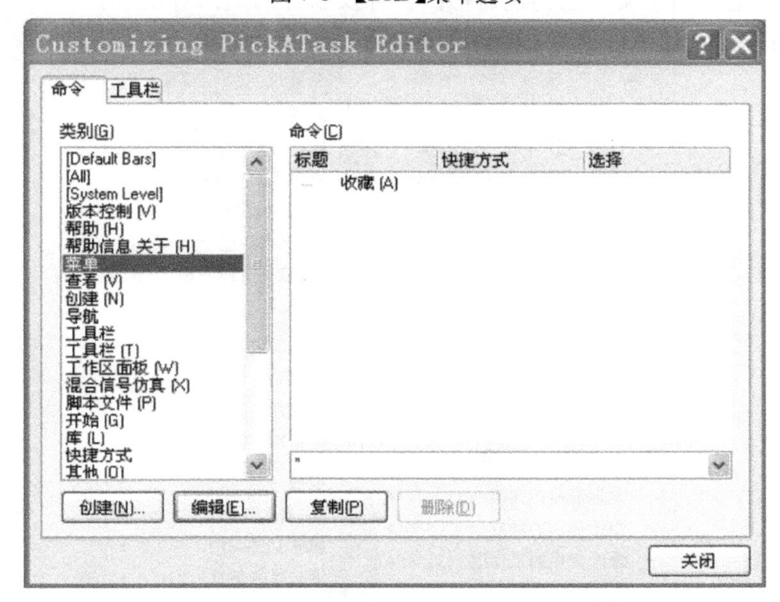

图 7-4 【Customizing PickATask Editor】对话框

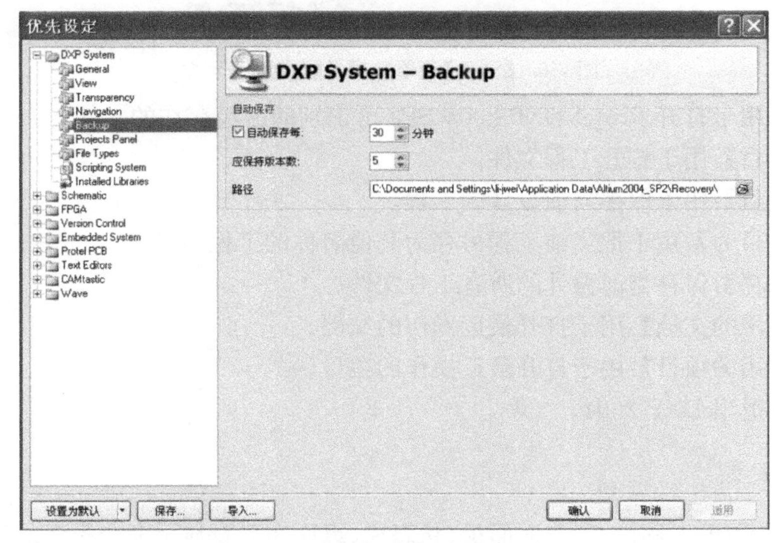

图 7-5 【优先设定】对话框

置。其中，在【DXP System】选项卡中对应着【General】、【View】、【Transparency】、【Navigation】、【Backup】、【Projects Panel】、【File Types】、【Scripting System】和【Installed Libraries】选项的设置。

在工程设计时，建议在【Backup】选项中把自动保存功能打开，这样可以防止计算机系统发生意外时所做工程项目的丢失。

(3)【系统信息】命令

此命令用于打开【EDA 服务器】对话框，查看相应的系统信息。

2.【文件】菜单

【文件】菜单主要用于文件的创建、打开、保存及软件的退出等功能。

①【创建】：用于创建新的文件，其子菜单如图 7-6 所示。

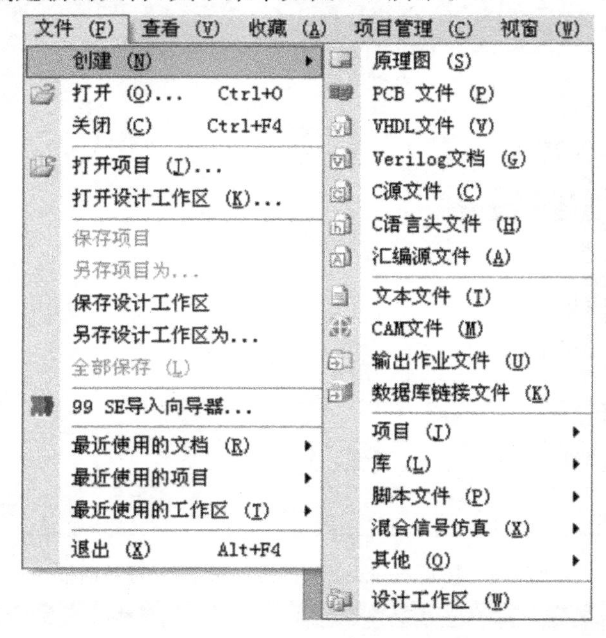

图 7-6 【文件】菜单选项及【创建】子菜单

②【打开】：用于打开 Protel DXP 2004 SP2 可识别的已经存在的文件。

③【打开项目】：用于打开工程文件。

④【保存项目】：用于保存当前设计的工程。

⑤【另存项目为】：用于把当前工程另存为其他名称的工程项目。

⑥【全部保存】：保存当前设计的所有工程文件。

⑦【最近使用的文档】：用于打开最近操作的文档。

⑧【最近使用的项目】：用于打开最近操作的项目。

⑨【退出】：退出 DXP 2004。

3.【查看】菜单

【查看】菜单用于工具栏、工作区面板、状态栏、桌面布局及显示命令行等的管理，并控制各种可视窗口面板的打开与关闭，如图 7-7 所示。

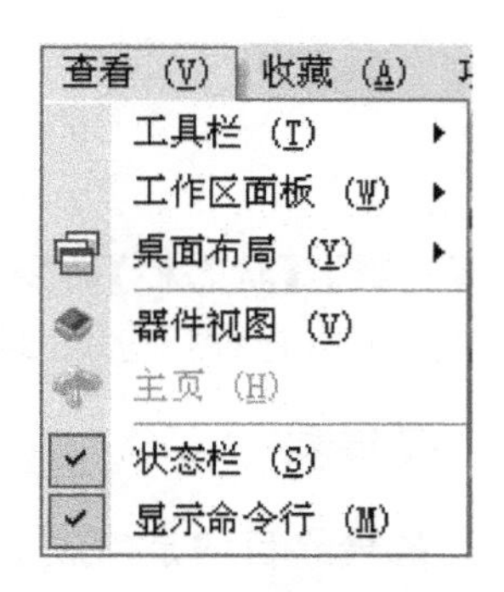

图 7-7 【查看】菜单选项

4.【项目管理】菜单

【项目管理】菜单用于编译、分析、版本控制、删除项目文件等的管理和操作。

5.【视窗】菜单

【视窗】菜单用于多窗口的管理。

7.1.2 工作区面板

工作区面板 1 通常位于窗口的左边，可移动也可隐藏，主要有【Files】、【Projects】、【Navigator】和【Help】等选项。可通过【查看】菜单选择各项开启与关闭。

工作区面板 2 通常位于窗口的右边，同样可以移动和隐藏，主要有【收藏】、【剪贴】和【元件库】选项。

1. 工作区面板的显示、隐藏与移动

工作区面板状态栏为 。单击按钮，则按钮的形状变为，此时将鼠标移出工作区面板，工作区面板自动隐藏。单击按钮，则按钮又恢复为，工作区面板不再隐藏。

在状态栏按住鼠标左键不放，可拖动工作区面板至窗口的任何位置。

2. 工作区面板的关闭、开启与添加

单击相应工作区面板上部状态栏中的按钮，即可关闭工作区面板。

关闭某一个面板选项，若要关闭【Files】面板，右击下方【Files】选项卡，在出现的对话框中单击【Close Files】选项。若要重新开启该面板选项，在菜单栏中执行【查看】/【工作区面板】/【System】/【Files】命令，在工作区面板下面的选项中，就会重新出现【Files】选项卡。

7.1.3 工具栏与状态栏

1. 工具栏

工具栏用于快速的命令操作。

①按钮用于创建新的文件。

②按钮用于打开已存在的文件。

③按钮用于打开器件视图页面。

④帮助向导。

2. 状态栏

状态栏位于窗口底部，执行菜单【查看】/【状态栏】命令，可以在主窗口底部显示或者隐藏状态栏，单击状态栏中底部相应的按钮，可以查看相应的面板内容。

7.1.4 设计 PCB 电路的一般步骤

用 Protel 系列软件进行电路设计的最终目的是生成 PCB，通常情况下，从电路原理图绘制开始，利用软件提供的强大设计功能，完成自动布局、自动布线，最终完成 PCB 设计。只要电路原理图绘制正确，元器件的封装定义准确，生成的 PCB 就不会出现电路连接错误。使用 Protel DXP 2004 设计 PCB 电路的步骤如图 7-8 所示。

简单的原理电路设计 PCB 电路时，可不必绘制原理图，在 PCB 编辑器中放置元器件，利用手动布局，完成 PCB 电路设计。

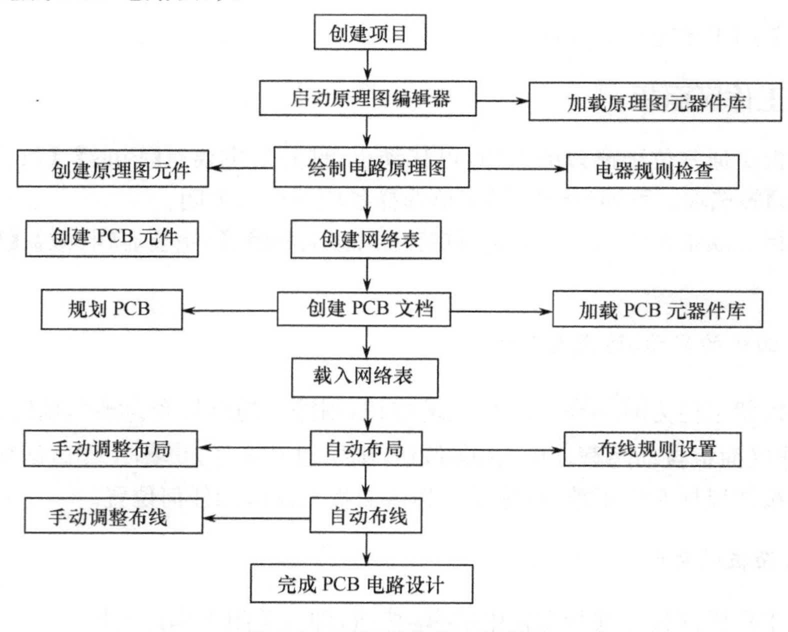

图 7-8 PCB 设计的一般步骤

7.2 原理图设计准备

原理图的绘制是利用 Protel DXP 2004 进行自动设计 PCB 的基础，原理图绘制的正确与否，直接影响 PCB 的设计结果，因此熟练掌握原理图的绘制非常重要。Protel DXP 2004 提供了以项目为中心的设计环境，在进行 PCB 设计时要创建一个 PCB 项目，所有的设计都要在该项目下进行，也可以直接建立各设计文档，如原理图文档、PCB 文档等。

7.2.1 在项目中新建原理图文档

同一项目的各种文件最好都创建在同一个项目下，这样有利于项目的管理，也可以将已有文件追加到项目中。

1. 创建项目

执行菜单【文件】/【创建】/【项目】/【PCB项目】命令，系统会自动创建一个名为“PCB_Project1. PRJPCB”的空白项目。

2. 保存项目

执行菜单【文件】/【保存项目】命令，更改项目名为“电话接听器”（电话接听器. PRJPCB），并保存在“D:\电路设计\”目录下。

3. 创建原理图文档

执行菜单【文件】/【创建】/【原理图】命令或打开工作区面板的【Projects】选项卡，移动光标到“电话接听器. PRJPCB”上右击，在出现的快捷菜单中执行【追加新文件到项目中】/【Schematic】命令，如图7-9所示。系统创建一个名为“Sheet1. SCHDOC”的原理图文档，并转换到原理图编辑界面。

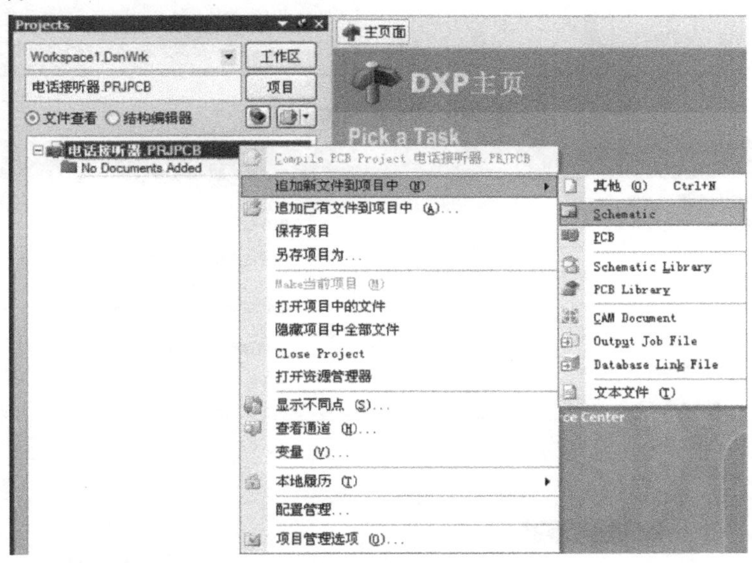

图7-9　创建原理图文档

4. 保存原理图文档

执行菜单【文件】/【保存】命令，将新建原理图文档命名为“原理图”（原理图. SCHDOC），并保存在“D:\电路设计\”目录下，在“D:\电路设计”文件夹中生成一个“原理图. SCHDOC”自由文档。原理图文档创建后的系统界面，如图7-10所示。

7.2.2　设置图纸与环境参数

1. 设置图纸尺寸及版面

执行菜单【设计】/【文档选项】命令，弹出如图7-11所示的【文档选项】对话框。【文档选项】对话框有3个选项卡。

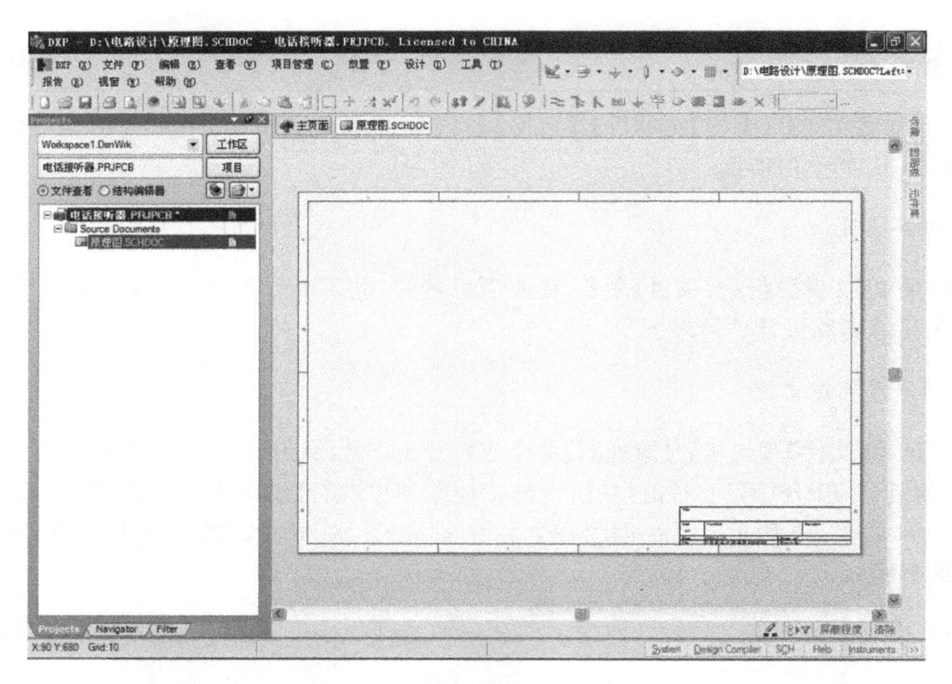

图 7-10　原理图编辑界面

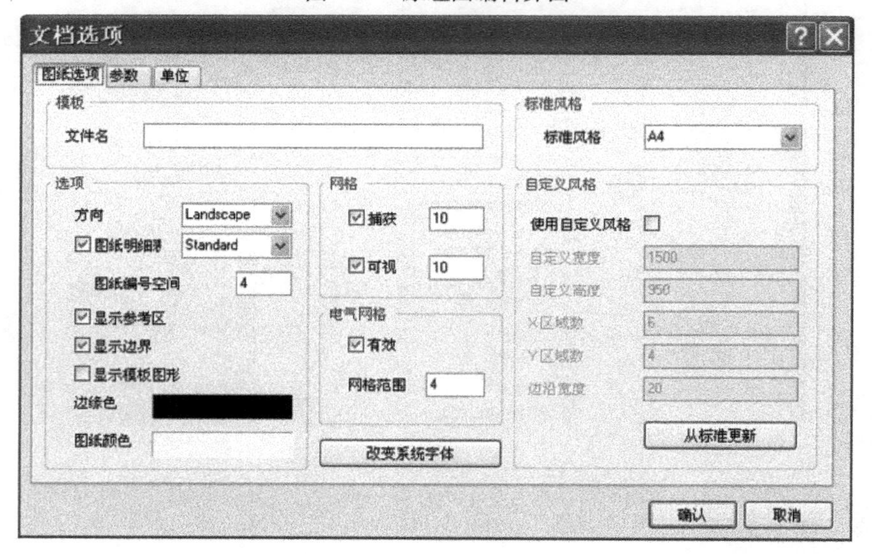

图 7-11　【文档选项】对话框

①【图纸选项】选项卡：可对模板的文件名、图纸的方向、标题栏的类型、边界、图纸颜色、网格的大小、图纸的大小及风格进行设置。

②【参数】选项卡：用于设置图纸的各种信息，如公司地址、公司名称、设计人姓名、日期等。

③【单位】选项卡：用于设置系统采用的单位，如使用英制单位或使用公制单位。

2. 设置原理图工作环境

执行菜单【工具】/【原理图优先设定】命令，弹出【优先设定】对话框，如图 7-12 所示。原理图设计时可在【Schematic】选项中设置各项参数。

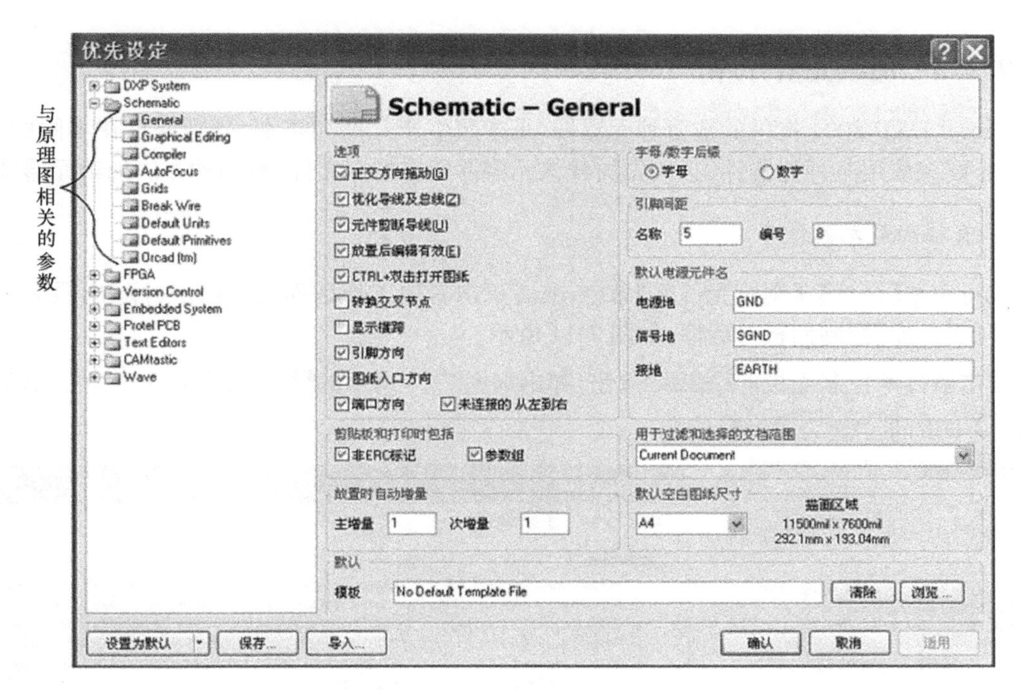

图 7-12 【优先设定】对话框

①【General】选项：可设定导线交叉时的显示情况、显示元器件信号的电气方向等，一般情况不需要修改系统的默认值。

②【Graphical Editing】选项：可对剪贴参考点、对象中心、电气热点、光标类型进行设定。

③【Compiler】选项：该选项的对话框如图 7-13 所示。通过设置可以使致命错误（Fatal Error）、错误（Error）和警告（Warning）在编译处理后在原理图上显示出来，并可将不同的错误设置为用户喜欢的颜色。

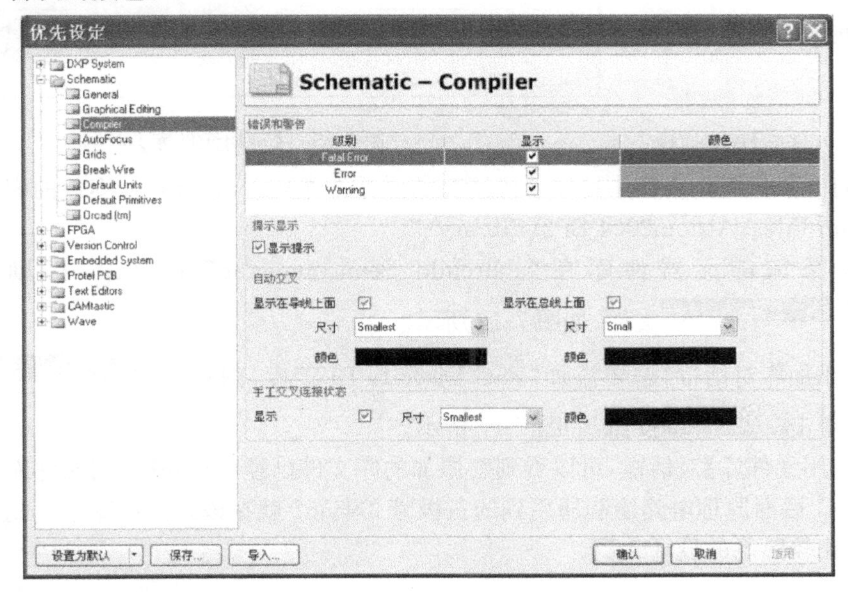

图 7-13 【Schematic-Compiler】对话框

7.2.3 加载元器件库

Protel DXP 2004 提供的数万种元器件，是按照生产厂商和类别，分别保存在不同的元器件库内，要想取用某种元器件，必须先加载该元器件所在的库文件，有两种方法加载元器件库。

1. 直接加载元器件库

执行菜单【设计】/【浏览元件库】命令，或者单击右边工作区面板的【元件库】选项卡，都可以打开【元件库】控制面板对话框，如图 7-14 所示。

单击器件库控制面板的 元件库... 按钮，弹出如图 7-15 所示的【可用元件库】对话框，单击【安装】选项卡下的 安装(I)... 按钮。

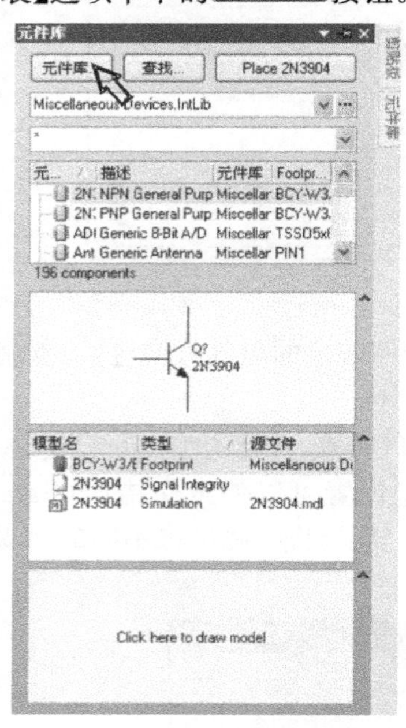

图 7-14 【元件库】控制面板

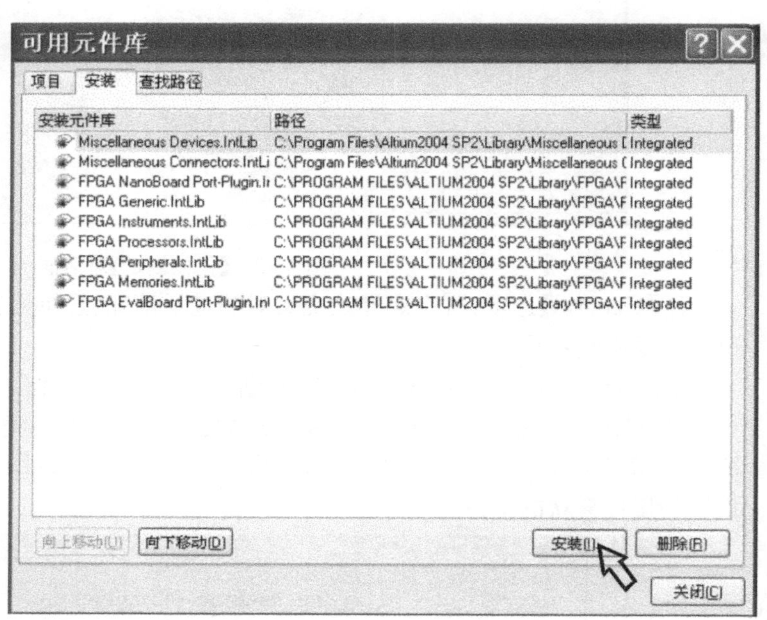

图 7-15 【可用元件库】对话框

弹出【打开】对话框，在窗中可以看到所有的元器件库列表，系统默认安装的库文件目录为“C:\Program Files\Altium2004 SP2\Library\”。

假设要添加的元器件库在“Fairchild Semiconductor”的目录内，则选择双击 Fairchild Semiconductor 文件，如图 7-16 所示。

打开可添加库对话框，若要添加“FSC Discrete BJT”库，则双击 FSC Discrete BJT 或选择该库后单击 打开(O) 按钮，如图 7-17 所示。

回到【可用元件库】对话框，可以看到新添加的库文件已经出现在【可用元件库】列表中，如图 7-18 所示。后面原理电路绘制所用到的三极管 2N5551 就在该元器件库中。此方法适合于对元器件库比较熟悉的设计人员。

2. 使用搜索方式加载元器件库

当只知道元器件名称而不清楚元器件所在库的情况下，可以利用系统提供的强大检索功

图 7-16 【打开】对话框

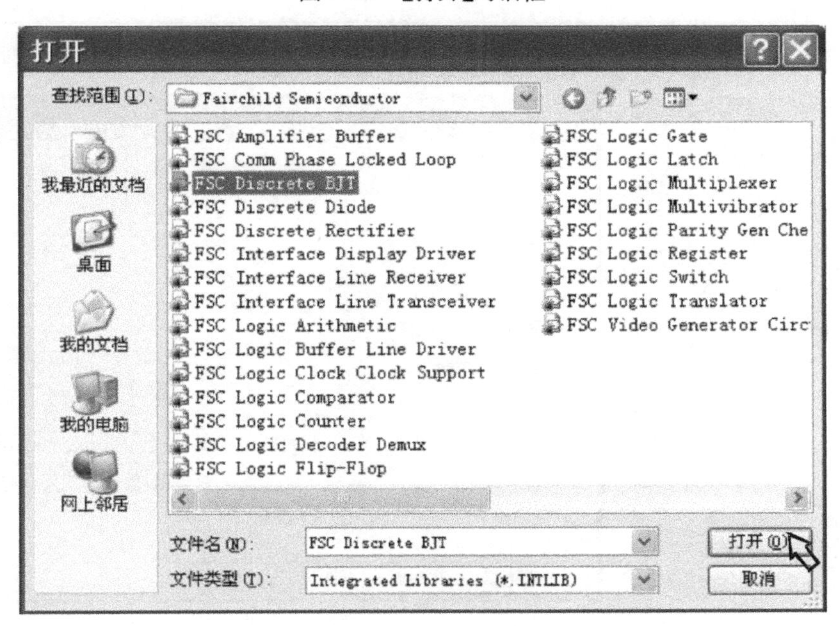

图 7-17 选择添加元器件库对话框

能添加元器件库。单击元器件库控制面板中的 查找... 按钮，如图 7-19 所示，弹出【元件库查找】对话框。

若要查找 LS1240A 芯片，在查找对话框的文本栏中输入“LS1240A”，在【范围】选项中，选中“路径中的库”，在【路径】中正确设置元器件所在的路径，单击 查找(S) 按钮，如图 7-20 所示。

图 7-18 【可用元件库】对话框

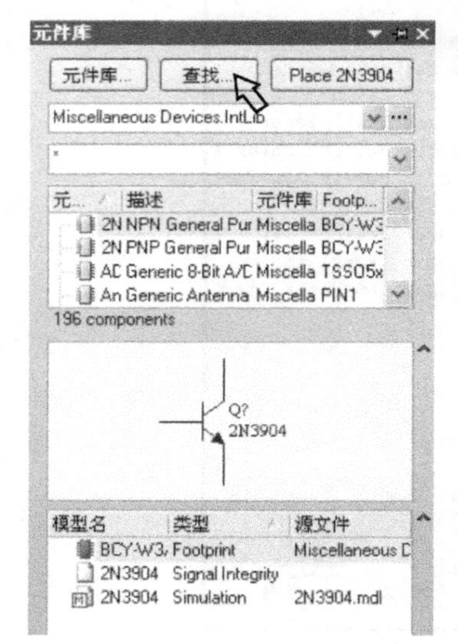

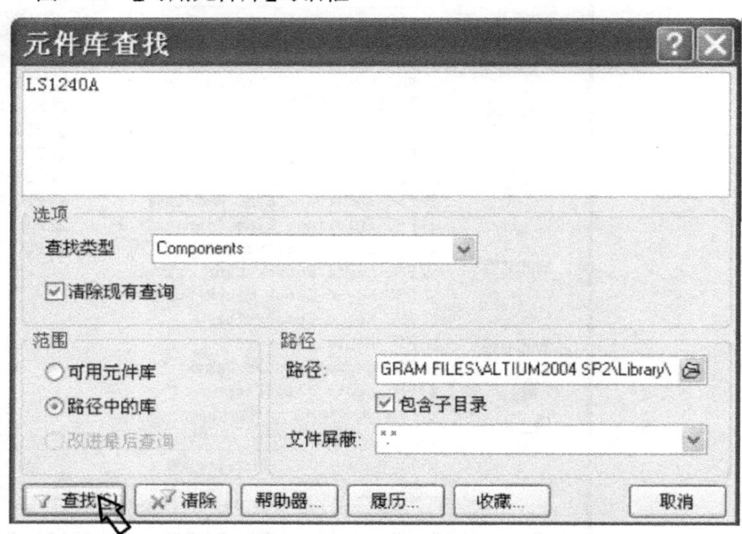

图 7-19 【元件库】控制面板　　　　　图 7-20 【元件库查找】对话框

弹出正在进行查找的【元件库】控制面板，查找结束后可以看到，在“ST Comm Telephone Circuit PcbLib”库中找到了 LS1240A 芯片。单击 Place LS1240A 按钮或双击列表中 LS1240A 的元件，如图 7-21 所示。弹出【Confirm】(确认)安装库对话框，如图 7-22 所示。单击 是(Y) 按钮完成安装。

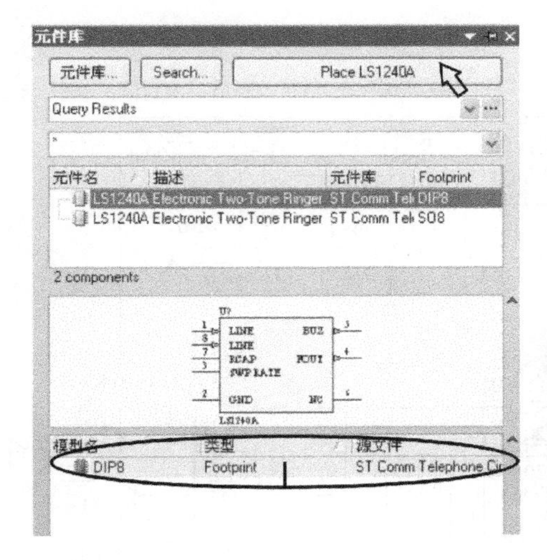

图 7-21　查找结果

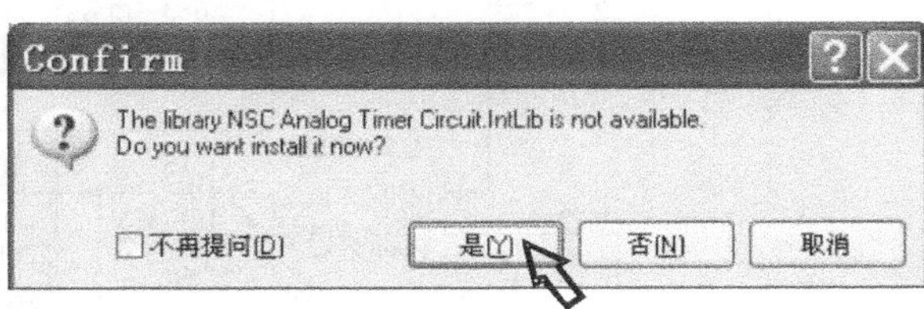

图 7-22　【Confirm】安装库对话框

可以看到在【可用元件库】对话框中，已经有了“ST Comm Telephone Circuit PcbLib”元件库，如图 7-23 所示。把原理图电路中所使用的元器件，按此方法逐一对元件库进行加载。

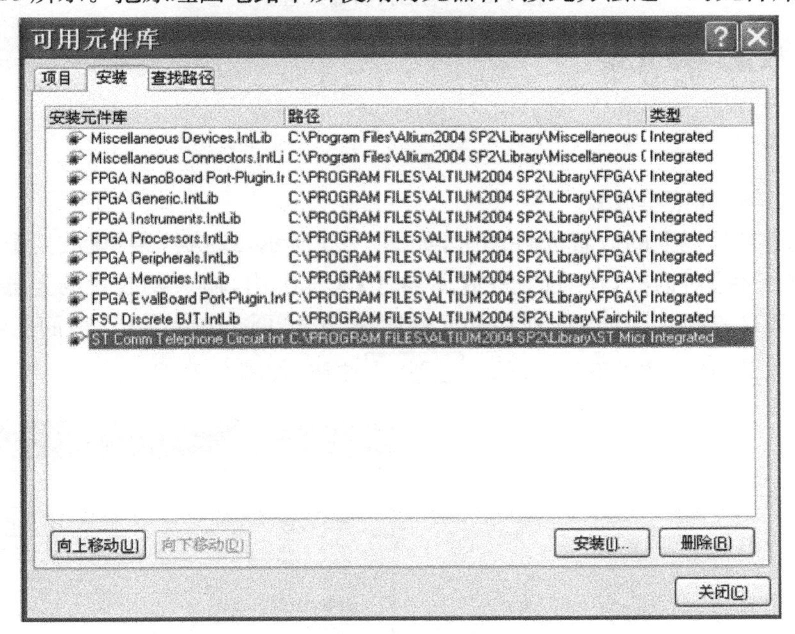

图 7-23　【可用元件库】对话框

7.3　原理图设计

完成了原理图环境参数的设置和元器件库的安装后，就可以对电路原理图进行设计与绘制。在绘制前，还需要掌握各电路元素放置命令的使用、属性的设置、位置的调整及元器件的电气图形符号和电气图形符号库的创建。下面通过绘制如图 7-24 所示的电话接听器电路，介绍原理图编辑工具的使用。

电路元素的放置可以通过工具栏、菜单、快捷键等方式，元器件还可以通过启动元器件库进行放置。

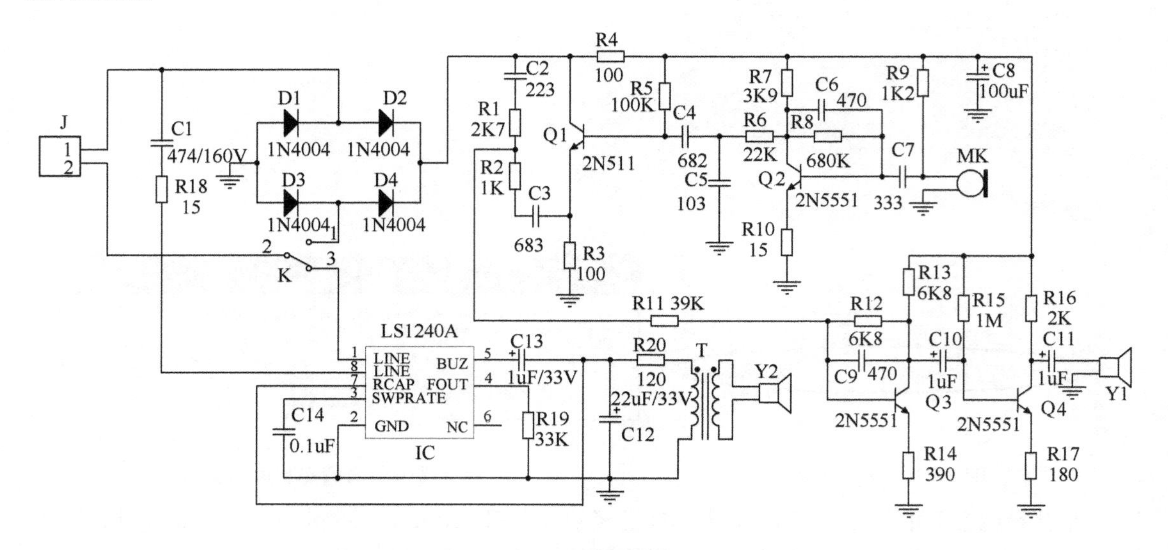

图 7-24　电话接听器原理图

7.3.1　放置电路元素

1. 放置元器件

(1)利用工具栏或菜单放置

单击原理图工具栏上的放置元件图标，如图 7-25 所示，或执行菜单【放置】/【元件】命令，都可弹出【放置元件】对话框，在对话框的【库参考】文本框内，输入要放置的元器件名称，若放置三极管 2N5551(三极管 2N5551 所在的元件库为“FSC Discrete BJT”，前面已经完成安装)，在【库参考】文本框内输入“2N5551”，单击 确认 按钮，如图 7-26 所示。

图 7-25　电路元素放置图标　　图 7-26　【放置元件】对话框

这时一个三极管的电路符号随着光标一起移动，在原理图工作窗口中单击，三极管被放置在绘图工作区中。此时光标上还黏附着一个三极管，单击将绘制电路所需的三极管依次放置在电路中，右击退出元器件放置状态。

(2)利用浏览可用元件库放置

对于初学者，若不知道元器件的名称时，可以单击图 7-26 右边的浏览按钮…，弹出如图 7-27所示的【浏览元件库】对话框。在元件列表中找到 2N5551，单击 确认 按钮，返回到放置元件】对话框，完成元器件的选取。还可在【屏蔽】文本框内输入关键字符，以缩小查找范围。

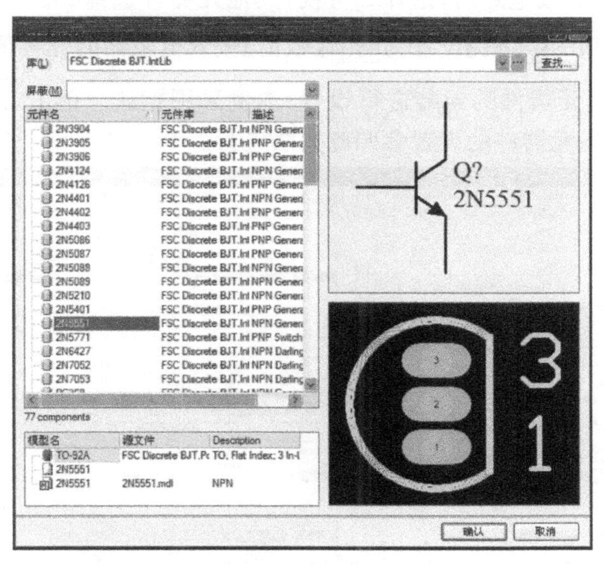

图 7-27 【元件浏览库】对话框

另外，还可以利用窗口右边的元器件库控制面板进行元器件放置。打开元件库控制面板，分别浏览各元器件库找到 2N5551，单击 Place 2N5551 按钮，完成元器件的放置，如图 7-28 所示。同样可以在【屏蔽】文本框内输入关键字符，以缩小查找范围。

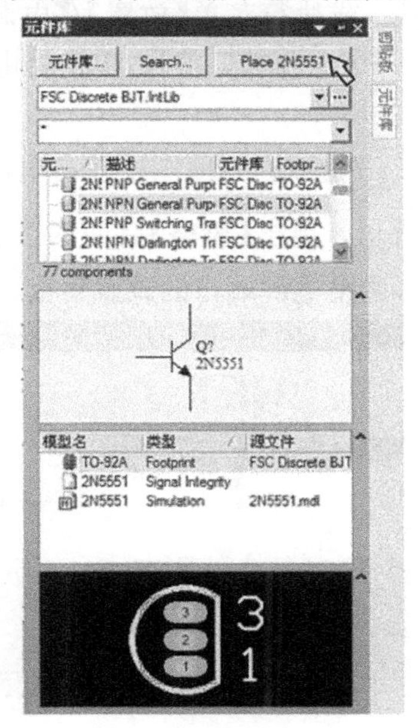

图 7-28 【元件库】控制面板

(3)元器件属性设置

在放置元器件状态下按 Tab 键，或者在原理图上双击已放置的元器件，均可打开【元件属性】对话框，如图 7-29 所示。在此可以对元器件的参数、封装、模型等进行修改。

在【标识符】文本框内输入元器件的名称(如“R1”)。选择【注释】文本框的内容是否隐藏，设置二极管、三极管和集成电路时，选择☑可视，其他元器件选择□隐藏。对话框右边窗口的各选项中，将“Value”项的【可视】设置为 √ ，【数值】输入电阻器的标称值(如 2k7)。在对话框右下方的窗口内，可对元器件的封装进行设置，本例采用默认。单击 确认 按钮，完成元器件属性的设置。其他各元器件的设置参照此方法进行。

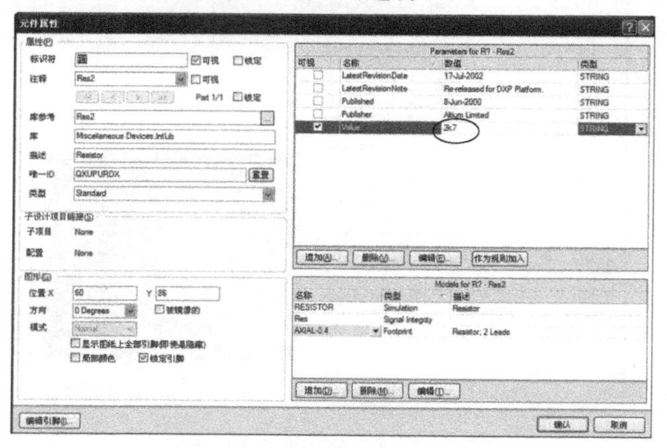

图 7-29 【元件属性】对话框

2. 放置电源端口

单击工具栏上的 ⏚ 或 VCC 按钮，或执行菜单【放置】/【电源端口】命令，都可启动放置电源端口命令。此时光标上还黏附着一个电源端口符号，单击将电源端口放置在电路中，右击退出放置电源端口状态。

在放置电源端口状态下，按 Tab 键或在电路图中双击电源端口符号，都可以弹出设置【电源端口】属性对话框，如图 7-30 所示。单击【风格】后面的 ▼ 按钮，可选择不同的电源端口风格，单击【方向】后面的 ▼ 按钮，可调整电源端口的放置角度。

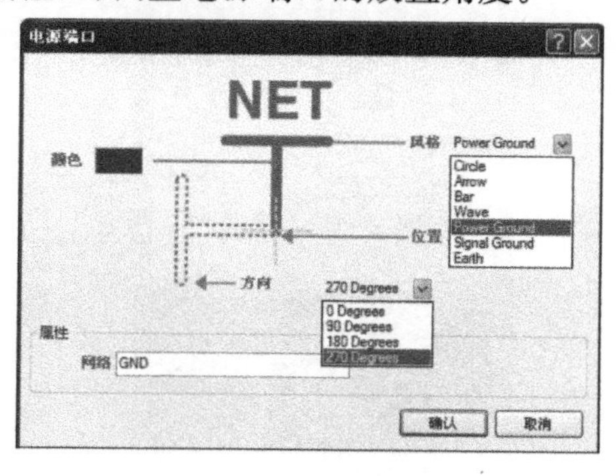

图 7-30 【电源端口】属性对话框

3. 放置导线

导线是组成电路原理图的重要元素，放置完元器件后，按照电气特性对电路元器件进行连线。单击工具栏上的绘制导线按钮，或执行菜单【放置】/【导线】命令，启动放置导线命令，光标移至绘图区内变为预先设定的形状。

(1)导线绘制

根据电气连接特性进行电路连接，当光标移到元器件引脚上，将变为红色的星形连接标志，单击确定导线的起始位置，移动光标拖出一根导线，连线时若要改变走线方向，可在拐点处单击，继续移动光标，当移动到下一个元器件的引脚上，光标又变为红色的星形连接标志，单击确定导线的终点位置，两个元器件之间的电气连接被建立。此时仍处于导线绘制状态，继续以上操作完成其他元器件的连接，右击退出导线绘制状态。

在光标处于绘制导线状态时，按 Shift + 空格 组合键切换导线的绘图形式，共有任意角度、起点转 90°、终点转 90°、起点转 45°、终点转 45°和自动布线 6 种导线绘图形式。

(2)导线的属性设置

当光标处于绘制导线状态时，按 Tab 键或双击已经放置好的导线，都会弹出【电线】属性设置对话框，如图 7-31 所示，可对导线宽度、颜色进行设置。

单击【导线宽】右边的按钮，可将导线设置为不同的宽度。

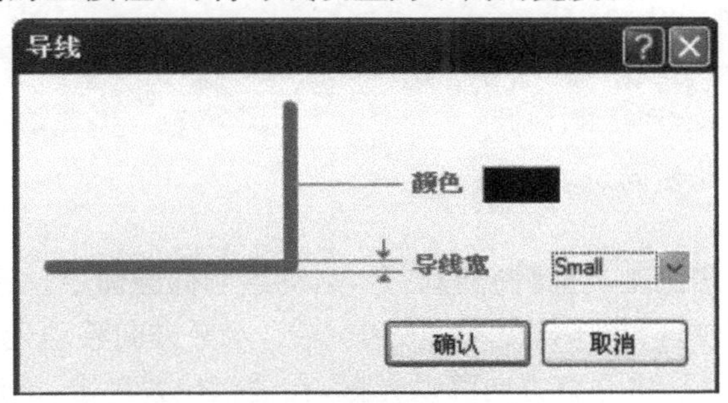

图 7-31 【导线】属性对话框

单击【颜色】右边的色块，弹出【选择颜色】对话框，如图 7-32 所示。将导线设置为自己喜欢的颜色，单击 确认 按钮。

4. 非电气绘图工具

Protel DXP 2004 SP2 提供了强大的非电气绘图功能，执行菜单【放置】/【描画工具】命令，弹出非电气绘图子菜单，如图 7-33 所示。其中，包括画直线、矩形、多边形、圆弧、椭圆、扇形、贝塞尔曲线等工具。

(1)绘制直线

执行菜单【放置】/【描画工具】/【直线】命令，启动画直线命令。画直线工具与放置导线工具不同，它不具备电气特性，不可用于电路原理的连接。使用方法及属性设置与放置导线工具基本相同，只是属性设置增加了【线风格】选项。

(2)矩形的绘制

执行菜单【放置】/【描画工具】/【矩形】命令，启动绘制矩形命令。光标移至绘图区中的适当位置，单击确定矩形的第一个顶点，继续移动光标至适当位置单击，确定矩形的对角顶点，完成直角矩形的绘制，右击退出矩形绘制状态。双击绘制好的矩形，可对其属性进行设置。

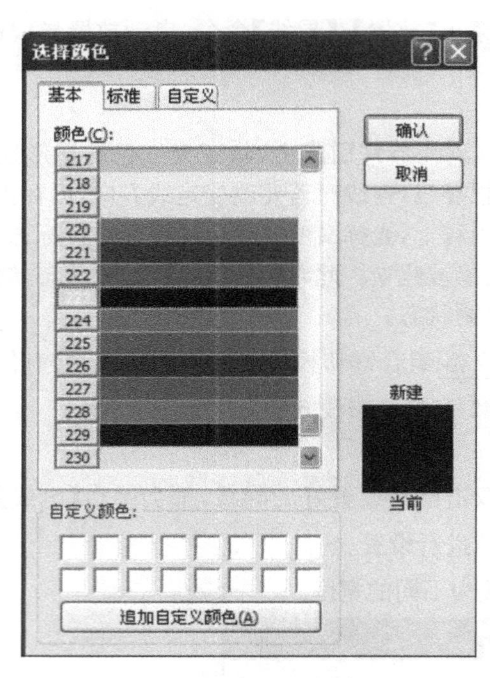

图 7-32 【选择颜色】对话框

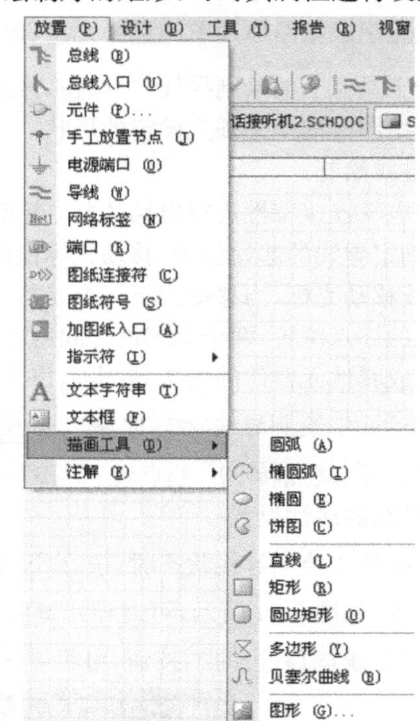

图 7-33 非电气绘图工具菜单项栏

圆边矩形的绘制与此相同。

(3)椭圆的绘制

执行菜单【放置】/【描画工具】/【椭圆】命令，启动绘制椭圆命令。光标上黏附一个椭圆，将光标移至绘图区的适当位置，单击确定椭圆的中心点，水平方向移动光标，在适当位置单击，确定椭圆在 X 轴方向的半径，再垂直方向移动光标，在适当位置单击，确定椭圆在 Y 轴方向的半径，椭圆绘制完成，右击退出椭圆绘制状态。双击绘制好的椭圆，可对其属性进行设置。

(4)圆弧的绘制

执行菜单【放置】/【描画工具】/【圆弧】命令，启动绘制圆弧命令。光标上黏附一段圆弧，将光标移至绘图区的适当位置，单击确定圆弧的中心点。

光标自动跳到设置半径的位置，在适当位置单击，确定圆弧的半经。

光标自动跳到设置圆弧起始角的位置，移动光标改变圆弧的起始角，单击确定圆弧的起始角。光标又自动跳到设置圆弧终止角的位置，移动光标改变圆弧的终止角，单击确定圆弧的终止角，完成圆弧的绘制。右击退出椭圆绘制状态。双击绘制好的椭圆，可对其属性进行设置。

(5)椭圆弧及饼图的绘制

椭圆弧、饼图的绘制参照椭圆与圆弧的绘制过程。

7.3.2 电路元素调整

电路元素是指绘制电路图使用的元器件、导线、电源、文本等。元器件放置在绘图工作区后，因连线的需要，要将电路元素进行调整。通常情况下，采用菜单和键盘结合的方式调整电路元素，下面以元器件为例介绍电路元素的调整，其他电路元素的调整与元器件的调整类似。

1. 元器件的选择与取消选择

①单击或拖动光标选中对象，再次单击取消选择。

②按住鼠标左键拖动光标即可拖出一个矩形框，在适当位置松开鼠标左键，所有位于矩形框内的元器件都被选中。依次单击被选择的元器件，或在空白处单击，取消选择。

③执行菜单【编辑】/【选择】命令，再执行相应的子命令选择元器件。

④单击工具栏上的按钮或执行菜单【编辑】/【取消选择】命令，取消所有被选中的对象。

2. 元器件的复制、剪切、粘贴与删除

选中元器件后，执行菜单【编辑】命令，再执行相应的子命令，或单击工具栏上的完成复制、剪切、粘贴和删除操作。

在电路中，单击选中元器件，按 Delete 键删除选中的元器件。

3. 元器件的旋转

在放置元器件的状态下或选中要调整的元器件按住鼠标左键不放，每按一次 空格 键，元器件逆时针旋转 90°。

4. 元器件的翻转

在放置元器件的状态下或选中要调整的元器件按住鼠标左键不放，按一次 X 键，元器件水平方向翻转一次。

在放置元器件的状态下或选中要调整的元器件按住鼠标左键不放，按一次 Y 键，元器件垂直方向翻转一次。

5. 元器件的移动

执行菜单【编辑】/【移动】/【移动】命令，单击要移动的元器件后移动鼠标，或用鼠标选中要调整的元器件，并按住鼠标左键不放移动鼠标，将元器件移动到相应位置。

6. 元器件的拖动

执行菜单【编辑】/【移动】/【拖动】命令，单击要拖动的元器件后移动鼠标，拖动时元器件的连接也会随之移动。

7. 元器件的排列与对齐

元器件等元素的排列与对齐可使电路原理图设计得美观、整齐，选中一组要排列对齐的对象，执行菜单【编辑】/【排列】命令，再执行相应的子命令完成元器件的排列与对齐操作。

将电话接听器原理电路的所有元器件，经过简单的调整，按原理图上各元器件的相对位置，放置于绘画工作区内，如图 7-34 所示。

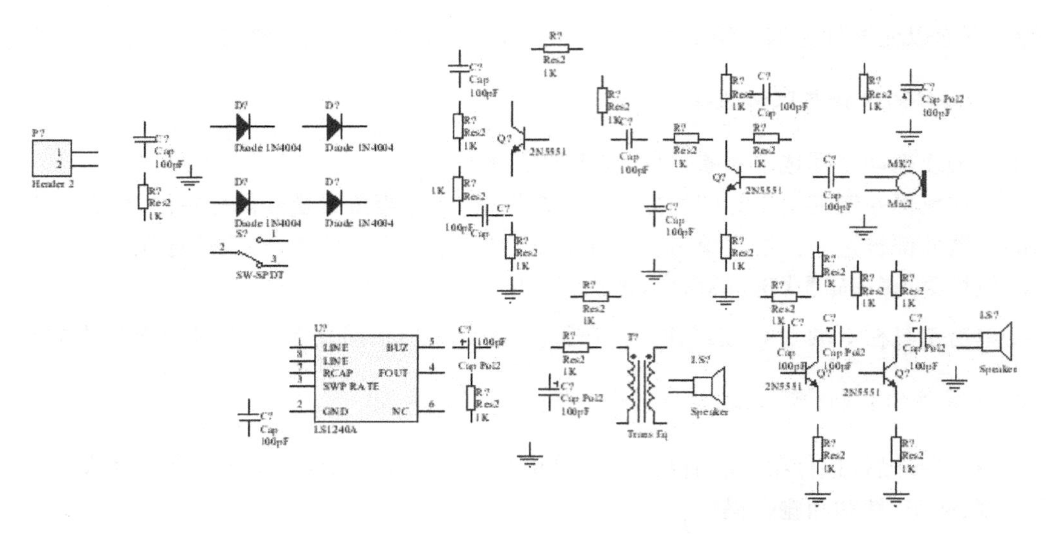

图 7-34　元器件合理排列后的电路图

8. 可视字符属性设置及位置调整

为使原理图看起来比较清晰，可根据情况对可视字符进行调整和属性设置。

（1）字符的属性设置

双击原理图上的字符，弹出【参数属性】对话框，如图 7-35 所示。在【数值】文本框中，可对元器件的编号进行修改。

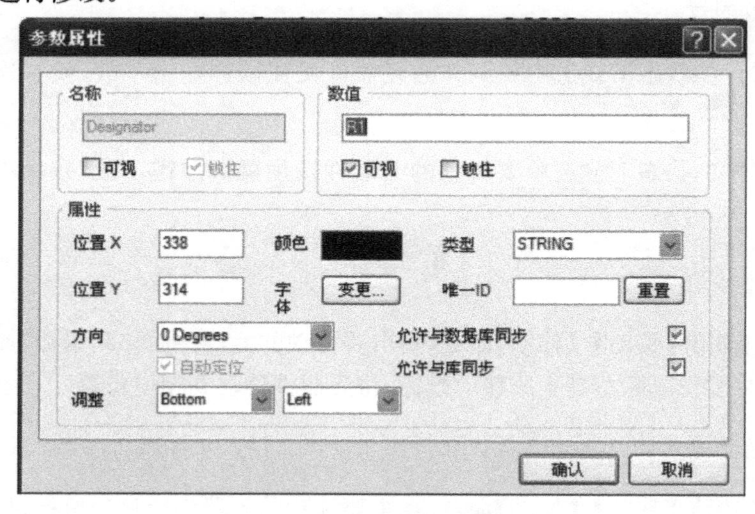

图 7-35　【参数属性】对话框

单击【颜色】右边的色块▇▇，弹出如图 7-32 所示的【选择颜色】对话框，将字符设置为自己喜欢的颜色。

单击【字体】右边的[变更...]按钮，弹出【字体】对话框，如图 7-36 所示，可对字体、字形、字号进行设置。

（2）字符的调整

按照前面介绍调整元器件的方法，通过移动、旋转等操作，将字符调整到适当的位置。最终完成电话接听器原理电路的绘制。

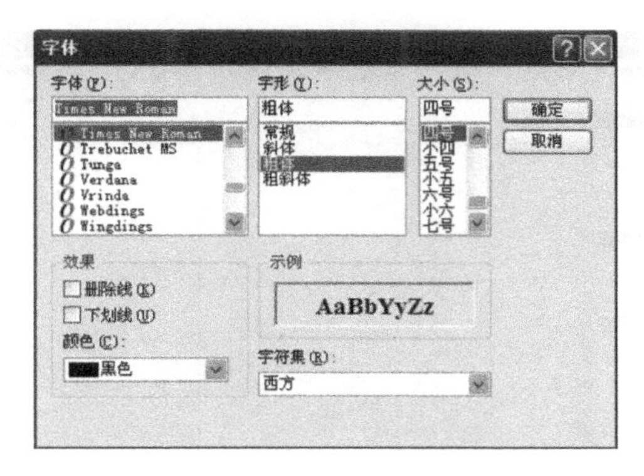

图 7-36 【字体】对话框

9. 视图调整

在原理图绘制时,经常要对工作区视图的大小进行调整,以便电路元素看得更清楚。

①单击原理图工具栏上视图调整图标,调整视图。

②执行菜单【查看】命令,在弹出的子菜单中执行相应的命令对视图进行调整。

③按PageUp键放大视图,按PageDown键缩小视图。

7.4 制作原理图元器件

在原理图的绘制过程中,经常遇到个别原理图元器件在元器件库中无法找到,或者为使原理图看起来直观、简捷,需要自己动手制作一个新的原理图元器件。在图 7-24 所示的电话接听器电路中,使用元器件库提供的 LS1240A 所绘制的振铃电路并不简捷,下面重新制作一个集成电路 LS1240A。

7.4.1 启动元器件库编辑器及命名元器件

新建原理图元器件,必须在原理图元器件编辑状态下进行,原理图元器件编辑器主要用于编辑、制作和管理元器件的图形符号库,其操作界面与原理图编辑界面基本相同。

1. 启动元器件库编辑器

执行菜单【文件】/【创建】/【库】/【原理图库】命令,打开原理图元器件库编辑器,系统自动生成一个原理图库文件"Schlib. SCHLIB"。

执行菜单【文件】/【保存】命令,将文件名改为"振铃电路"(振铃电路. SCHLIB),保存到"D:\电路设计"中,如图 7-37 所示。在"D:\电路设计"文件夹中生成一个"振铃电路. SCHLIB"自由文档。

执行菜单【查看】/【工作区面板】/【SCH】/【SCH Library】命令,在工作区面板中打开【SCH Library】(原理图元器件库)编辑管理器,从原理图元器件库编辑管理器的【元件】项目中可以看到,系统自动生成一个名为"Component_1"的空白元器件,如图 7-38 所示。

2. 重新命名元器件

在元器件库编辑管理器中选中元器件"Component_1"后,执行菜单【工具】/【重新命名元件】

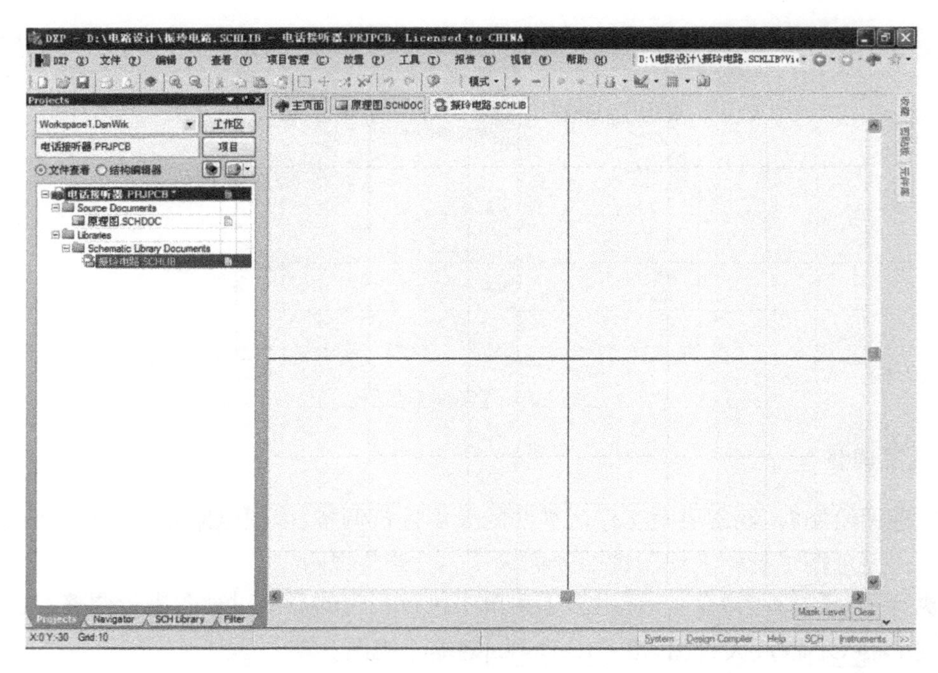

图 7-37　元器件库编辑界面

命令，弹出【Rename Component】(重新命名元器件)对话框，修改元器件的名称为“LS1240A”，单击 确认 按钮，如图 7-39 所示。元器件库编辑管理器中的元器件“Component_1”变为“LS1240A”。

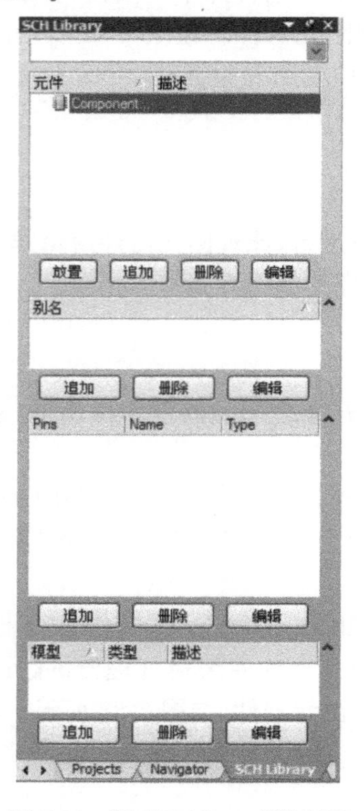

图 7-38　【SCH Library】管理器

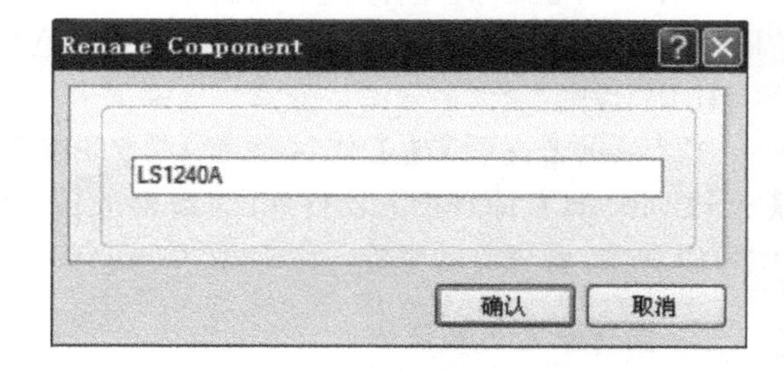

图 7-39　重新命名元器件名称

7.4.2 绘制原理图元件

在元器件库编辑状态，执行菜单【放置】命令，从弹出的下拉菜单中可以看到常用的绘图工具，如图 7-40 所示。它与原理图绘制状态的非电气绘图工具的使用方法相同。也可以单击工具栏上的绘图按钮，启动绘图命令。

1. 绘制元器件外形轮廓

绘制元器件一定要在窗口中心点附近进行，中心点作为元器件放置到原理图电路中的参考点。执行菜单【编辑】/【跳转到】/【原点】命令，将图纸原点调整到设计窗口的中心。

选择画矩形工具，在绘图区中心点附近画一矩形。执行菜单【放置】/【描绘工具】/【矩形】命令，光标上黏附着一个矩形，在中心点附近单击，确定矩形的一个顶点，移动鼠标，根据所绘矩形的大小，单击确定矩形对角顶点，右击退出绘制矩形状态。单击绘制好的矩形将其选中，通过拖动矩形四周的小方块，可对矩形的大小、形状进行调整。

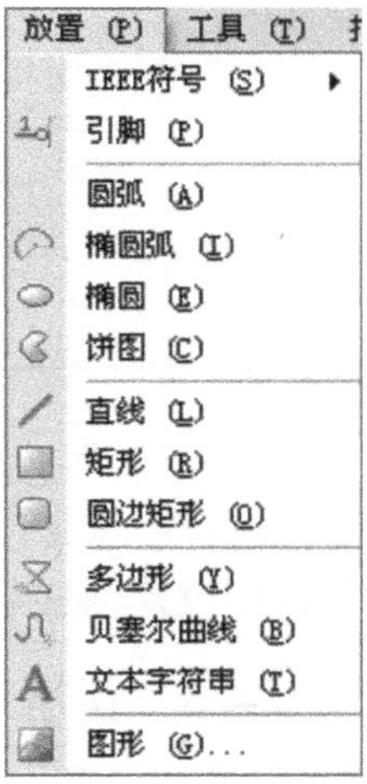

放置(P) 工具(T)
IEEE符号(S)
引脚(P)
圆弧(A)
椭圆弧(I)
椭圆(E)
饼图(C)
直线(L)
矩形(R)
圆边矩形(O)
多边形(Y)
贝塞尔曲线(B)
文本字符串(T)
图形(G)...

图 7-40 绘图工具

2. 放置引脚

执行菜单【放置】/【引脚】命令后，可以看到在鼠标上黏附着一个引脚，此时按 Tab 键弹出【引脚属性】对话框，在【显示名称】文本框中输入"LINE"，在【标识符】文本框中输入引脚编号"1"，单击 确认 按钮，如图 7-41 所示。根据所绘制元器件"1"脚的具体位置，将引脚放置在元器件中。

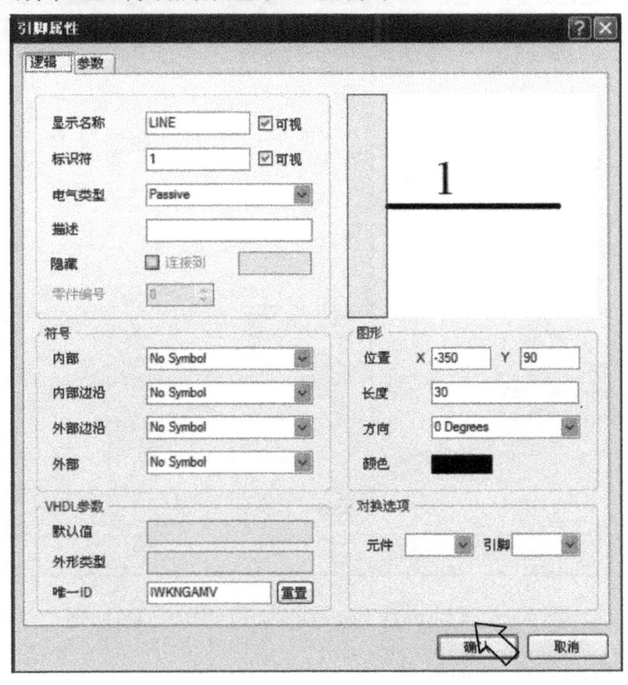

图 7-41 【引脚属性】对话框

引脚在元器件中具有电气属性，要特别注意放置的方向，放置时通过调整引脚的方向使引脚上的光标远离矩形轮廓，如图 7-42 所示。

按同样方法放置其他引脚，绘制完成的“LS1240A”如图 7-43 所示。

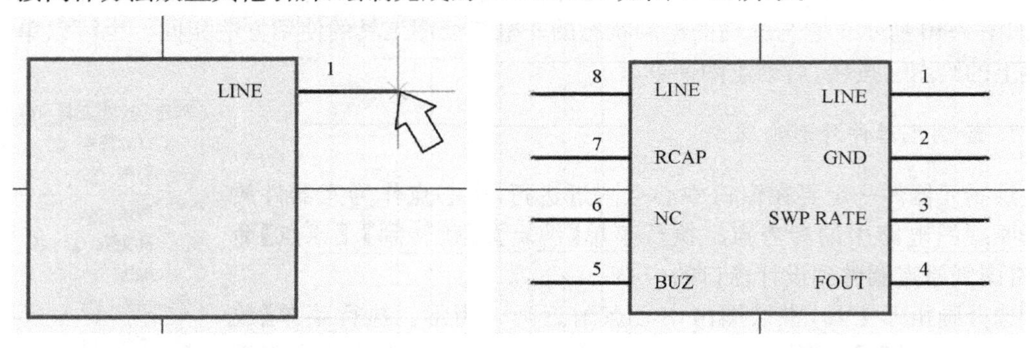

图 7-42　放置引脚　　　　图 7-43　LS1240A 集成电路

元器件引脚属性的设置也可以在元器件绘制完成后，通过双击引脚，在打开的【引脚属性】对话框中设置，保存新建元器件。

7.4.3　新建元器件属性设置及追加封装

在工作区面板中，单击【SCH Library】选项卡，打开库元器件管理器。移动光标到【元件】选项的新建元器件 LS1240A 上，单击选中新建元器件，然后单击 编辑 按钮，打开【Library Component Properties】(库元器件属性)对话框，在【Default Designator】(默认流水号)文本框中输入“IC”，如图 7-44 所示。

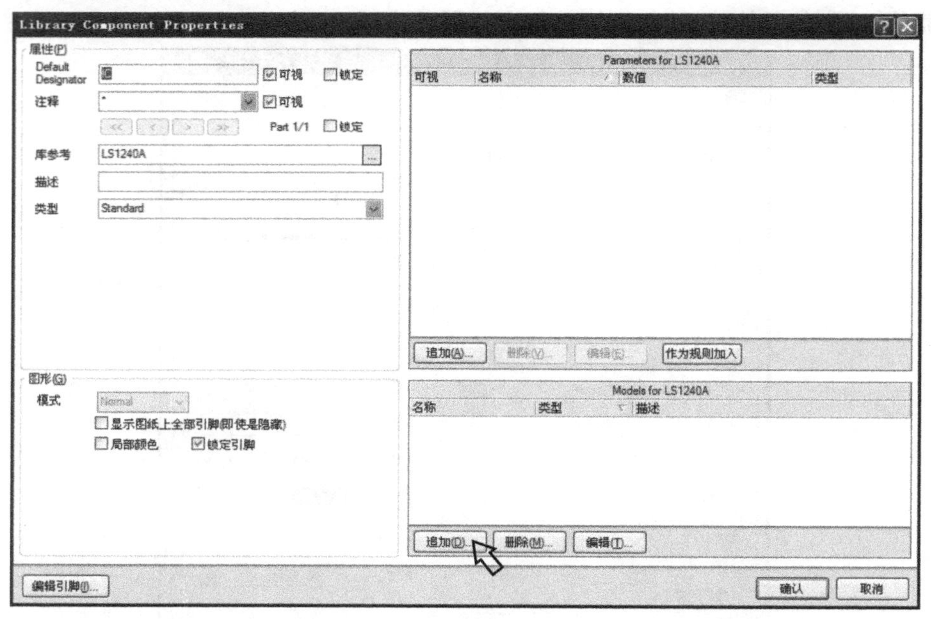

图 7-44　【Library Component Properties】对话框

1. 在元器件库编辑状态下追加封装

①单击【库元器件属性】对话框右下方【Models for LS1240A】窗口的 追加(D)... 按钮，弹出

【加新的模型】对话框，单击其下拉 按钮，从弹出的选项中选择“Footprint”选项，单击 确认 按钮，如图 7-45 所示。

②在系统自动弹出的【PCB 模型】对话框中，进行元器件封装的设置，单击对话框中的 浏览(B)... 按钮，如图 7-46 所示。

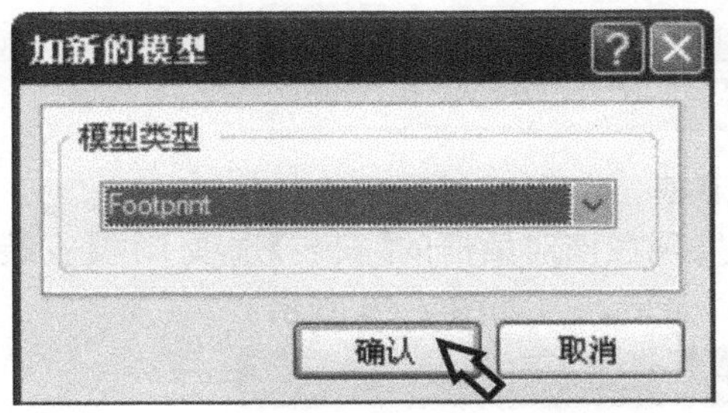

图 7-45 【加新的模型】对话框

图 7-46 【PCB 模型】对话框

③系统自动弹出【库浏览】对话框，单击【库浏览】对话框中的 ... 按钮，如图 7-47 所示。

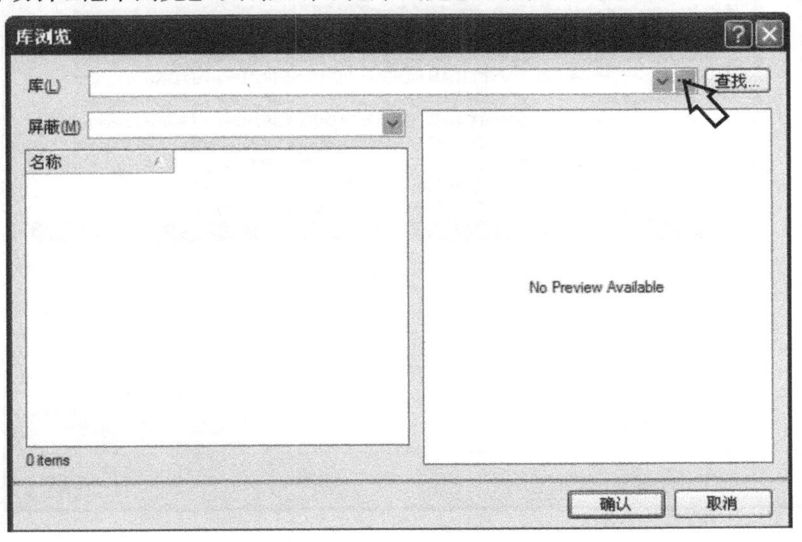

图 7-47 【库浏览】对话框

④系统自动弹出【可用元件库】对话框，单击 安装(I)... 按钮，弹出【打开】对话框，单击【文件

类型(T)】的下拉按钮，选择文件类型为“Protel Footprint Library(* PCBLIB)”，从打开的文件列表中选择“Dual-In-Line Package”，单击按钮，如图 7-48 所示。

图 7-48 【打开】对话框

⑤系统自动回到【可用元件库】对话框，这时可以发现在该对话框的【安装】选项卡的【安装元件库】下拉列表中添加了刚才安装的“Dual-In-Line Package”，如图 7-49 所示。

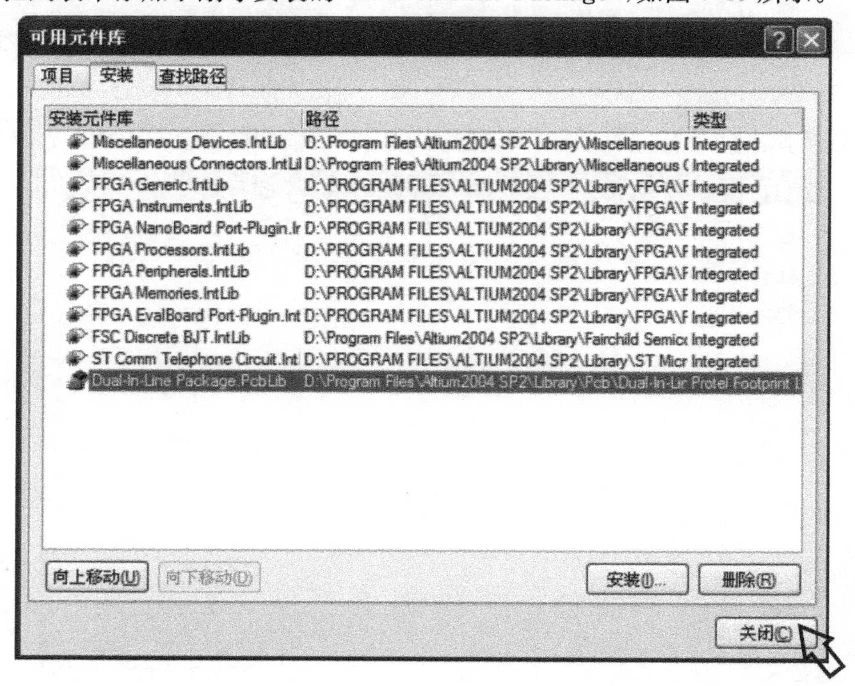

图 7-49 【可用元件库】对话框

⑥单击【可用元件库】对话框的关闭(C)按钮，系统回到【库浏览】对话框，可以看到在【库】文本框中出现了刚刚安装的库名称“Dual-In-Line Package”，从【名称】中选择“DIP-8”的封装

形式，单击 确认 按钮，如图 7-50 所示。

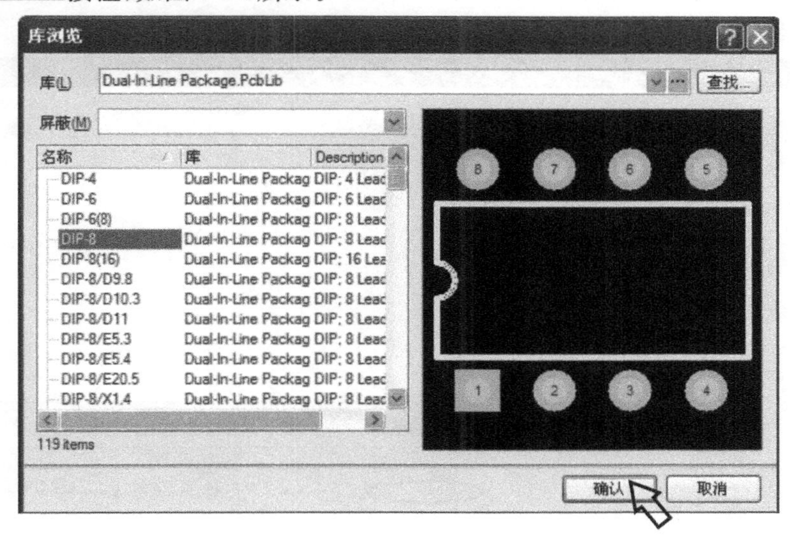

图 7-50　封装形式的选择

⑦系统又回到【PCB 模型】对话框，可以看到【封装模型】选项中，【名称】和【描述】文本框都自动变为刚刚选择的设置，并且在【选择的封装】一栏里给出了封装的样式，如图 7-51 所示。

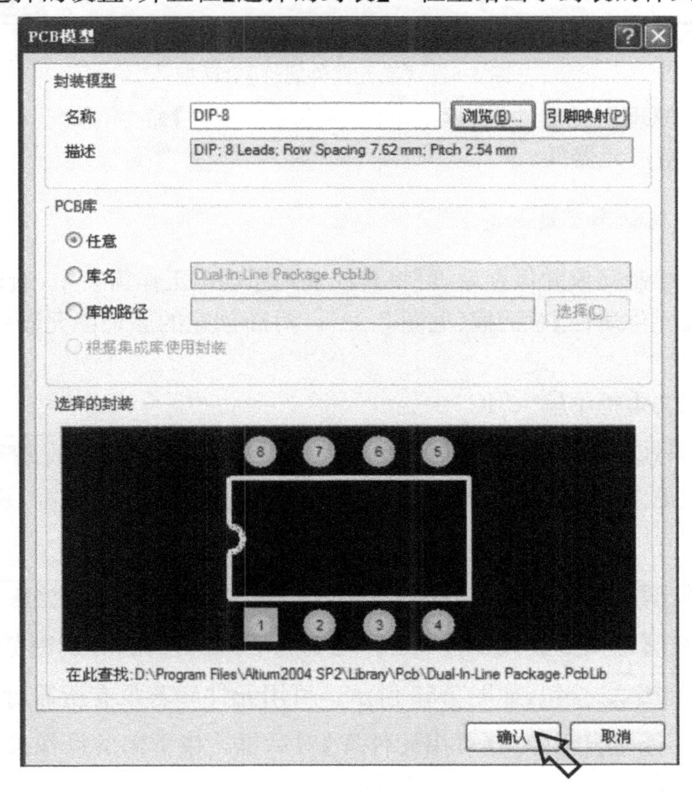

图 7-51　【PCB 模型】对话框

⑧单击【PCB 模型】对话框的 确认 按钮，系统回到【Library Component Properties】(库元器件属性)对话框，在右下方【Models for LS1240A】窗口中，【名称】已自动变为“DIP-8”，如

图 7-52 所示。单击确认按钮予以确认并关闭该对话框，对所创建的元器件进行保存，完成新元器件 LS1240A 的创建。

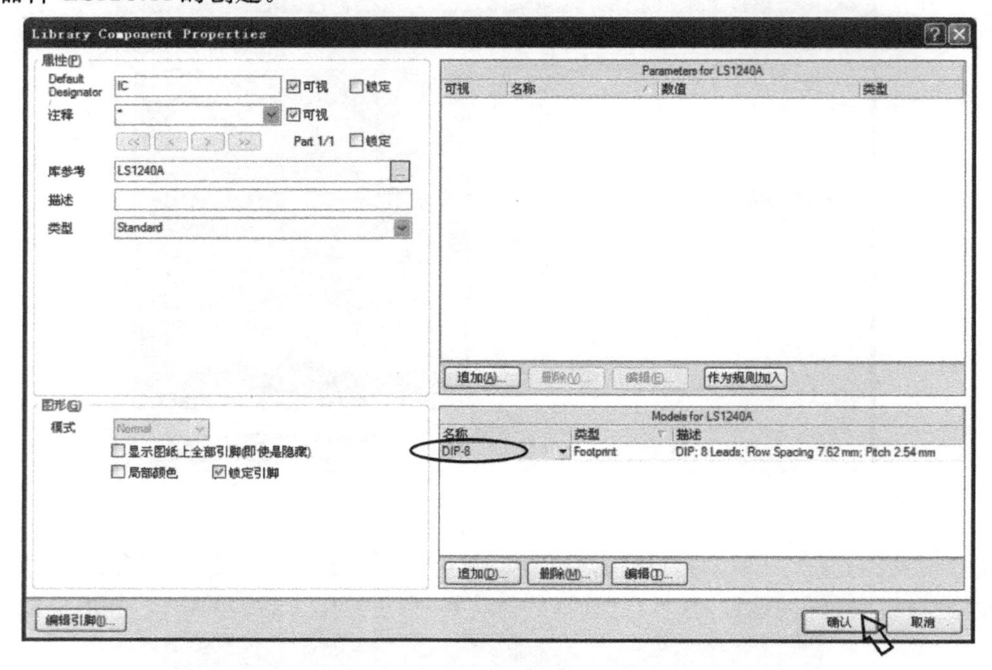

图 7-52 【库元器件属性】对话框

若再创建一个原理图元器件，执行菜单【工具】/【新元件】命令，系统又自动生成一个名为“Component_1”的空白元器件。

2. 在原理图编辑状态下追加封装

原理图元器件绘制完成并保存后，可将其放置到原理图工作窗口中，通过双击所创建的原理图元器件，打开【元件属性】对话框(见图 7-29)。对新创建的原理图元器件进行属性设置及追加封装形式。

①在【标识符】文本框中输入“IC”。

②单击【元件属性】对话框右下方【Models for *-LS1240A】窗口的追加(D)...按钮，弹出【加新的模型】对话框(见图 7-45)，单击其下拉按钮，从弹出的选项中选择“Footprint”选项，单击确认按钮。

③系统自动弹出【PCB 模型】对话框(见图 7-46)，单击对话框中的浏览(B)...按钮。

④系统自动弹出【库浏览】对话框，单击【库】后的下拉按钮，分别浏览可用元件库，找出适合的封装，单击确认按钮，如图 7-53 所示。可用元件库若没有所需封装，单击【库浏览】对话框中的…按钮，系统自动弹出【可用元件库】对话框。接下来的操作按照“在元器件库编辑状态下追加封装”的第④～⑧步的步骤进行。

7.4.4 放置新建元器件

在元器件库编辑状态下，单击工作区面板中的【SCH Library】选项卡，打开库元器件管理

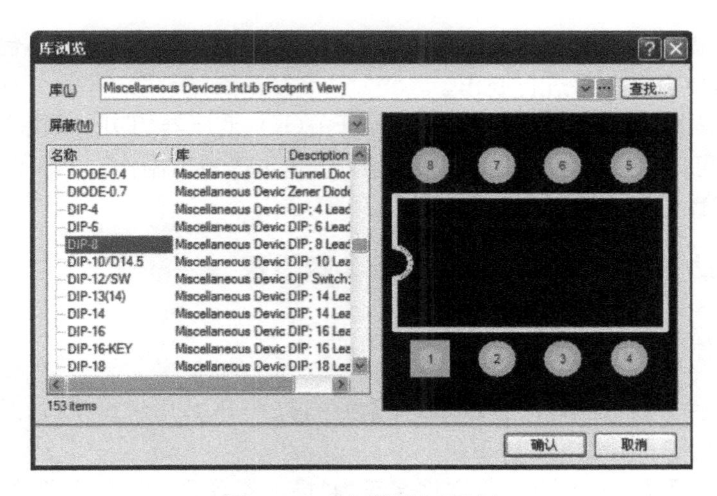

图 7-53 【库浏览】对话框

器。移动光标到【元件】选项的新建元器件 LS1240A 上，单击选中新建元器件，然后单击放置按钮，系统自动切换到原理图编辑状态，此时光标上黏附着一个新建的 LS1240A 集成电路，调整集成电路的位置与方向，单击将元器件放置到电路中。

也可以采用前面介绍的方法，先加载新建元器件库，再放置新建元器件。加载路径是新建元器件库的保存路径。

使用自己创建的原理图元器件绘制的电话接听器电路，如图 7-54 所示。

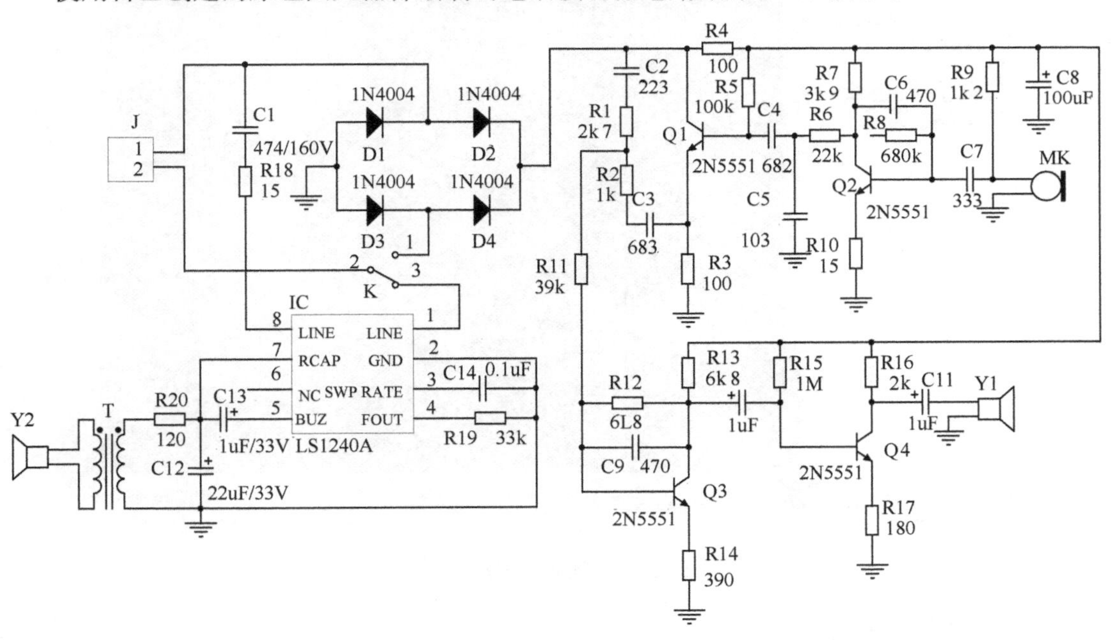

图 7-54 电话接听器原理图

7.5 创建 PCB 元器件

PCB 元器件是指元器件的封装形式，它反映的是元器件的外形和焊点的位置。虽然

Protel DXP 2004 提供了大量的元器件的封装，但有些元器件的封装可能不包含在系统自带的封装库中，这就需要自己动手进行制作。

在电话接听器电路中，扬声器(LS1、LS2)、开关(K)、变压器(T)的封装需要自己动手进行制作，麦克(MK)可以采用“RB5-10.5”的封装形式，也可以自己制作。下面以制作扬声器和变压器为例介绍 PCB 元器件的创建。

7.5.1 启动元器件封装库编辑器及参数设置

1. 启动元器件封装库编辑器

执行菜单【文件】/【创建】/【库】/【PCB 库】命令，打开 PCB 库编缉窗口，系统自动生成一个元器件封装库文件“PcbLin1. PCBLIB”。

执行菜单【文件】/【保存】命令，将文件名改为“扬声器等 PCB”(扬声器等 PCB . PCBLIB)，保存到“D:\电路设计”中，如图 7-55 所示。在“D:\电路设计”文件夹中，生成一个“扬声器等 PCB . PCBLIB”自由文档。

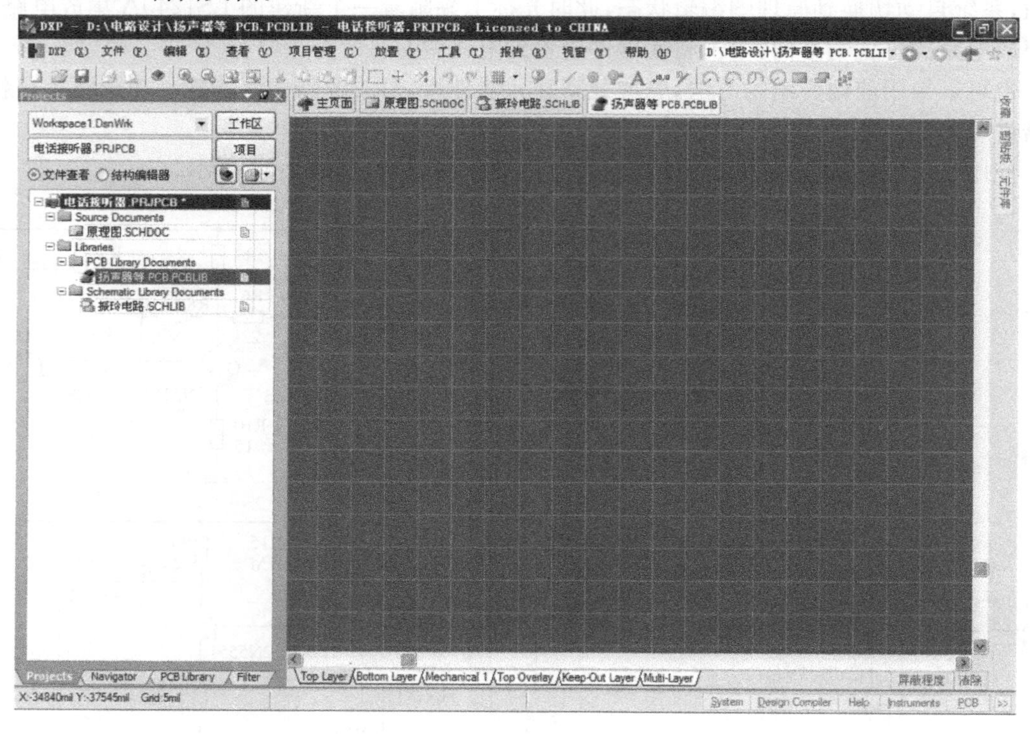

图 7-55 PCB 库编辑窗口

2. 设置工作参数

执行菜单【工具】/【库选择项】命令，打开【PCB 板选择项】对话框。通过该对话框，设置【测量单位】、【捕获网格】、【元件网格】、【电气网格】、【可视网格】、【图纸位置】和【标识符显示】等各项工作参数。

将【测量单位】设置为“Metric”(公制)，其他项可以按默认设置，单击 确认 按钮，如图 7-56所示。

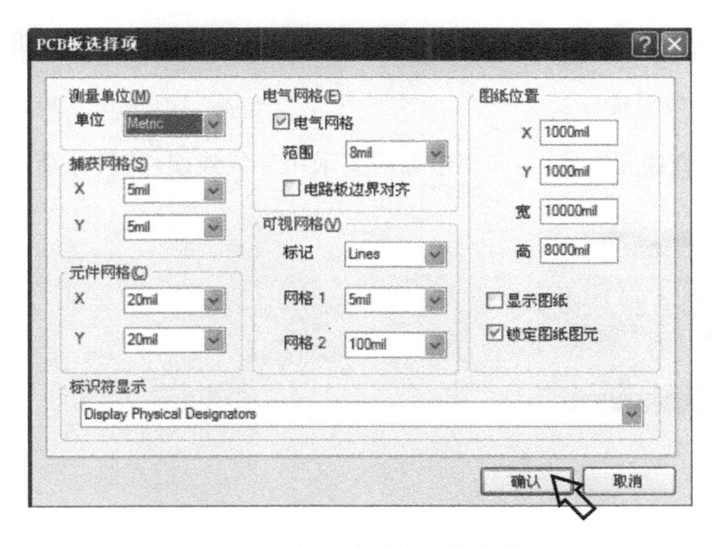

图 7-56 【PCB 板选择项】对话框

3. 设置系统参数

执行菜单【工具】/【层次颜色】命令，打开【板层和颜色】对话框，如图 7-57 所示。通过该对话框，可以设置 PCB 各信号层、屏蔽层、机械层及系统项目的颜色参数，可以采用系统默认设置。

图 7-57 【板层和颜色】对话框

7.5.2 PCB 元器件创建

在元器件封装库编辑状态下，单击工作区面板的【PCB Library】选项卡，打开【PCB Library】(PCB 元器件库)编辑管理器，从 PCB 元器件库编辑管理器的【元件】项目中可以看到，系统自动生成一个名为“PCBCOMPONENT_1”的空白元器件，如图 7-58 所示。

1. 扬声器封装的创建

因扬声器不是直插元器件，与印制电路需要采用导线连接，其尺寸及连接方式如图 7-59 所示。

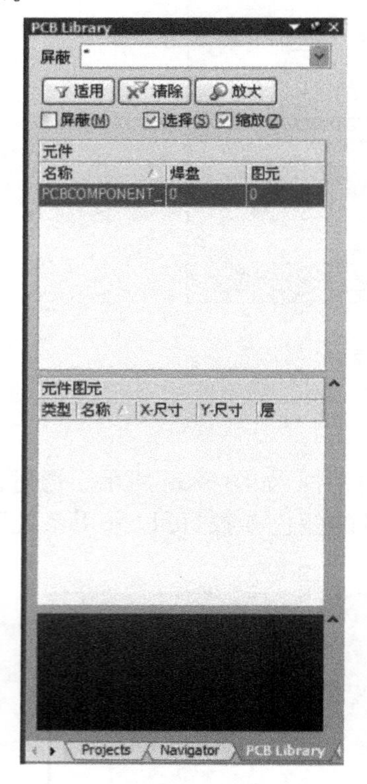

图 7-58【PCB Library】对话框

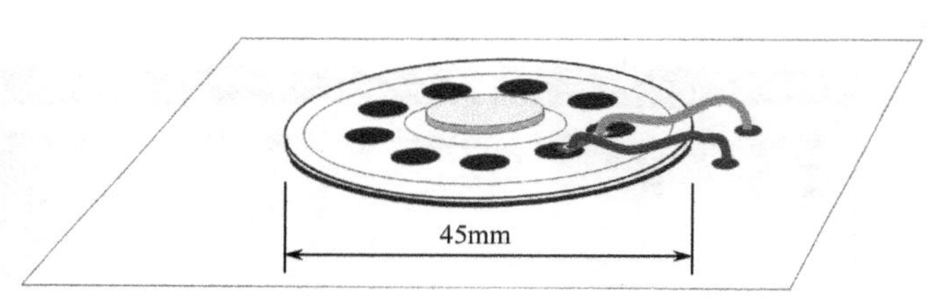

图 7-59　扬声器外形及连接方式

(1)更改元器件名称

在 PCB 元器件库编辑管理器中，双击元器件“PCBCOMPONENT_1”，打开【PCB 库元件】对话框，更改元器件的名称为“LSPCB”，单击 确认 按钮，如图 7-60 所示。在 PCB 元器件库编辑管理器的【元件】项目中，元器件名称“PCBCOMPONENT_1”变为“LSPCB”。

图 7-60　【PCB 库元件】对话框

(2)重新设定中心点

中心点作为封装元器件放置到 PCB 电路中的参考点，绘制元器件的封装图形一定要在中心点附近，否则 PCB 自动布局时该元器件将远离其他元器件。

执行菜单【编辑】/【设置参考点】/【位置】命令，光标变为“十”字形状，在绘图区单击，确定新的中心点位置。此时状态栏显示“X：0mm　Y：0mm　Grid：0. 127mm”，如图 7-61 所示。

可使用快捷键 Ctrl + End 迅速找到中心点。

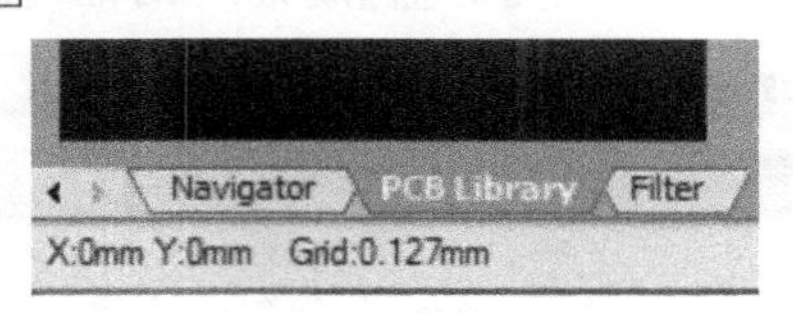

图 7-61　状态显示

(3)绘制扬声器外形

绘制元器件外形一定要在“Top Overlay”层进行，单击绘图工作区下面的层选择【Top Overlay】选项，切换到“Top Overlay”工作层面。根据图 7-59 所提供的扬声器外形尺寸，在中心点附近画一直径为 45mm 的圆。

绘制方法一：单击工具栏上的按钮，启动放置圆命令，在放置状态下按 Tab 键，可以打开【圆弧】属性对话框，在该对话框中将半径设置为 22. 5mm，在【属性】文本框内对工作层面进行设置，单击 确认 按钮完成设置，如图 7-62 所示。

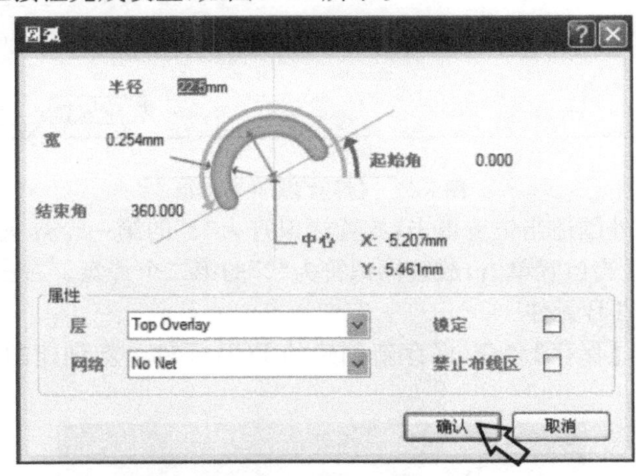

图 7-62　【圆弧】属性对话框

此时半径为 22. 5mm 的圆随光标而移动，按 Ctrl + End 组合键，光标自动回到绘图区的中心点，单击确定圆心，并完成了圆的绘制，右击退出绘制状态。

绘制方法二：在“Top Overlay”工作层面，单击工具栏上的按钮，启动放置圆命令，按 Ctrl + End 组合键，光标自动回到绘图区的中心点，单击确定圆心，水平拖动光标并观察状态栏 *X* 轴坐标值，在半径满足 22. 5mm 时，单击确定圆的半经，完成了圆的绘制，右击退出绘制状态。

可以在 PCB 元器件外形轮廓绘制完成后，通过双击打开其属性对话框，在属性对话框中设置外形轮廓所处的工作层面。

(4)放置焊盘

焊盘一定要放置在“Multi-Layer”层，单击绘图工作区下面的层选择【Multi-Layer】选项，切换到“Multi-Layer”工作层面。因扬声器采用导线连接，所以要在圆的外围放置两个焊盘。

单击工具栏上的放置焊盘按钮，启动放置焊盘命令，可以看到光标上黏附着一个焊盘轮廓，在放置状态下按 Tab 键，可以打开【焊盘】属性对话框，在该对话框中可对焊盘孔径、焊盘直径、工作层面进行设置，在【标识符】文本中输入“1”，单击 确认 按钮，如图 7-63 所示。

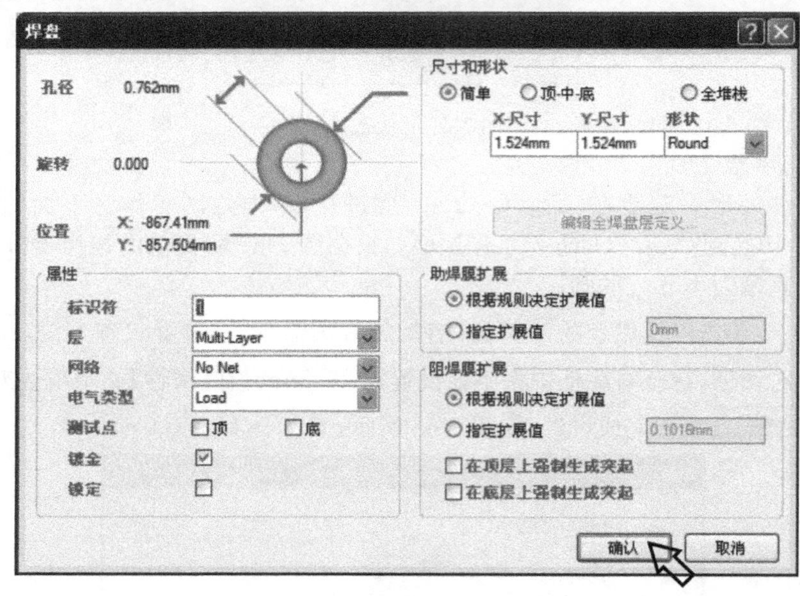

图 7-63 【焊盘】属性对话框

拖动鼠标在圆形外围适当位置单击，放置标识符为“1”的第一个焊盘，此时光标上仍黏附着一个焊盘轮廓，在适当位置单击，放置标识符为“2”的第二个焊盘。右击退出焊盘放置状态。

(5)保存创建的 PCB 元件

执行菜单【文件】/【保存】命令，保存新创建的 PCB 元件。新创建的扬声器封装形式，如图 7-64所示。

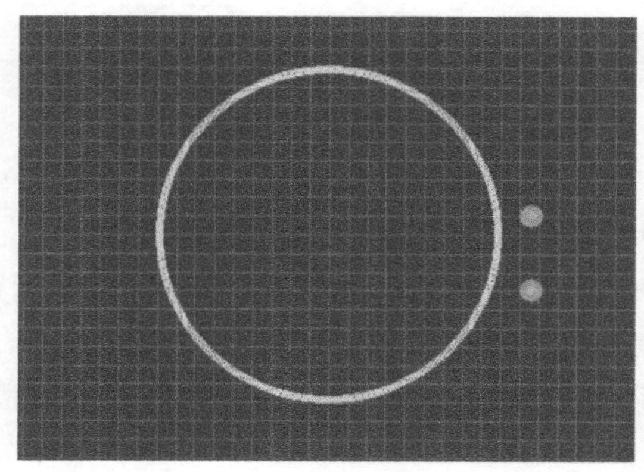

图 7-64 扬声器封装图形

2. 变压器封装的创建

变压器与印制电路板可直插焊接，绘制其封装图形时，只需按外形尺寸绘制轮廓，按引脚间距尺寸放置焊盘即可。变压器的外形及尺寸如图 7-65 所示。

执行菜单【工具】/【新元件】命令，打开【元件封装向导】对话框，因为要手工创建元器件封装，所以单击 取消 按钮，如图 7-66 所示。此时在工作区面板的【PCB Library】选项卡的【元件】项目中，又看到一个名称为"PCBCOMPONENT_1"的空白元器件。

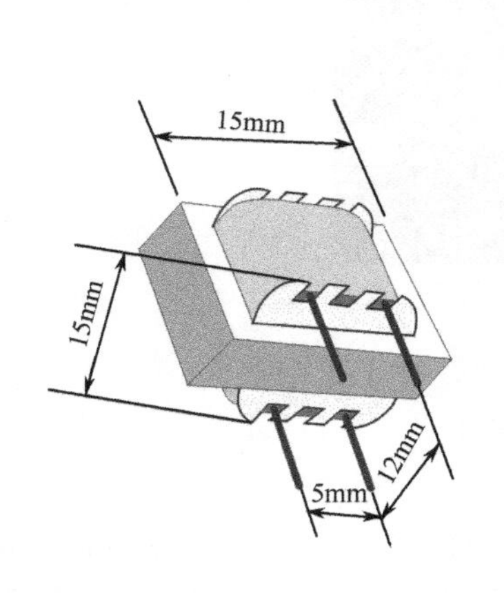

图 7-65　变压器外形及尺寸

图 7-66　【元件封装向导】对话框

(1)更改元器件名称

在 PCB 元器件库编辑管理器中双击元器件"PCBCOMPONENT_1"，打开【PCB 库元件】对话框，更改元器件的名称为"TPCB"，单击 确认 按钮。PCB 元器件库编辑管理器的【元件】项目中，元器件名称"PCBCOMPONENT_1"变为"TPCB"。

(2)重新设定中心点

执行菜单【编辑】/【设置参考点】/【位置】命令，光标变为"十"字形状，在绘图区单击，确定新的中心点位置。

(3)绘制扬声器外形

单击绘图工作区下面的层选择【Top Overlay】选项，切换到"Top Overlay"工作层面。根据图 7-65 所提供的变压器外形尺寸，在中心点附近画一矩形。

单击工具栏上的放置直线按钮，启动放置直线命令，用直线绘制矩形。按 Ctrl + End 键，光标自动回到绘图工作区的中心点，在中心点附近画一 15mm×15mm 的矩形。

(4)放置焊盘

单击绘图工作区下面的层选择【Multi-Layer】选项，切换到"Multi-Layer"工作层面。

单击工具栏上的放置焊盘按钮，启动放置焊盘命令，可以看到光标上黏附着一个焊盘轮廓，按 Tab 键打开【焊盘】对话框，在【标识符】文本中输入"1"，单击 确认 按钮。

拖动鼠标按引脚间距依次放置 4 个焊盘，注意放入焊盘标号的顺序，应参照原理图元器件变压器引脚的顺序。

焊盘可以先放置到绘图工作区内，通过双击焊盘，打开焊盘属性对话框，对其工作层面进行设置。

(5)保存创建的 PCB 元件

新创建的变压器封装图形，如图 7-67 所示。

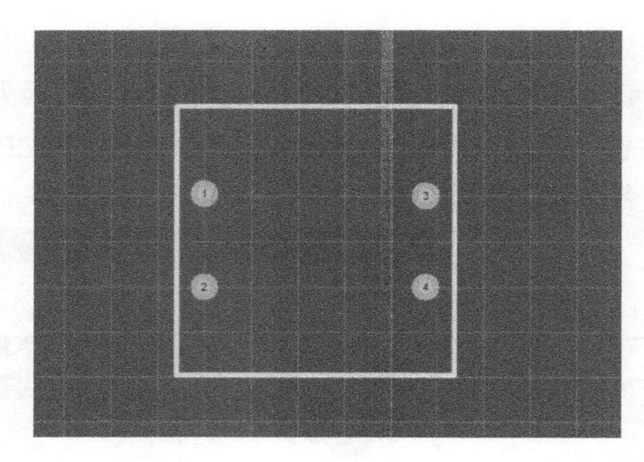

图 7-67　变压器封装图形

7.6　创建网络表

网络表是电路原理图的另一种表现形式，一个电路可以看成由若干个网络组成的，其中包含了电路原理图所有元器件的信息和网络信息，生成的 PCB 电路的信息都是由网络表提供的。

7.6.1　追加原理图元器件封装

网络表中包含电路原理图的各种信息，元器件的封装信息也是不可缺少的。在进行 PCB 电路设计前，应对所设计电路采用的元器件封装了如指掌，最好已经拿到了所有的元器件，这样就可以确定元器件的封装形式了，为准确设计 PCB 电路提供了保证。

在生成网络表之前，要对原理图电路进行认真检查，特别是原理图元器件设定的封装是否正确，通过追加的办法修改不正确的默认封装，重点检查新创建的元器件封装是否被追加到原理图元器件中。

1. 元器件信息列表

在绘制原理图时，我们使用的基本都是系统提供的原理图元器件，而每个元器件系统都给出了默认的封装形式。例如，电阻器(Ees2)原理图元件，无论电阻器的功率多大，系统默认的封装为“AXIAL-0.4”。而实际电路中，由于采用的电阻器的功率不同，电阻器的大小也不相同，元器件的封装形式也会有所不同。再如电容器(Cap Pol2)原理图元件，系统默认给出了几种 PCB 封装形式可供选择，但与实际选用的电容器不符，这时就需要对个别元器件追加封装。

表 7-1 列出了电话接听器电路所有元器件的 PCB 封装形式及所在库的名称，以方便我们在原理图电路中对元器件进行追加封装。

表 7-1　电路元器件列表

元器件名称	元器件标志	元器件描述	PCB 封装描述	PCB 元器件所在库名称
* 插件	J	Header 2	HDR1×2	Miscellaneous Connectors
* 集成电路	IC	LS1240A	DIP8	ST Comm Telephone Circuit
* 二极管	D1～D4	1N4004	DIO10.46-5.3×2.8	Miscellaneous Devices
* 三极管	Q1～Q4	2N5551	TO-92A	FSC Discrete BJT

（续表）

元器件名称	元器件标志	元器件描述	PCB 封装描述	PCB 元器件所在库名称
* 电阻器	R1～R20	Ees2	AXIAL-0.4	Miscellaneous Devices
* 电容器	C1	Cap	RAD-0.3	Miscellaneous Devices
电容器	C2～C7、C9、C14	Cap	RAD-0.1	Miscellaneous Devices
电解电容器	C8、C10～C13	Cap Pol2	CAPPR2-5×6.8	Miscellaneous Devices
扬声器	Y1、Y2	Speaker	自制	自定义
麦克	MK	Mic2	自制	自定义
开关	K	SW-SPDT	自制	自定义
变压器	T	Trans Eq	自制	自定义

元器件的同一种封装形式，会在不同的元器件库中找到，所以表中给出的 PCB 元器件所在库名称并不是唯一的。

Miscellaneous Devices. IntLib 为常用元器件库，Miscellaneous Connectors. IntLib 为常用连接器元器件库。

表 7-1 中，带“ * ”号元器件的封装，采用了原理图元器件默认的封装形式，不必进行修改，其他元器件需要在原理图电路中通过追加的方式进行修改。

2. 追加元器件封装

回到原理图编辑状态，双击需要追加 PCB 封装的原理图元器件，重新打开【元件属性】对话框，单击右下方【Models for …】窗口的 追加(D)... 按钮，按照 7.4.3 节（在原理图编辑状态下追加封装）所介绍的步骤，对原理图元器件追加封装。

在追加原理图元器件封装时，若不清楚 PCB 元器件的名称时，可通过浏览各元件库的方法，找出合适的封装再进行追加，这样的工作量会很大。

对原理图元器件完成追加封装后，可视为原理图电路设计完成，保存原理图文档。

7.6.2 电气检查

在原理图设计过程中，很难保证没有电气连接方面的错误，因此，必须对设计完成的原理图进行电气检查，找出错误并进行改正。

1. 忽略 ERC 测试点

电路原理图中，某些引脚不连线是很常见的，输入型引脚系统默认必须连线，否则就会显示错误，并在引脚上放置错误标志。放置忽略 ERC（电气规则检查）测试点，在系统进行电气规则检查时，就会忽略该点的检查。为了检测结果不出现错误，将没有连线的引脚都放置忽略 ERC 测试点。

执行菜单【放置】/【指示符】/【忽略 ERC 检查】命令，或单击工具栏上的忽略 ERC 测试点 × 按钮，启动放置忽略 ERC 测试点命令。系统进入放置忽略 ERC 测试点状态，光标变成预设的形状，并在光标上黏附着一个忽略 ERC 测试点符号。

拖动光标到没有连线的引脚上，单击放置忽略 ERC 测试点符号，右击退出放置命令。

2. 电气规则检查

对原理图进行电气规则检查，必须打开所设立的 PCB 项目，将要检查的原理图电路，追加到所设立的 PCB 项目中，自由文档无法进行电气规则检查。

(1)设置检查规则

电气检查规则是在项目选项中设置完成的，执行菜单【项目管理】/【项目管理选项】命令，打开【项目管理选项】对话框，单击【Error Reporting】选项卡，如图 7-68 所示。可对列表中的各选项进行错误报告级别的设置，也可以采用默认设置。

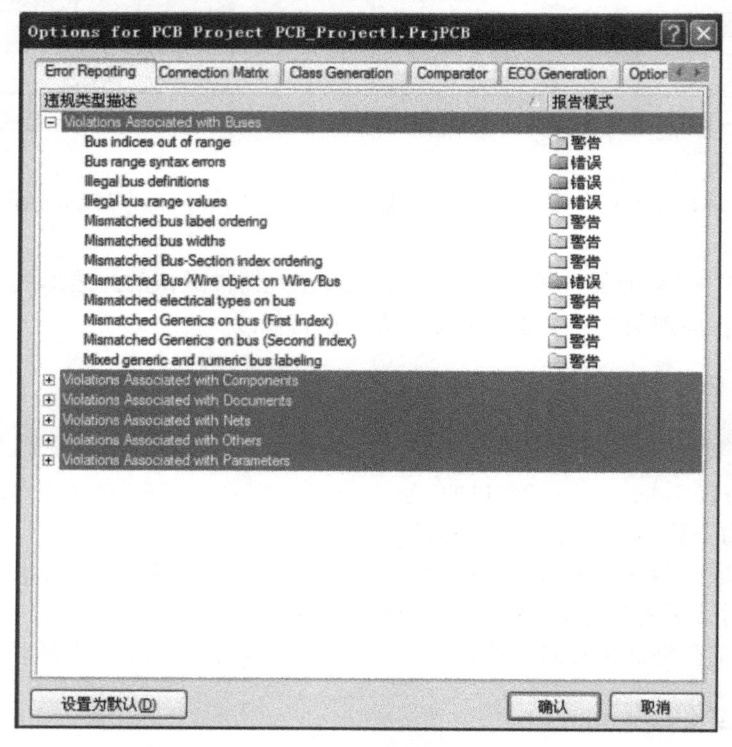

图 7-68 【项目管理选项】对话框

(2)运行电气规则检查

原理图的检查是通过项目编译来实现的，打开需要检查的项目“D:\电路设计\电话接听器.PRJPC”中的原理图.SCHDOC 文件，执行菜单【项目管理】/【Compile PCB Project 电话接听器.PRJPC】命令，对项目进行编译，如图 7-69 所示。

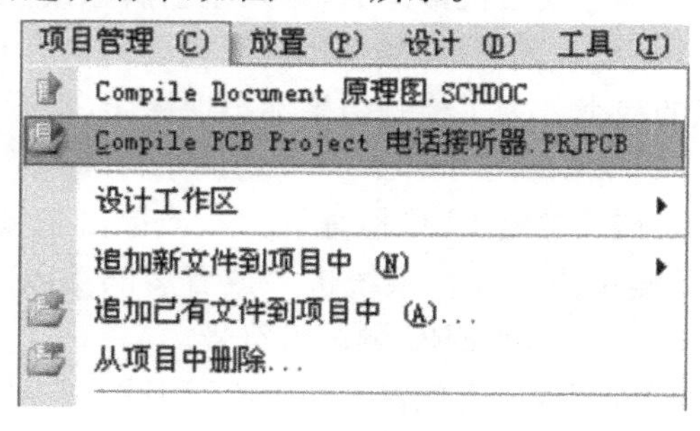

图 7-69 电气规则检查

执行菜单【查看】/【工作区面板】/【System】/【Messages】命令，查看检查结果，对错误进行修改。若没有检查出错误，【Messages】报告是空白的。

7.6.3 生成网络表

网络表是生成 PCB 电路的关键，原理图及元器件检查无误后，就可生成网络表，网络表可由原理图文档生成，也可由项目生成。

1. 原理图文档生成网络表

打开单个原理图文档，执行菜单【设计】/【文档的网络表】/【Protel】命令，系统自动生成当前文档的网络表“原理图. NET”。

2. 项目生成网络表

将原理图文档追加到项目中，执行菜单【设计】/【设计项目的网络表】/【Protel】命令，系统自动生成当前项目的网络表“电话接听器. NET”，如图 7-70 所示。

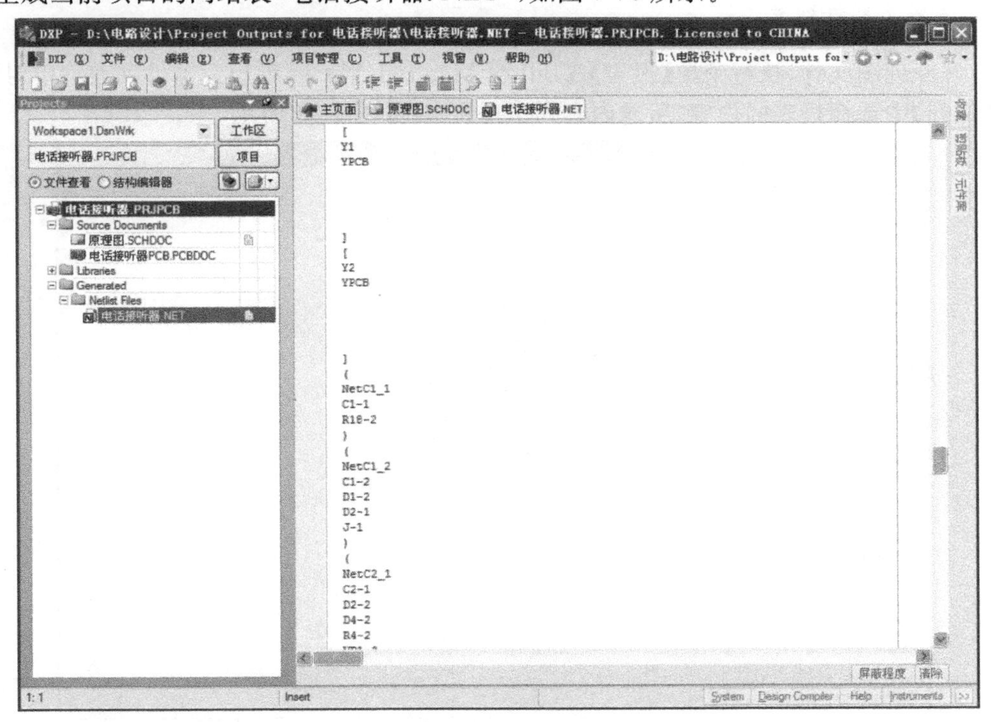

图 7-70　自动生成的项目网络表文件

3. 网络表的格式

通过网络表文件可以看到元器件信息和网络连接信息，认真检查信息的内容。

元器件信息格式如下：

[	元器件声明开始
Y1	元器件序号
YPCB	元器件封装

元器件注释(已被设置为隐藏)
系统保留行
系统保留行
系统保留行

]

元器件声明结束

网络信息格式如下：

(	网络定义开始
NetC1-1	网络名称标志
C1-1	第一个网络节点(元器件标志-引脚标号)
R17-2	第二个网络节点(元器件标志-引脚标号)
……	
)	网络定义结束

4. 生成元器件列表

打开原理图文件，执行菜单【报告】/【Bill of Materials】命令，弹出元器件列表清单对话框，在【其他列】中选择报表的内容，所选内容列于报表中，如图 7-71 所示。

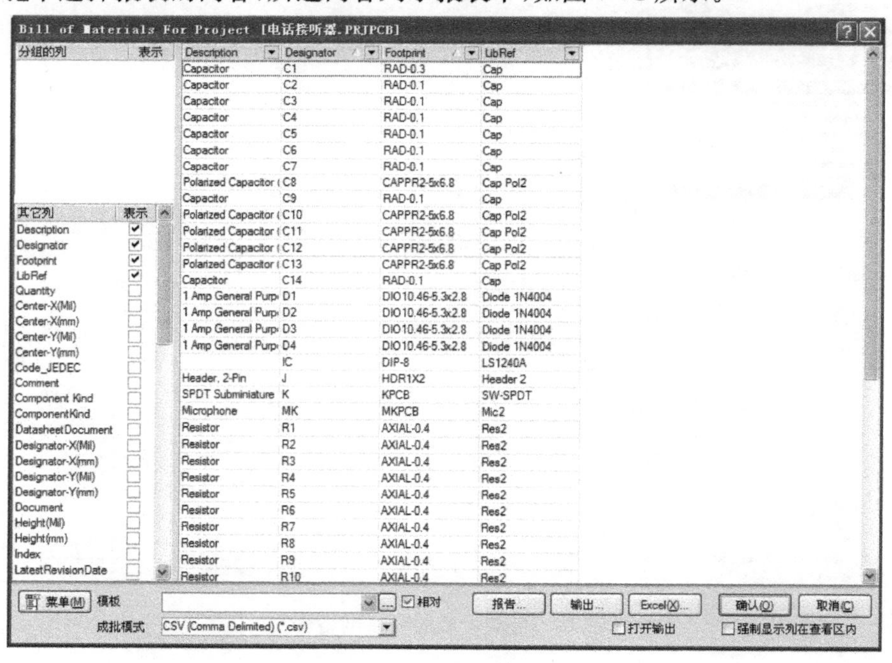

图 7-71　元器件列表清单对话框

7.7　PCB 电路设计

利用 Protel DXP 2004 进行电路系统设计的最终目的是生成 PCB 电路，熟练掌握 PCB 各种工具的使用，以及布局和布线的技巧，是设计出准确而又合理 PCB 电路的关键。

7.7.1 PCB电路设计准备

准备工作是顺利完成设计任务的前提，同时能否准确完成PCB电路设计，与前期的各项工作有直接关系，不要因为前期工作的疏忽，给PCB电路设计带来麻烦。在设计过程中，还要不断总结经验，设计出符合电路要求的PCB电路。

1. 创建PCB文档

执行菜单【文件】/【创建】/【PCB文件】命令，系统会自动生成一个名为“PCB1. PCBDOC”的空白PCB文档。

执行菜单【文件】/【保存】命令，将新建PCB文档命名为“电话接听器PCB”（电话接听器PCB. PCBDOC)，并保存在“D:\电路设计\”下，在“D:\电路设计”文件夹中生成一个“电话接听器PCB. PCBDOC”自由文档。PCB文档创建成后的系统界面如图7-72所示。

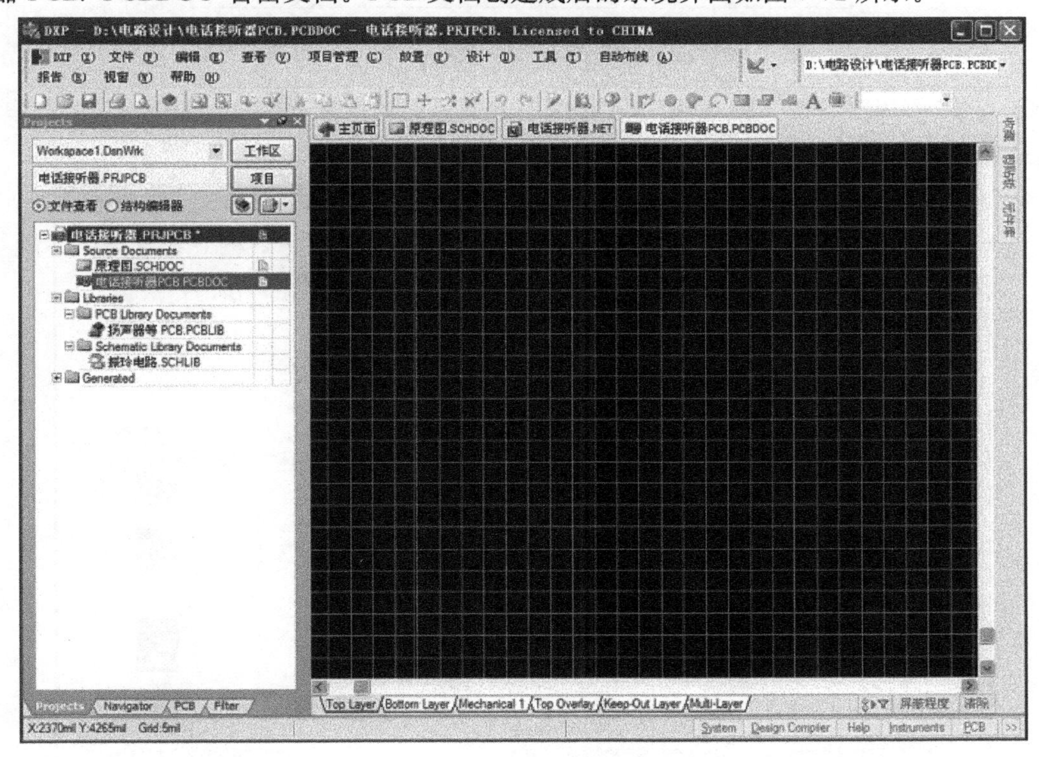

图7-72 PCB设计界面

2. 设置PCB环境参数

(1)设置图纸参数

执行菜单【设计】/【PCB板选择项】命令，弹出【PCB板选择项】对话框，在对话框中可以进行图纸参数的相关设置。单击【测量单位】后面的 按钮，选择“Metric”(公制)，其他项默认，单击 确认 按钮，如图7-73所示。

(2)设置板层与颜色

执行菜单【设计】/【PCB板层次颜色】命令，打开【板层和颜色】对话框，如图7-74所示。通

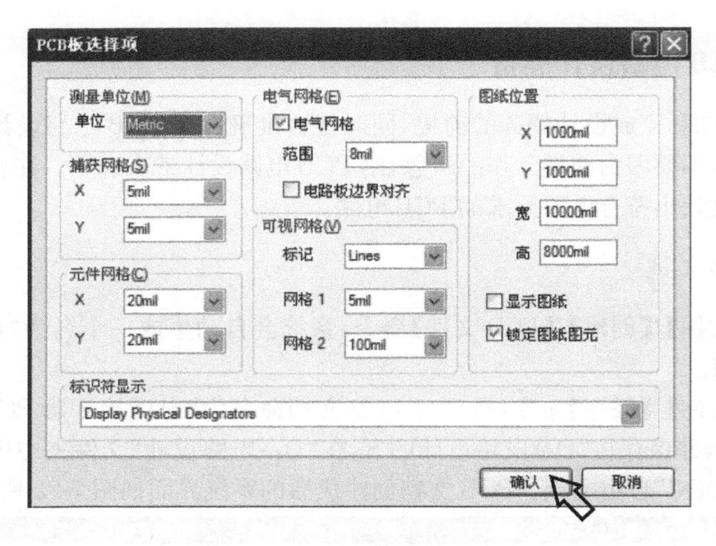

图 7-73 【PCB 板选择项】对话框

过该对话框，可以对各电气层、机械层和特殊层的颜色进行设置，简单电路单击 默认颜色设定(D) 后，单击 确认 按钮。

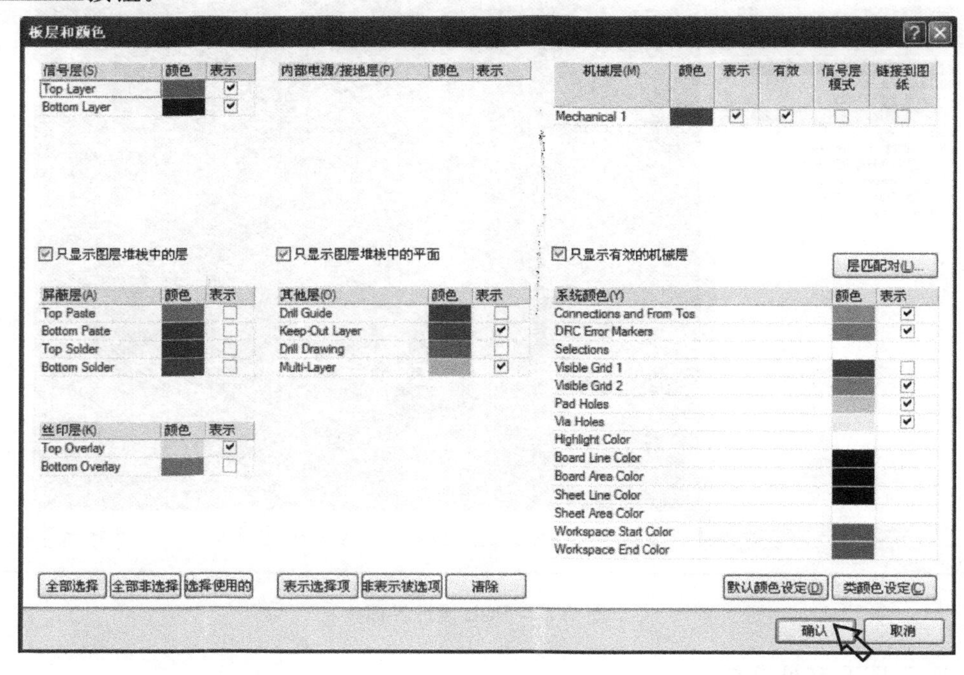

图 7-74 【板层和颜色】对话框

3. 设定绘图工作区的大小

在进行 PCB 电路设计时，若绘图工作区过小，无法容下所设计的 PCB 电路，使设计无法进行；若绘图工作区过大，操作起来很不方便。因此，要根据具体情况重新定义绘图工作区的大小与形状。

执行菜单【设计】/【PCB 板形状】/【重新定义 PCB 板形状】命令，光标变为“十”字形状，在窗口内的适当位置，单击并移动光标，在拐点外单击，利用直线围成一个矩形区域，该区域的大小即为绘图工作区的大小，如图 7-75 所示。

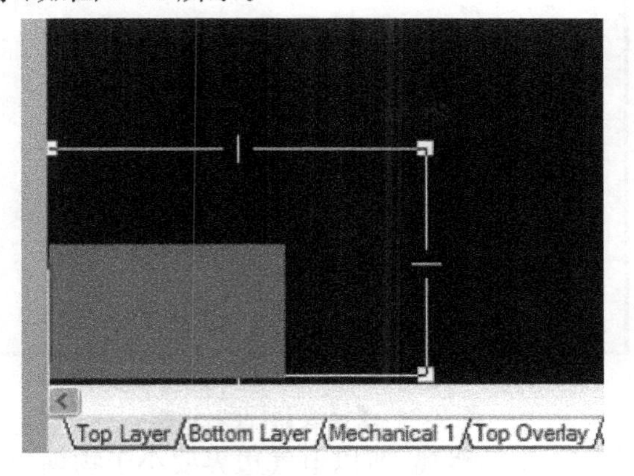

图 7-75　绘图工作区调整

4. 重新设定原点

经过绘图工作区大小的重新设定，绘图区的原点可能会在图纸之外。为方便电路规划设计，经常需要重新设定。

执行菜单【编辑】/【原点】/【设定】命令，光标变为“十”字形状，在绘图区内的适当位置单击确定原点，此时状态栏显示“X：0mm　Y：0mm　Grid：0.127mm”。

7.7.2　规划电路板

在设计印制电路板时，需要根据所放置的元器件的多少和电路板的设计要求，确定电路板的外形尺寸与禁止布线边界。

1. 规划物理边界

①电路板的物理边界一定要绘制在机械层（Mechanical），单击工作窗口下部的 Mechanical 1 标签，切换到机械层。

②执行菜单【放置】/【直线】命令，或单击工具栏上的 按钮，启动绘制直线命令，光标移至绘图区并变为“十”字形状。

按照电话接听器的设计要求，在机械层绘制一个 65mm×200mm 的矩形，这也就是所设计印制电路板的大小。绘制矩形时，最好从原点开始绘制。

③按 Ctrl + End 组合键，光标自动回到绘图区的原点，单击确定直线的起始点，拖动光标画一直线，双击改变直线走向，绘制出一个封闭的矩形，右击退出绘制状态。

④矩形绘制完成后，双击构成矩形的直线，打开【导线】属性对话框，查看所绘直线是否在“Mechanical 1”层，若不在“Mechanical 1”层，单击【层】后面的 按钮，在下拉选项中选择“Mechanical 1”，单击 确认 按钮，如图 7-76 所示。分别查看构成矩形的 4 条直线。

2. 规划电气边界

电气边界用于设置电路板上元器件和布线的范围，一般情况下，电路板上的元器件及印制

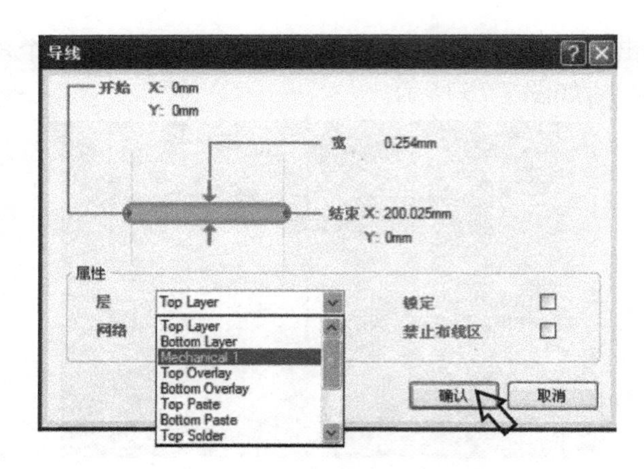

图 7-76 【导线】属性对话框

导线的设计与物理边界应有一定的距离，所以电气边界要小于物理边界。

规划电气边界一定要绘制在禁止布线层（Keep-Out Layer），单击工作窗口下部的Keep-Out Layer标签，切换到“Keep-Out Layer”层，在物理边界内，绘制一个四周小于物理边界3～5 mm的封闭矩形。绘制方法与规划物理边界相同，同样需要查看电气边界是否绘制在“Keep-Out Layer”层。

3. 载入网络表和元器件

在工作区面板中选择【Projects】选项卡，选中原理图文件“原理图. SCHDOC”，在原理图编辑界面下，执行菜单【设计】/【Update PCB Document 电话接听器 PCB. PCBDOC】命令，如图 7-77 所示。

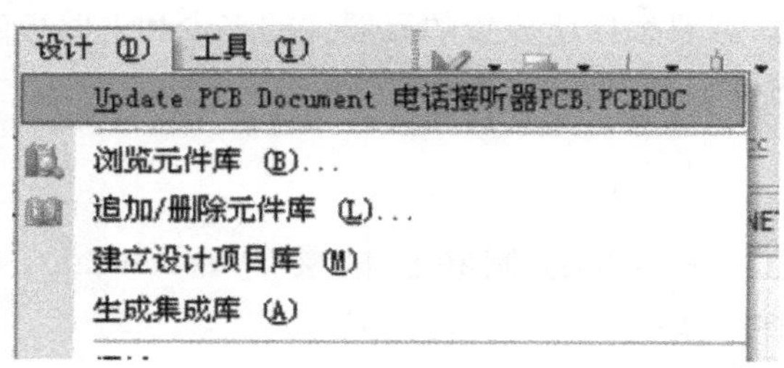

图 7-77 打开工程变化订单

系统弹出【工程变化订单（ECO）】对话框。在该对话框中，单击使变化生效按钮，对原理图进行检查。如果原理图没有错误，在检查状态中将显示✔标志；如果有错误，将显示✖标志，如图 7-78 所示。

将提示错误的地方改正到没有错误为止，单击执行变化按钮，将改变发送到 PCB 并加载，单击关闭按钮，关闭对话框。系统自动回到 PCB 编辑界面，可以看到网络和元器件加载到了电路板中，如图 7-79 所示。

7.7.3 元器件布局

网络表和元器件载入 PCB 设计环境后，并没有在规划的范围内，且元器件的位置也不规范。在进行布线操作前，首先要进行元器件的布局操作，也就是把元器件合理地分布在 PCB 上，以便布线顺利完成。

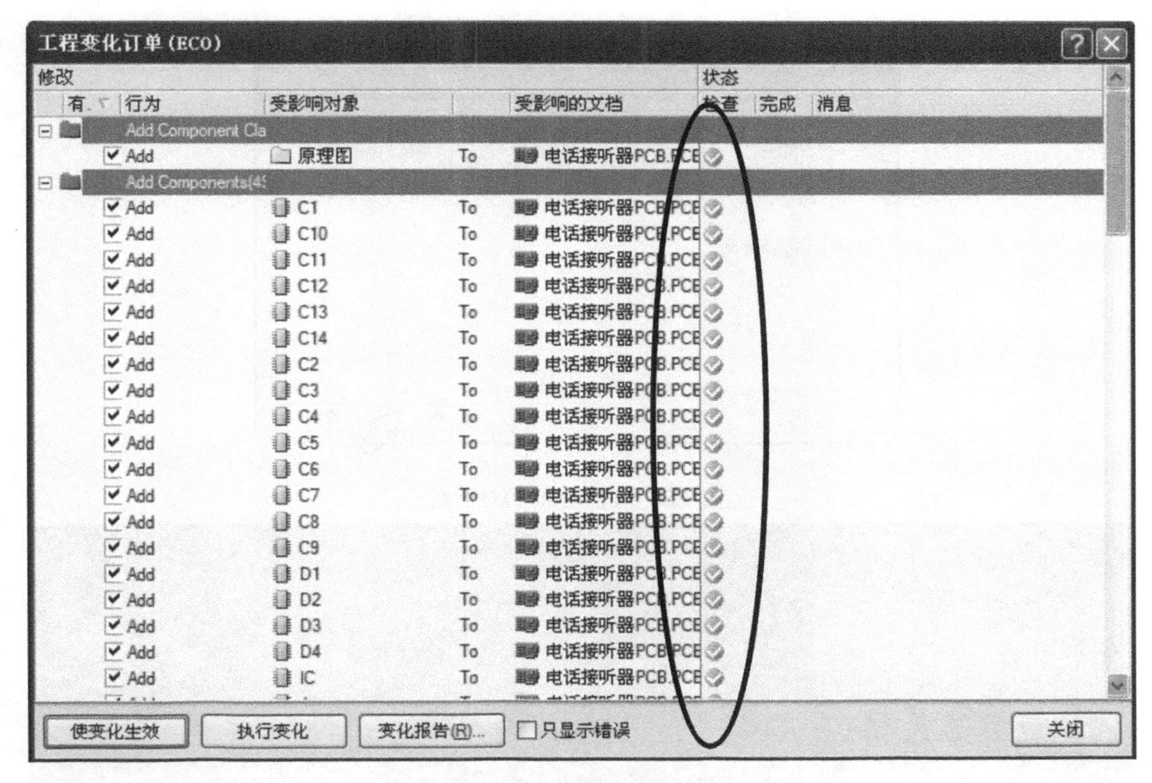

图 7-78 【工程变化订单(ECO)】对话框

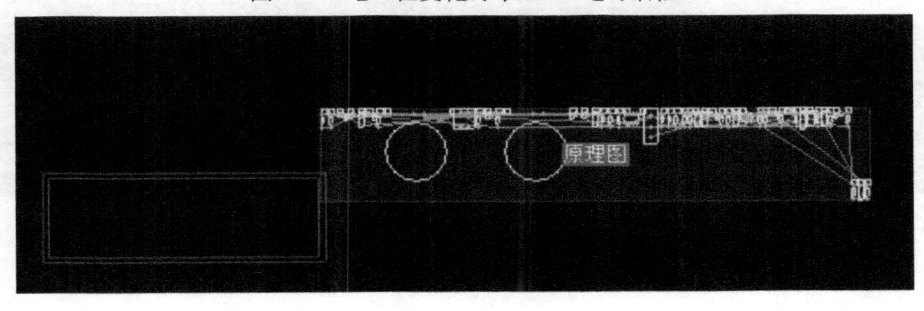

图 7-79 网络表和元器件的载入

1. 自动布局

执行菜单【工具】/【放置元件】/【自动布局】命令，系统弹出【自动布局】对话框。对话框中有两个复选框："分组布局"和"统计式布局"。选中"分组布局"并选择"快速元件布局"，单击 确认 按钮，如图 7-80 所示。

系统开始自动布局，根据电路的复杂程度，布局时间有所不同。自动布局后的 PCB 电路如图 7-81 所示。

①分组布局：先根据连接关系将元器件划分成组，然后再根据几何关系放置元器件组。这种布局适合元器件较少的电路。

②统计式布局：基于统计的自动布局器，以最小连接长度放置元器件。这种布局适合元器件较多的电路。

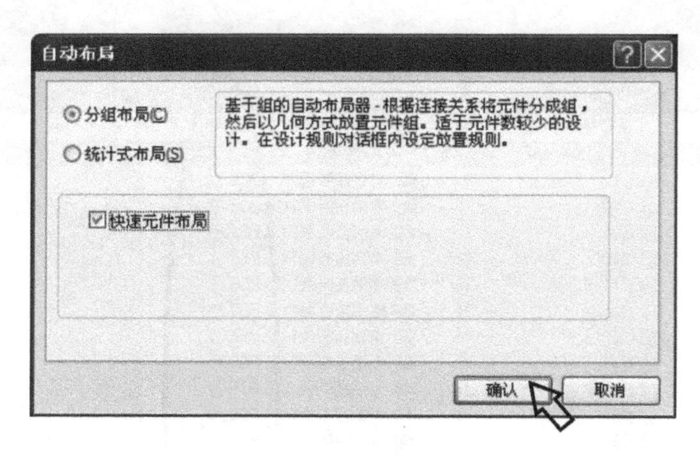

图 7-80 【自动布局】对话框

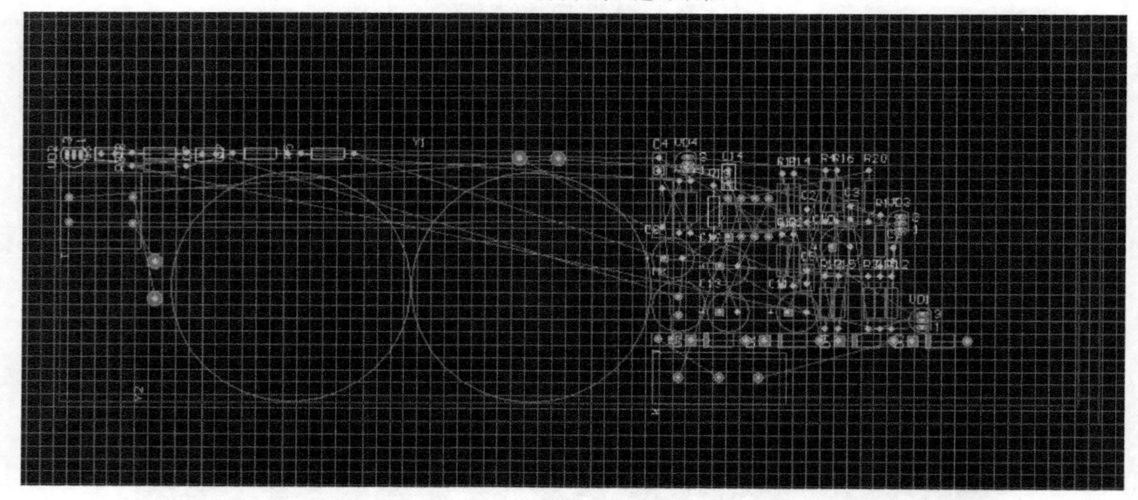

图 7-81 自动布局的 PCB 电路

2. *手动调整布局*

元器件的自动布局一般情况下都不能满足设计要求，而且即使是同一个电路原理图，每次自动布局的结果也不相同，通过手动调整，使元器件的布局更加合理。例如，电话接听器中的听筒与话筒，必须分别放置在电路板的两侧，否则将无法使用。

在 PCB 电路中，单击选中元器件不放，移动光标就可以拖动元器件到适当位置，同时按 空格 键，可以进行元器件的旋转操作。

特别提示在调整元器件位置时，不可使用翻转键，尤其对晶体管与集成电路。使用翻转键调整元器件，会使元器件的引脚排列顺序发生改变，造成所设计 PCB 电路板的致命错误。

在手动调整布局时，为使 PCB 电路连线最短，可参照原理电路进行元器件调整，因为原理电路元器件之间的连接最短。

在元器件较多的情况下，在 PCB 电路中找到要调整的元器件，可能会花费较长的时间，这时可通过执行菜单命令很快找到需要调整的元器件。

执行菜单【编辑】/【移动】/【元件】命令，光标变为“十”字形状，弹出【选择元件】对话框，如

图 7-82 所示。从对话框中选择需要调整的元器件后，单击【确认】按钮，光标自动跳转到所选择的元器件上。

7.7.4　设置 PCB 布线规则

在对 PCB 布线之前，首先要设置布线规则，对布线提出物理上的要求。布线规则的设置是否合理将直接影响布线的质量和成功率。

执行菜单【设计】/【规则】命令，打开【PCB 规则和约束编辑器】对话框，如图 7-83 所示。布线规则的设置主要集中在【Routing】(布线)选项中。

1. 设置布线宽度(Width)

将光标移到【Width】选项上右击，弹出如图 7-84 所示的快捷菜单，通过执行菜单【新建规则】命令，可以创建一个新的线宽度约束；也可以通过执行菜单【删除规则】命令，来删除已有的线宽度约束。

单击【Width】选项前的⊞按钮，可以看到当前的宽度约束，单击其中的一个约束，打开该宽度约束的【走线宽度】设置对话框，在【第一个匹配对象的位置】选项中，

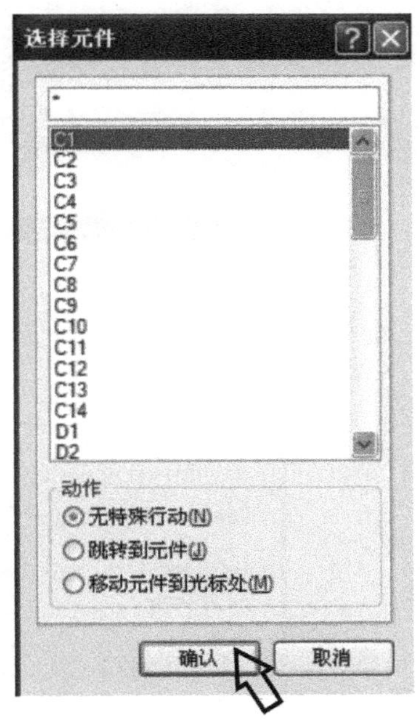

图 7-82　【选择元件】对话框

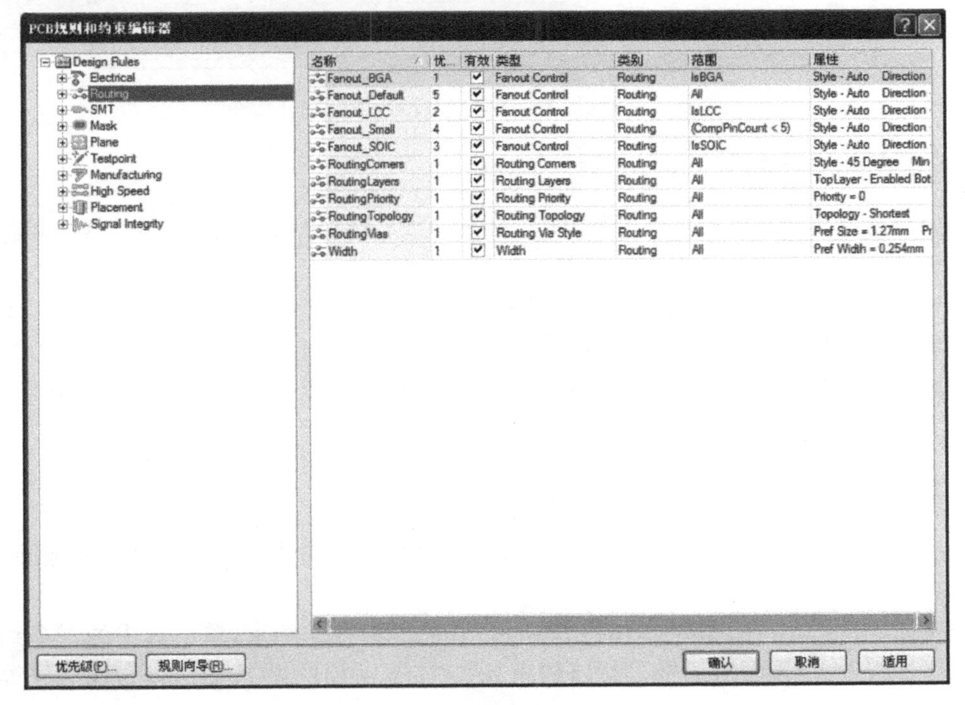

图 7-83　【PCB 规则和约束编辑器】对话框

选中“全部对象”，将光标移至【约束】栏，将最小宽度值(Min Width)设为 0.5mm，推荐宽度值(Preferred Width)设为 0.5mm，最大宽度值(Max Width)设为 0.5mm，如图 7-85 所示。

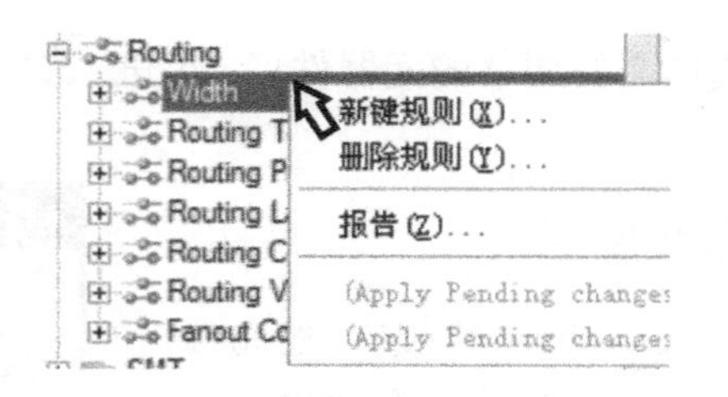

图 7-84　快捷菜单

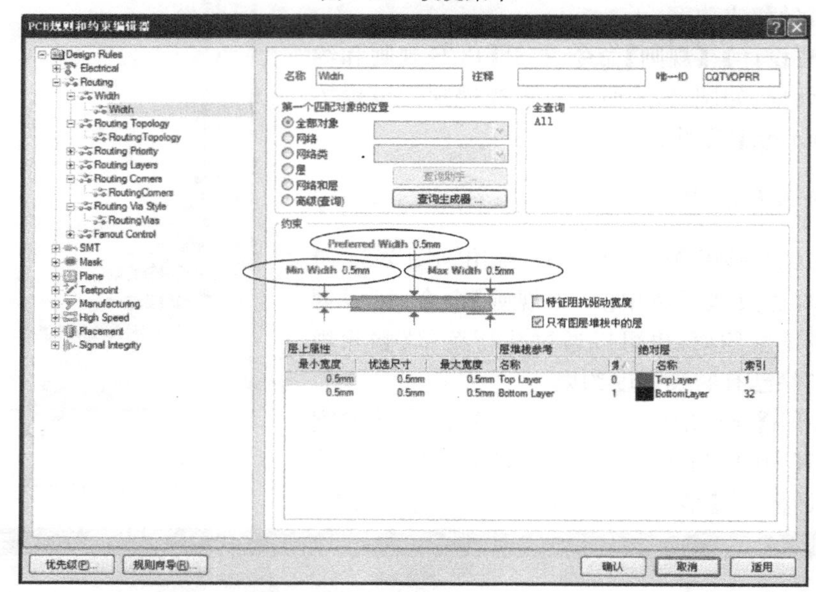

图 7-85　【走线宽度】设置对话框

2. 设置布线拓扑结构(Routing Topology)

将光标移到【Routing Topology】选项上右击，可以从弹出的快捷菜单中创建和删除拓扑结构约束。

单击【Routing Topology】选项前的⊞按钮，打开已经存在的约束，单击其中的一个约束，打开【布线拓扑结构约束】设置对话框，在【第一个匹配对象的位置】选项中，选中“全部对象”，将光标移至【约束】栏“拓扑逻辑”的下拉文本框上，单击下拉▾按钮，在下拉列表中选项中“Shortest”(线长最短)，如图 7-86 所示。

3. 设置布线优先级(Routing Priority)

将光标移到【Routing Priority】选项上右击，可以从弹出的快捷菜单中创建和删除布线优先级约束。

单击【Routing Priority】选项前的⊞按钮，打开已经存在的约束，单击其中的一个约束，打开【布线优先级约束】设置对话框，通过【约束】栏文本框后面的⇕按钮选择布线优先等级，此项按默认“0”设置。

4. 设置布线层(Routing layers)

将光标移到【Routing Layers】选项上右击，可以从弹出的快捷菜单中创建和删除布线层

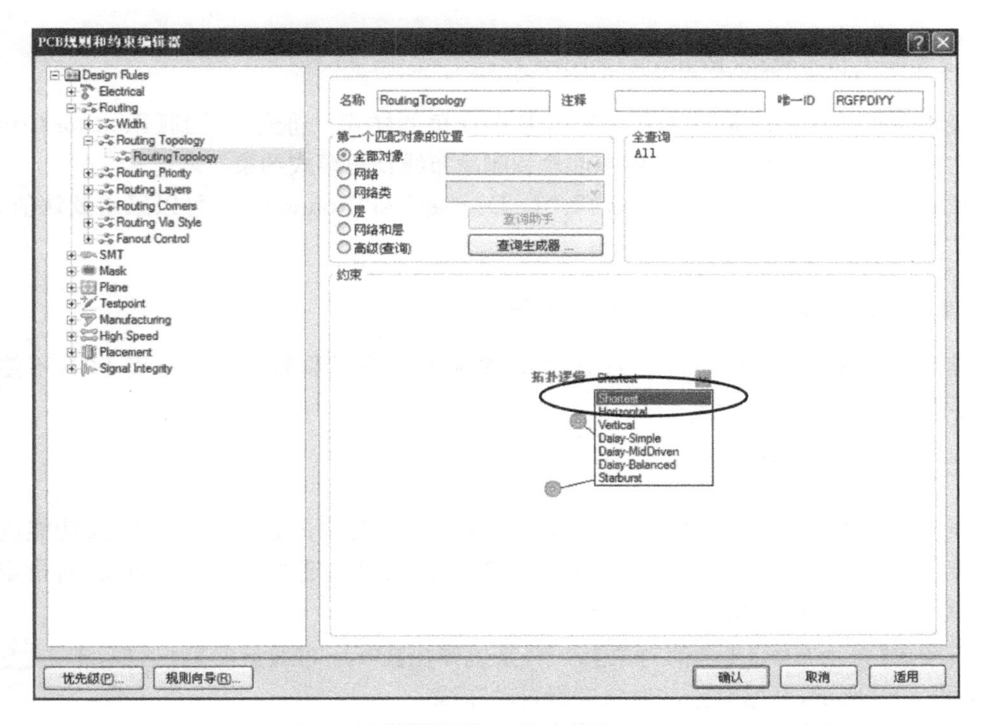

图 7-86 【布线拓扑结构约束】设置对话框

约束。

布线层是用来设置哪些信号层可用布线，系统默认顶层（Top Layer）和底层（Bottom Layer）用来布线。单击【Routing Layers】选项前的⊞按钮，打开已经存在的约束，单击其中的一个约束，打开【布线层约束】设置对话框，因为要设计的是单面 PCB 电路板，所以设置为“Bottom Layer”，如图 7-87 所示。

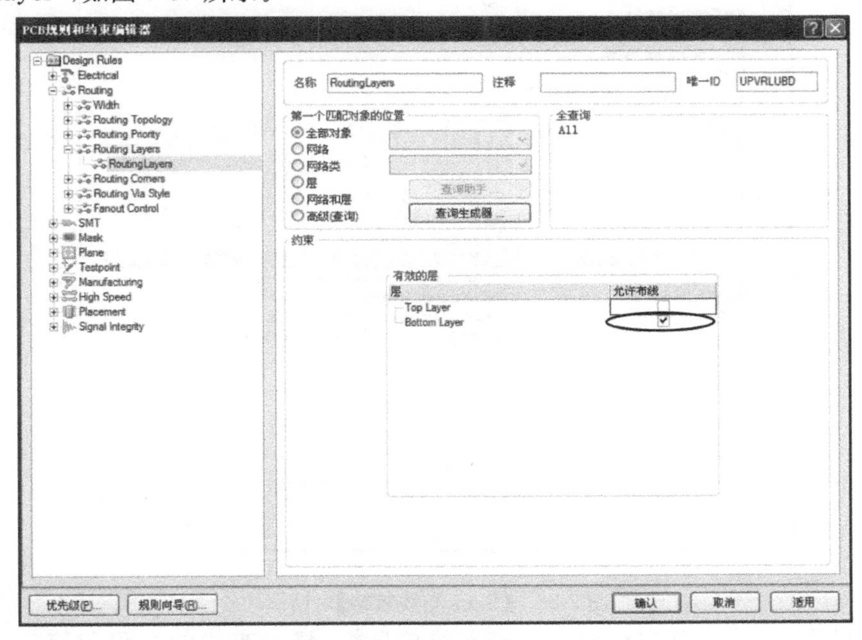

图 7-87 【布线层约束】设置对话框

5. 设置布线拐角模式(Routing Corners)

布线拐角模式用来设置印制导线在 PCB 中拐角的样式。将光标移到【Routing Corners】选项上右击，可以从弹出的快捷菜单中创建和删除布线拐角模式约束。

布线拐角有 3 种样式："90 Degrees"、"45 Degrees"和"Rounded"。可以采用默认值，也可以根据实际情况自行设置。

6. 设置布线过孔类型(Routing Via Style)

该项用来设置自动布线时过孔的类型，可参照其他项的设置办法。单面 PCB 不使用过孔，此项不必设置。

7.7.5　自动布线

布线规则设置好以后，就可以利用 Protel DXP 2004 提供的强大的自动布线功能进行布线。系统提供的自动布线方式有：对全部对象进行布线、对选定的网络进行布线、对指定元器件布线、对两连接点布线、对指定区域布线。

执行菜单【自动布线】/【全部对象】命令，系统弹出【Situs 布线策略】对话框，单击 Route All 按钮，如图 7-88 所示，开始对全部对象进行自动布线。

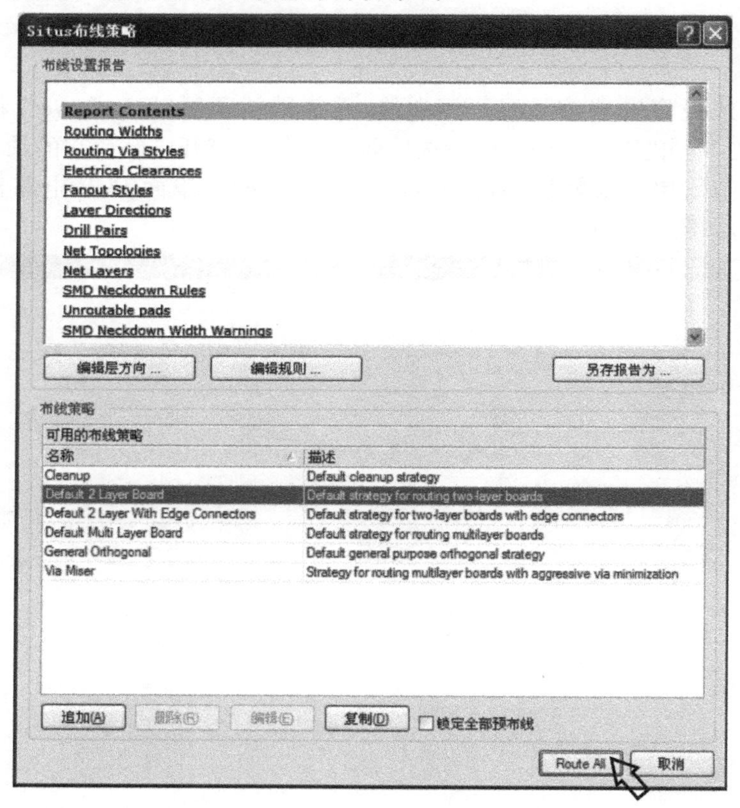

图 7-88　【Situs 布线策略】对话框

在布线过程中，系统弹出【Messages】布线信息框，显示布线的过程和信息，如图 7-89 所示。

Messages

Class	Document	Source	Message	Time	Date	N..
Situs E...	电话接听...	Situs	Completed Fan out to Plane in 0 Seconds	下午 08:...	2008-5-22	4
Situs E...	电话接听...	Situs	Starting Memory	下午 08:...	2008-5-22	5
Situs E...	电话接听...	Situs	Completed Memory in 0 Seconds	下午 08:...	2008-5-22	6
Situs E...	电话接听...	Situs	Starting Layer Patterns	下午 08:...	2008-5-22	7
Situs E...	电话接听...	Situs	Completed Layer Patterns in 0 Seconds	下午 08:...	2008-5-22	8
Situs E...	电话接听...	Situs	Starting Main	下午 08:...	2008-5-22	9
Routin...	电话接听...	Situs	Calculating Board Density	下午 08:...	2008-5-22	10
Situs E...	电话接听...	Situs	Completed Main in 0 Seconds	下午 08:...	2008-5-22	11
Situs E...	电话接听...	Situs	Starting Completion	下午 08:...	2008-5-22	12
Situs E...	电话接听...	Situs	Completed Completion in 0 Seconds	下午 08:...	2008-5-22	13
Situs E...	电话接听...	Situs	Starting Straighten	下午 08:...	2008-5-22	14
Routin...	电话接听...	Situs	77 of 77 connections routed (100.00%) in 2 Seco...	下午 08:...	2008-5-22	15
Situs E...	电话接听...	Situs	Completed Straighten in 0 Seconds	下午 08:...	2008-5-22	16
Routin...	电话接听...	Situs	77 of 77 connections routed (100.00%) in 2 Seco...	下午 08:...	2008-5-22	17
Situs E...	电话接听...	Situs	Routing finished with 0 contentions(s). Failed to ...	下午 08:...	2008-5-22	18

图 7-89　布线信息

自动布线时间的长短与电路的复杂程度和元器件布局的位置有很大关系，特别是设计单面 PCB 电路板时，由于元器件位置的原因，有可能无法完成全部对象的自动布线，这时需要对元器件的位置重新做出调整。取消布线，重新调整元器件的位置，重新进行布线操作，这一过程可能要反复多次。

布线完成后，还要认真检查是否有断线、丢断的现象，还要根据情况对个别导线进行调整。最后通过拖动、旋转等方式对字符进行调整，最终完成的 PCB 电路如图 7-90 所示。

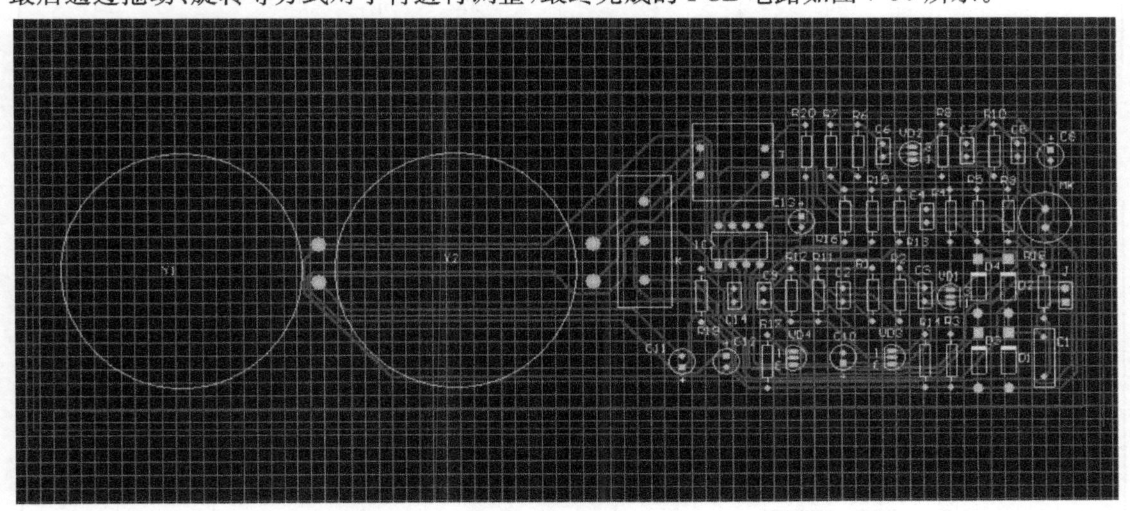

图 7-90　电话接听器 PCB 电路

附录　常用基本参数

附录 A　一般铅锡焊料

名　称	牌　号	主要成分(%)			杂质	熔点	抗拉强度	用　途
		锡	锑	铅	(<%)	(℃)	(MPa)	
10 锡铅焊料	HISnPb10	89～91	≤0.15	余量	0.1	220	4.3	钎焊食品器皿及医药卫生方面物品
39 锡铅焊料	HISnPb39	59～61	≤0.15			183	47	焊电子、电气制品
50 锡铅焊料	HISnPb50	49～51				210	3.8	钎焊散热器、计算机、黄铜制件
58－2 锡铅焊料	HISnPb58－2	39～41	1.5～2			235		钎焊工业及物理仪表
68－2 锡铅焊料	HISnPb68－2	29～31				256	3.3	钎焊电缆护套、铅管等
80－2 锡铅焊料	HISnPb80－2	17～19			0.6	277	2.8	钎焊油壶、容器、散热器
90－6 锡铅焊料	HISnPb90－6	3～4	5～6			265	5.9	钎焊黄铜和铜
73－2 锡铅焊料	HISnPb73－2	24～26	1.5～2				2.8	钎焊铅管
45 锡铅焊料	HISnPb45	53～57				200		

附录 B　几种常用低温焊锡

序号	Sn(%)	Pb(%)	Bi(%)	Cd(%)	熔点(℃)
1	40	20	40		110
2	40	23	37		125
3	32	50		18	145
4	42	35	23		150

附录 C　国产晶体管收音机的基本参数

名　称	要　求	类　别	单位	特级	一级	二级	三级	四级
频率范围	中波		kHz	535～1605				
	短波	单波段	MHz				3.9～13	
		两波段					2.2～12	
		多波段		1.6～26	2.2～22	2.2～18		
	中频频率		kHz	465				
选择性	单信号（偏调±10 kHz）	台式便携式	dB	46	36	26	20	14
		袖珍式				20	16	12
灵敏度	信噪比不小于 6dB	磁性天线	μV/m	0.1	0.2	0.4	0.6	1
假象抑制	中波		dB	36	32	26	20	16
	短波≤12 MHz			20	12	8	6	
	短波≤18 MHz			10	6	3		
中频抑制			dB	26	20	14	12	10
自动增益控制	输入电压变化		dB	46	40	32	26	26
不失真功率		台式	mW	2000	1000	500	300	150
		便携式			500	250	150	100
		袖珍式				100	100	50
频率特性	电压不均匀度：高端 16 dB 低端 6 dB	台式	Hz	80～6k	100～4k	150～3.5k	200～3k	200～3k
		便携式			150～4k	200～3.5k	300～3k	300～3k
		袖珍式				300～3.5k	500～3k	500～3k
谐波失真	调制度 60%达	标准频率以下	%	7	10	15	20	20
	不失真功率值	标准频率以上		7	7	15	15	15

附录D　220V 50Hz电源变压器计算参数表(CD型Ⅰ级品铁心)

铁心型号 a b (c) h	技术指标				空载特性		线圈数据			参考数据				
	P_2	B	J	ΔU	U_1=220V		初级线圈	每伏匝数		骨架厚度	$\Delta\tau_c$	S_c	l_c	G_c
	W	T	A/mm²	%	P_0(W)	I_0(A)	220V时	初级	次级	mm	℃	cm²	cm	kg
CD10×12.5×(12.5)×20	2.42	1.70	3.35	25	0.246	9.27×10^{-3}	5252	23.87	31.83	0.8	12.5	1.11	9.38	0.0819
25	3.4		3.50		0.272	10.3×10^{-3}					14.5		10.4	0.0905
32	4.9		3.47		0.31	11.6×10^{-3}					17.5		11.8	0.103
40	6.67		3.44		0.349	13.2×10^{-3}					20		13.4	0.116
CD12.5×16×(16)×25	10.7	1.75	4.51	25	0.541	23.2×10^{-3}	3078	13.99	18.65	1	33	1.84	11.8	0.170
32	14.7		4.43		0.605	26.2×10^{-3}					38		13.3	0.190
40	19.6		4.37		0.678	29.2×10^{-3}					43		14.8	0.213
50	25		4.3		0.768	33.6×10^{-3}					46.7		17	0.241
CD12.5×25×(20)×30	31.2	1.80	5.22	25	1.03	45.2×10^{-3}	1912	8.689	11.59	1	60	2.88	13.6	0.306
40	43.9		4.5	21.6	1.18	51.8×10^{-3}			11.08				15.6	0.350
50	54		4.2	20.2	1.33	58.6×10^{-3}			10.89				17.6	0.394
60	63.2		4.06	19.5	1.48	65×10^{-3}			10.79				19.6	0.438
CD16×32×(25)×40	89	1.80	4.14	15.3	2.19	96×10^{-3}	1170	5.313	6.273	1	60	4.71	17.7	0.650
50	111		3.8	14.1	2.43	0.107			6.185				19.7	0.721
65	143		3.48	12.9	2.79	0.123			6.10				22.7	0.829
80	171		3.3	12.2	3.15	0.139			6.051				25.7	0.934
CD20×40×(32)×50	199	1.80	3.46	10.2	4.31	0.19	748	3.400	3.786	1.2	60	7.36	22.4	1.28
60	231		3.23	9.54	4.68	0.206			3.759				24.4	1.39
80	306		2.93	8.66	5.43	0.24			3.722				18.4	1.61
100	375		2.77	8.2	6.2	0.274			3.704				32.4	1.84
CD25×50×(40)×65	448	1.80	2.87	6.77	8.56	0.377	478	2.176	2.334	1.5	60	11.5	28.5	2.54
80	540		2.68	6.32	9.44	0.417			2.323				31.5	2.80
100	659		2.50	5.91	10.61	0.47			2.313				35.5	3.15
120	776		2.39	5.63	11.79	0.52			2.306				39.5	3.50
CD32×64×(50)×80	1006	1.75	2.37	4.43	16.5	0.465	300	1.366	1.429	1.7	60	18.84	35.7	5.18
100	1213		2.2	4.13	18.31	0.72			1.425				39.7	5.75
130	1517		2.05	3.84	21.5	0.828			1.421				45.7	6.61
160	1843		1.93	3.62	23.8	0.935			1.417				51.7	7.47
CD40×80×(64)×100	2106	1.75	1.89	2.83	32.49	1.27	192	0.8725	0.8979	2	60	29.5	45.0	10.20
120	2521		1.82	2.73	35.42	1.39			0.8970				49.1	11.12
160	3214		1.68	2.51	41.41	1.61			0.8950				57.1	13
200	3912		1.59	2.39	16.82	1.84			0.8939				65	14.70

附录E　部分铜漆包线规格及安全载流量

标称直径(mm)	外皮直径(mm)	截面积(mm^2)	重　量(kg/km)	$J=2.5$ A/ mm^2 时,导线允许通过的电流(A)	$J=3$ A/ mm^2 时,导线允许通过的电流(A)	每厘米可绕匝数	每立方厘米可绕匝数	20℃时电阻值(Ω/kg)
0.06	0.085	0.0028	0.0252	0.0070	0.0084	117	13689	6440
007	0.095	0.0038	0.0342	0.0095	0.0114	105	11025	4730
0.08	0.105	0.0050	0.0448	0.0125	0.0150	95	9025	3630
0.09	0.115	0.0064	0.0567	0.0160	0.0192	86	7395	2860
0.10	0.125	0.0079	0.0700	0.0197	0.0237	80	6400	2240
0.11	0.135	0.0095	0.0850	0.0237	0.0285	74	5476	1850
0.12	0.145	0.0113	0.1010	0.0282	0.0339	68	4624	1550
0.13	0.155	0.0133	0.1180	0.0332	0.0399	64	4096	1320
0.14	0.165	0.0154	0.1370	0.0385	0.0462	60	3600	1140
0.15	0.180	0.0177	0.1580	0.0442	0.0531	55	3025	994
0.16	0.190	0.0201	0.1790	0.0502	0.0603	52	2704	873
0.17	0.200	0.0227	0.2020	0.0567	0.0681	50	2500	773
0.18	0.210	0.0254	0.2270	0.0640	0.0762	47	2209	688
0.19	0.220	0.0284	0.2530	0.0710	0.0852	45	2025	618
0.20	0.230	0.0315	0.2800	0.0787	0.0945	43	1849	558
0.21	0.240	0.0347	0.3090	0.0867	0.1040	41	1681	507
0.23	0.270	0.0415	0.3700	0.1030	0.1240	37	1369	423
0.25	0.290	0.0492	0.4370	0.1230	0.1470	34	1156	357
0.27	0.310	0.0573	0.5100	0.1430	0.1710	32	1024	306
0.29	0.330	0.0660	0.5890	0.1650	0.1980	30	900	266
0.31	0.350	0.0755	0.6730	0.1880	0.2260	28	784	233
0.33	0.370	0.0855	0.7620	0.2130	0.2560	27	729	205
0.35	0.390	0.0962	0.8570	0.240	0.2880	25	625	182
0.38	0.420	0.1134	1.010	0.2830	0.3400	23	529	155
0.41	0.450	0.1320	1.1700	0.3300	0.3960	22	484	133
0.44	0.480	0.1521	1.3500	0.3800	0.4560	20	400	115
0.47	0.510	0.1735	1.5400	0.4330	0.5200	19	361	101
0.49	0.530	0.1886	1.6700	0.4710	0.5650	18	324	93.1
0.51	0.560	0.2040	1.8200	0.5100	0.6120	17	317	85.9
0.53	0.580	0.2210	1.9600	0.5520	0.6630	17.2	295	79.3
0.55	0.600	0.2380	2.1100	0.5950	0.7140	16.6	275	73.9
0.57	0.620	0.2550	2.2600	0.6370	0.7650	16.1	259	68.7
0.59	0.640	0.2730	2.4300	0.6820	0.8190	15.6	243	64.3
0.62	0.670	0.302	2.69	0.755	0.906	14.8	222	57.9

（续表）

标称直径（mm）	外皮直径（mm）	截面积（mm^2）	重　量（kg/km）	$J=2.5$ A/ mm^2 时，导线允许通过的电流（A）	$J=3$ A/ mm^2 时，导线允许通过的电流（A）	每厘米可绕匝数	每立方厘米可绕匝数	20℃时电阻值（Ω/kg）
0.64	0.690	0.322	2.89	0.805	0.966	14.4	207	54.6
0.67	0.720	0.353	3.14	0.882	1.05	13.8	190	49.7
0.69	0.740	0.374	3.33	0.9350	1.12	13.5	182	46.91
0.72	0.770	0.407	3.72	1.01	1.22	12.9	166	43
0.74	0.800	0.430	3.83	1.07	1.29	12.5	156	40.8
0.77	0.830	0.466	4.15	1.16	1.39	12	144	37.6
0.80	0.860	0.503	4.28	1.25	1.50	11.6	134	34.9
0.83	0.890	0.541	4.48	1.35	1.62	11.2	125	32.4
0.86	0.920	0.581	5.17	1.45	1.74	10.8	117	30.2
0.90	0.960	0.636	5.67	1.59	1.90	10.4	108	27.5
0.93	0.990	0.679	6.05	1.69	2.03	10.1	102	25.8
0.96	1.02	0.724	6.45	1.81	2.17	9.8	96	24.2
1.00	1.08	0.785	7.00	1.96	2.35	9.25	85.6	22.4
1.04	1.12	0.849	7.87	2.12	2.54	8.92	79.5	20.6
1.08	1.16	0.916	8.16	2.29	2.74	8.62	74.3	19.2
1.12	1.20	0.986	8.78	2.46	2.95	8.33	69.4	17.75
1.16	1.24	1.507	9.41	2.64	3.17	8.06	65	16.6
1.20	1.28	1.131	10.00	2.84	3.30	7.81	61	15.5
1.25	1.33	1.227	10.90	3.06	3.68	7.51	56.4	14.3
1.30	1.38	1.327	11.80	3.31	3.98	7.24	52.4	13.2
1.35	1.43	1.431	12.70	3.57	4.29	7	49	12.2
1.40	1.48	1.539	13.70	3.84	4.61	6.75	45.56	11.4
1.45	1.53	1.651	14.70	4.12	4.95	6.53	42.44	10.6
1.50	1.58	1.767	15.70	4.41	5.30	6.32	39.94	9.89
1.56	1.64	1.911	17.00	4.77	5.73	6.09	37.08	9.18
1.62	1.70	2.06	18.30	5.15	6.18	5.88	34.57	8.50
1.68	1.76	19.7	1.6700	5.55	6.66	5.68	32.26	7.92
1.74	1.82	2.238	21.10	5.95	7.14	5.49	30.14	7.36
1.81	1.90	2.57	22.90	6.42	7.71	5.26	27.66	6.83

参 考 文 献

[1] 焦辎厚．电子工艺实习教程．哈尔滨:哈尔滨工业大学出版社.
[2] 王卫平．电子工艺基础．北京:电子工业出版社.
[3] 王天曦,李鸿儒．电子技术工艺基础．北京:清华大学出版社.
[4] 毕满清．电子工艺实习教程．北京:国防工业出版社.
[5] 廖爽．电子技术工艺基础．北京:电子工业出版社.
[6] 沈长生．常用电子元器件使用一读通．北京:人民邮电出版社.
[7]《无线电》编辑部编．无线电元器件精汇．北京:人民邮电出版社.
[8] 张庆双等．电子元器件的选用与检测．北京:机械工业出版社.
[9] 吴兆华,周德俭．表面组装技术基础．北京:国防工业出版社.
[10] 林钢．常用电子元器件．北京:机械工业出版社.
[11] 傅吉康．怎样选用无线电元件．北京:人民邮电出版社.
[12] 隆方义,徐伟．收音机修理技术．济南:山东科学技术出版社.
[13] 劳动和社会保障部教材办公室编写．安全用电．北京:中国劳动社会保障出版社.
[14] 赵中义等．半导体管特性图示仪原理、维修、检定与应用．北京:电子工业出版社.
[15] 罗小华．电子技术工艺实习．武汉:华中科技大学出版社.